HUANJING GONGCHENG DAOLUN

环境工程导论

曹文平　余光辉　主　编
宛　立　胡敏华　副主编
张永明　主　审

中国质检出版社
中国标准出版社
北　京

图书在版编目（CIP）数据

环境工程导论/曹文平，余光辉主编．—北京：中国质检出版社，2012（2022.4 重印）
21 世纪高等学校规划教材
ISBN 978-7-5026-3616-6

Ⅰ.①环…　Ⅱ.①曹…②余…　Ⅲ.①环境工程学　Ⅳ.①X5

中国版本图书馆 CIP 数据核字（2011）第 092145 号

内　容　提　要

本书全面系统地介绍了环境工程的基本理论、污染防治技术与控制工程及其发展趋势。全书共 7 章。第 1～2 章主要讲了污水处理及其原理、水质管理等内容；第 3～5 章分别介绍了大气污染控制工程及原理、固体废弃物处理与处置、土壤污染及修复等内容；第 6、7 章主要阐述了物理性污染及其控制原理。

本书可作为普通高等院校环境工程、环境科学等专业学生的教材，也可供相关领域的科技人员参考使用。

中国质检出版社
中国标准出版社 出版发行
北京市朝阳区和平里西街甲 2 号（100013）
北京市西城区三里河北街 16 号（100045）
网址：www.spc.net.cn
总编室：（010）64275323　发行中心：（010）51780235
读者服务部：（010）68523946
中国标准出版社秦皇岛印刷厂印刷
各地新华书店经销
*
开本 787×1092　1/16　印张 12.5　字数 304 千字
2012 年 11 月第一版　　2022 年 4 月第二次印刷
*
定价：27.00 元

如有印装差错　由本社发行中心调换
版权专有　侵权必究
举报电话：(010)68510107

编审委员会

顾　问　赵惠新（黑龙江大学）

主　任　邓寿昌（中南林业科技大学）

副主任　薛志成（黑龙江科技学院）

刘殿忠（吉林建筑工程学院）

姜连馥（深圳大学）

高　潮（大连海洋大学）

郦　伟（惠州学院）

委　员（按姓氏笔画排序）

丁　琳（黑龙江大学）

叶　青（浙江工业大学）

刘　东（东北农业大学）

关　萍（大连大学）

张兆强（黑龙江八一农垦大学）

张季超（广州大学）

张燕坤（北方工业大学）

杨　璐（沈阳工业大学）

侯　威（内蒙古工业大学）

赵文军（黑龙江大学）

郭宗河（青岛理工大学）

原　方（河南工业大学）

徐建国（郑州大学）

程　桢（哈尔滨职业技术学院）

本书编委会

主　编　曹文平（徐州工程学院）

　　　　余光辉（南京农业大学）

副主编　宛　立（大连海洋大学）

　　　　胡敏华（深圳大学）

编　委　汪银梅（徐州工程学院）

　　　　康海彦（河南城建学院）

主　审　张永明（上海师范大学）

序　言

伴随着近年来经济的空前发展和社会各项改革的不断深化，建筑业已成为国民经济的支柱产业和重要的经济增长点。该行业的快速发展对整个社会经济起到了良好的推动作用，尤其是房地产业和公路桥梁等各项基础设施建设的深入开展和逐步完善，也进一步促使整个国民经济逐步走上了良性发展的道路。与此同时，建筑行业自身的结构性调整也在不断进行，这种调整使其对本行业的技术水平、知识结构和人才特点提出了更高的要求，因此，近年来教育部对高校土木工程类各专业的发展日益重视，并连年加大投入以提高教育质量，以期向社会提供更加适应经济发展的应用型技术人才。为此，教育部对高等院校土木工程类各专业的具体设置和教材目录也多次进行了相应的调整，使高等教育逐步从偏重于理论的教育模式中脱离出来，真正成为为国家培养生产一线的高级技术应用型人才的教育，“十一五”期间，这种转化加速推进并最终得以完善。为适应这一特点，编写高等院校土木工程类各专业所需教材势在必行。

针对以上变化与调整，由中国质检出版社（原中国计量出版社）牵头组织了21世纪高等学校规划教材的编写与出版工作，该套教材主要适用于高等院校的土木工程、工程监理以及道路与桥梁等相关专业。由于该领域各专业的技术应用性强、知识结构更新快，因此，我们有针对性地组织了中南林业科技大学、深圳大学、大连海洋大学以及北方工业大学等多所相关高校、科研院所以及企业中兼具丰富工程实践和教学经验的专家学者担当各教材的主编与主审，从而为我们成功推出该套框架好、内容新、适应面广的好教材提供了必要的保障，以此来满足土木工程类各专业普通高等教育的不断发展和当前全社会范围内建设工程项目安全体系建设的迫切需要；这也对培养素质全面、适应性强、有创新能力的应用型技术人才，进一步提高土木工程类各专业高等教育教材的编写水平起到了积极的推动作用。

针对应用型人才培养院校土木工程类各专业的实际教学需要，本系列教材的编写尤其注重了理论与实践的深度融合，不仅将建筑领域科技发展的新理论合理融入教材中，使读者通过对教材的学习可以深入把握建筑行业发展的全貌，而且也将建筑行业的新知识、新技术、新工艺、新材料编入教材中，使读者掌握最先进的知识和技能，这对我国新世纪应用型人才的培养大有裨益。相信该套教材的成功推出，必将会推动我国土木工程类高等教育教材体系建设的逐步完善和不断发展，从而对国家的新世纪人才培养战略起到积极的促进作用。

教材编审委员会

2012 年 5 月

前言 FOREWORD

环境工程导论是高等院校环境类各相关专业的一门主要课程。其主要内容是介绍环境工程专业领域的基础知识，其中包括水污染控制工程、大气污染控制工程、固体废弃物处理与处置以及噪声污染控制工程等经典内容；同时，考虑到随着社会发展和新环境问题的凸显，本书还介绍了微污染水体生态修复工程及原理、土壤污染及修复、电磁和光污染及其防治等内容，这对学生开拓思路会有所帮助。通过本课程的学习，要求学生初步掌握污染控制工程和公害防治技术的基本原理和基本方法。

本书由曹文平和余光辉担任主编。具体编写分工如下：

绪　论　深圳大学胡敏华

第一章　徐州工程学院曹文平

第二、三章　大连海洋大学宛立

第四章　徐州工程学院汪银梅

第五章　南京农业大学余光辉

第六、七章　河南城建学院康海彦

本书由上海师范大学张永明教授主审，张永明教授就本书内容的取舍和编排提出了许多宝贵意见和指导，为本书增色不少，编者在此深表感谢。另外，徐州工程学院杨杨阳、许如梦、魏海浪、乔璇、张练等同学为本书的排版、纠错等工作也做了一定工作，在此也表示感谢！

在编写过程中，编者参阅了参考文献中所列的著作，在此对参考文献的作者表示感谢，而且本书也引用了大量的网络资料，在此对这些作者表示感谢。由于本书内容涉及领域广泛及我们水平有限，疏漏之处在所难免，敬请专家和广大读者批评指正。

编　者

2012 年 4 月

目录 CONTENTS

绪　论

一、环境与环境工程

环境包括自然环境和社会环境，而在此书中所说的环境主要是指自然环境。环境即是影响生物机体生命、发展与生存的所有外部条件的总体。其主要包括大气环境、水环境、土壤环境、生物环境等。

产业革命以后，尤其是20世纪50年代以来，随着人口数量的剧增、生活水平的不断提高和人类社会的进步，人类对环境资源的开发和掠夺的强度和深度也日益增加，同时将大量的废物（废水、废弃物和废气等）排入环境，使生态环境遭受到前所未有的破坏，从而产生了各种污染问题和自然灾害。与此同时，污染的环境和失去平衡的生态反过来也给人类的生产和生活带来了不便和危害，甚至是灾难。因此环境问题引起了国际社会的广泛关注。

1972年在瑞典斯德哥尔摩举行了世界各国政府第一次共同讨论当代环境问题的联合国人类环境会议。会议通过的宣言呼吁各国政府和人民为维护和改善人类环境，造福全体人民，造福后代而共同努力。此后，1992年巴西里约热内卢的联合国环境与发展大会和2002年南非约翰内斯堡的世界可持续发展首脑会议再次重申了人类对环境与发展的共同关心。多年来，许多国家都采取了不少措施和对策来防治污染和解决环境问题。各国科学技术工作者也集中精力进行研究和实践，从而促进了环境科学与工程的兴起和发展。

环境工程（Environmental Engineering）是研究和从事防治环境污染和提高环境质量的科学技术。环境工程同生物学中的生态学、医学中的环境卫生学和环境医学，以及环境物理学和环境化学有关。由于环境工程处在初创阶段，学科的领域还在发展，但其核心是环境污染源的治理。

二、环境工程学的形成与发展

环境工程学是在人类保护和改善生存环境与环境污染作斗争的过程逐步形成的。这是一门历史悠久而又正在迅速发展的工程技术学科。

人们很早就认识到水对人类生存和发展的重要性。例如，早在公元前2300年前后，中国就创造了凿井取水技术，促进了村落和集市的形成。为了保护水源，还建立了持刀守卫水井的制度。这是人类开发和保护水源的早期记载。到公元前两千多年，中国已用陶土管修建地下排水道；并在明朝以前就开始用明矾净水。古罗马则大约在公元前六世纪才开始修建下水道；英国在19世纪初开始用沙虑法净化自来水，并在1850年把漂白粉用于饮用水消毒，以防止水性传染病的流行；1852年美国建立了木炭过滤的自来水厂。19世纪后半叶，英国开始建立公共污水处理厂。第一座有生物滤池装置的城市污水厂建于20世纪初。1914年出现了活性污泥法处理污水的新技术。第二次世界大战后的半个多世纪，全球经济迅速发展，各种水处理新技术、新方法不断涌现，给水排水和水污染控制工程得到了极大的发展。

在大气污染控制方面，早在公元61年，罗马哲学家Seneca就已谴责因烹饪和供热用火而引起的空气污染为“烟囱劣行”。公元1081年，中国宋朝的沈括在著名的《梦溪笔谈》中描述了炭黑生产所造成的烟尘污染。18世纪中叶，清朝康熙皇帝下旨命令煤烟污染严重的琉璃工厂迁往北京城外。西方工业革命以后，英国不少学者提出了消除烟尘污染的见解。在19世纪后半叶，消烟除尘技术已有所发展。1855年美国发明了离心除尘器，20世纪初开始采用布袋除尘器和旋风除尘器。随后，燃烧装置改造、工业废气净化和空气调节等技术也逐步得到推广和应用。

人类对固体废弃物的处理和应用也有着悠久的历史。古希腊早有垃圾填埋覆土的处置方法。我国自古以来就利用粪便和垃圾堆肥施田。英国很早就颁布禁止把垃圾倒入河流的法令。1822年德国利用煤渣制造水泥。1874年英国建立了垃圾焚烧炉。进入20世纪以后，随着人口进一步向城市集中，工业生产的迅速发展，城市垃圾和固体废弃物数量剧增，对它们的管理、处置和回收利用技术也在不断取得成就，逐步形成为环境工程学的一个重要组成部分。

在噪声控制方面，中国和欧洲的一些古建筑中，墙壁和门窗都考虑了隔音的要求。20世纪50年代以来，噪声已成为现代城市环境的公害之一，人们从物理学、机械学、建筑学等各个方面对噪声问题进行了广泛的研究，各种控制噪声的技术也取得了很大的发展。

公共卫生学与环境工程学的关系十分密切。早在1775年，英国医生波特就发现清扫烟囱的工人多患阴囊癌，指出这与接触煤烟有关。1854年英国医生斯诺首先注意到了霍乱疫情与当地水井有关。后来的医学发展证实了水性传染病与水污染之间的相互关系。今天，人们不仅关心饮水对公众健康的影响，而且认识到现代生活的各个方面，包括食物、空气、噪声、有毒有害物质和其他各种环境因数都与人类健康密切相关。公共卫生学已十分重视环境对健康的危害与风险，它的研究与进展也推动了环境工程学的发展。

在环境工程学的发展进程中，人们认识到控制环境污染不仅要采用单项治理技术，还应当采用经济的、法律的和管理的各种手段以及与工程技术相结合的综合防治措施，并运用现代系统科学的方法和计算机技术，对环境问题及其防治措施进行综合分析，以求得整体上的最佳效果或优化方案。在这种背景下，环境规划和环境系统工程的研究工作迅速发展起来，逐渐成为环境工程学的一个新的、重要的分支。

多年来，尽管人们为治理各种环境污染做了很大的努力，但环境问题往往只是局部有所控制，总体上仍未得到根本解决，不少地区的环境质量至今仍在继续恶化。20世纪90年代开始，人们提出：污染控制不能只是单纯的对已产生的环境污染物进行处理处置（即所谓的“末端治理”模式），而更应着眼于防止这些污染物的产生，采取污染预防和污染治理相结合的“全程控制”的新模式。

总之，环境工程学是在人类控制环境污染、保护和改善生存环境的斗争过程中诞生和发展的。它脱胎于土木工程、卫生工程、化学工程、机械工程等母系学科，又融入了其他自然科学和社会科学的有关原理和方法。随着经济的发展和人们对环境质量要求的提高，环境工程学必将得到进一步的完善与发展。

三、环境工程的主要内容

环境工程是一个庞大而复杂的学科体系。它不仅研究防治环境污染和生态破坏的技术和措施，而且研究受污染环境的修复及自然资源的保护和合理利用，探讨废物资源化技术，改革生产工艺，发展无废或者少废的清洁生产系统，以及对区域环境进行系统规划与科学管理，以获得最优的环境效益、社会效益和经济效益的统一。这些都是环境工程学的重要内容。具体来说，环境工程的基本内容主要有以下几个方面：

(1)水污染控制工程：研究预防和治理水体污染、保护和改善水环境质量、合理利用水资源以及保护饮用水源的工艺技术和工程措施。其主要研究领域有：城市污水处理；工业废水处理与利用；废水再生与回用；城市、区域和水系的水污染综合治理。

(2)大气污染控制工程：研究预防和控制大气污染，保护和改善大气质量的工程技术措施。其主要研究领域有：大气质量管理；烟尘等颗粒物控制技术；气体污染物控制技术；城市、区域大气污染综合整治；室内空气污染控制；大气质量标准和废气排放标准等。

(3)固体废弃物控制及资源化：研究城市垃圾、工业废渣、放射性及其他危险固体废弃物的处理、处置与资源化。其主要研究领域有：固体废弃物管理；固体废弃物无害化处置；固体废弃物的综合利用和资源化；放射性及其他危险废物的处理；

(4)物理性污染控制工程：噪声、振动、高温辐射与其他公害防治工程，以及消除噪声、振动等对人类影响的技术途径和措施。主要研究领域有：噪声、振动、高温和电磁辐射的防护与控制等。

随着社会的发展和新的环境问题的产生以及出于对人类自身发展的需要，人类对环境质量要求的不断提高，在环境工程领域从而产生了一些新的研究内容和领域。

(1)微污染/轻度污染水体的处理：主要是地表水源地水体受到人类活动的影响使其使用价值下降或通过常规的给水处理工艺不能满足人类生产和生活的需要。一些城市污水和工业废水在处理后成为轻度污染水体而不能达到中水回用的要求而需要进行深度处理。其主要研究领域是：微污染水体的除磷脱氮技术、除藻技术、致癌前体物、浊度、病原微生物等去除和防治技术开发；轻度污染水体回用防垢技术和污染基质降低技术。

(2)生态修复工程技术：主要是根据污染水体、土壤、大气等污染对象的污染特征和程度，研究污染对象的生态修复的方法和机理。其主要研究领域是：污染对象生态修复的方法、原理和技术开发以及工程领域的使用。

第一章 水污染控制工程

第一节 物理化学处理法

物理处理法的基本原理是利用物理作用使漂浮状态和悬浮状态的污染物质与废水分离，以达到污水净化的目的。在处理过程中污染物质不发生变化，使废水得到一定程度的澄清，又可回收分离下来的物质加以利用。该法的最大的优点是简单、易行、效果良好，并且十分经济。

一、格栅和筛网

格栅和筛网是处理厂的第一个处理单元，通常设置在处理厂各处理构筑物之前，它们的主要作用是：去除水中的粗大物质、保护处理厂的机械设备（如：泵等）并防止管道的堵塞。

在排水的过程中，废水通过下水道流入污水处理厂，首先应经过斜置在渠道内的一组金属制的呈纵向平行的框条（格栅）、穿孔板或过滤网（筛网），使漂浮物或悬浮物不能通过而被阻留在格栅、细筛或滤料上。其目的是：减轻沉淀池或其他处理设备的负荷；保护抽水机械以免受到颗粒物堵塞发生故障。被格栅所拦截下来的各类污染物统称为栅渣。格栅构造如图1－1所示。

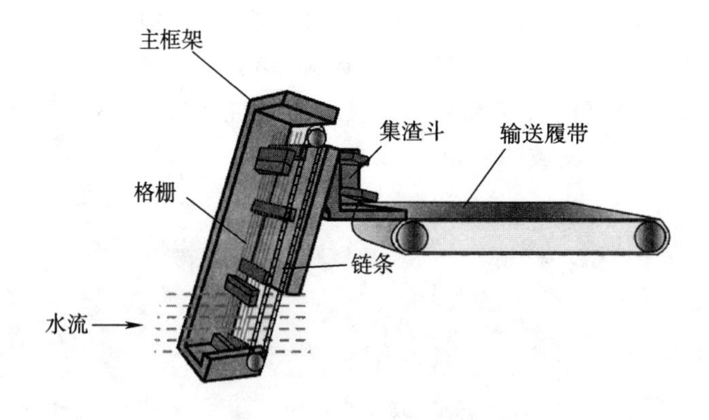

图1－1 回转式机械格栅

格栅按形状分：平面格栅，筛网呈平面；曲面格栅，筛网呈弧状。按栅条的缝隙大小分：粗格栅（50～100mm），中格栅（10～40mm）和细格栅（3～10mm）。按栅渣清理方式分为：人工清理和机械清理，栅渣应及时清理和处理。

筛网主要用于截留粒度在数毫米到数十毫米的细碎悬浮杂物，如纤维、纸浆、藻类等。通常用金属丝、化纤编织而成，或用穿孔钢板制成，孔径一般小于5mm，最小可为0.2mm。筛网过滤装置有转鼓式、旋转式、转盘式、固定式振动斜筛等。不论何种结构，既要能截留污物，又要便于卸料及清理筛面，图 1—2 水力筛网。

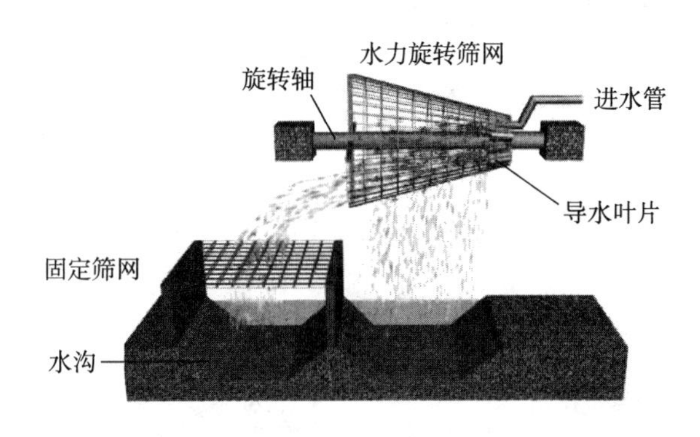

图 1—2　水力筛网

栅渣的数量与格栅缝隙、污水水质、地区等有关，对于生活污水处理过程中，当缝隙宽度是 10～25mm 时，栅渣量是 22～60L/1000m^3，缝隙宽度是 25～50mm 时，栅渣量是 5～22 L/1000m^3。栅渣的含水率为 75%～85%，密度为 950kg/m^3 左右，有机物约占 80%～85%。

栅渣的处置方法有：填埋、土地卫生堆弃、堆肥发酵、焚烧等，也可以栅渣粉碎后送到污水中，作为可沉固体与初次沉淀池污泥合并处理。

二、沉砂

沉砂池的功能主要是去除水中砂粒、煤渣等相对密度较大的无机颗粒杂质、同时也去除少量较大、较重的有机杂质，如骨屑、种子等。以免这些杂质影响后续处理构筑物的正常运行。沉砂池的工作原理是以重力分离为基础，即将进入沉砂池的污水流速控制在只能使比重大的无机颗粒下沉，而有机悬浮颗粒则随水流带走。

沉砂池可分为平流式、竖流式和曝气沉砂池等三种基本型式。

(一)平流式沉砂池

平流式矩形沉砂池是最常见的一种沉砂池，具有构造简单、工作稳定、处理效果好且易于排沙等特点。图 1—3 是平流式沉砂池的示意图。

(二)竖流式沉砂池

竖流式沉砂池是一个圆形池，污水由中心管进入池内后自下而上流动，砂粒借重力沉于池底。它的处理效果一般较差。

(三)曝气沉砂池

由于沉砂池的主要功能是去除无机颗粒，但难免在沉渣中夹杂有机物，容易腐败发臭。目前广泛使用的曝气沉砂池可以克服这一缺点。图 1—4 是曝气沉砂池示意图。

曝气沉砂池从 20 世纪 50 年代开始试用，目前已推广使用。它具有下述特点：(1)沉砂中含有机物的量低于 5%；(2)由于池中设有曝气设备，它还具有预曝气、脱臭、防止污水厌氧分解、除泡作用以及加速污水中油类的分离等作用。这些特点对后续的沉淀、曝气、污泥消

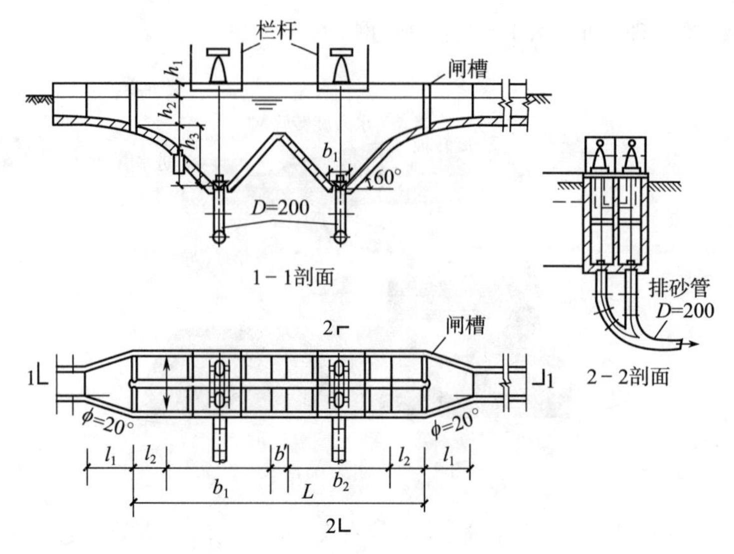

图 1－3　平流式沉砂池的一种池型

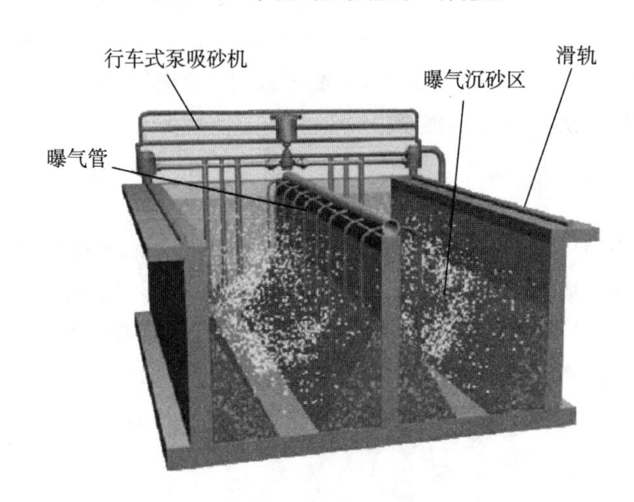

图 1－4　曝气沉砂池

化池的正常运行以及沉砂的干燥脱水提供了有利条件。

(四)旋流式沉砂池

旋流式沉砂池一般设计为圆形,池中心设有 1 台可调速的旋转浆板。进水渠道在圆池的切向位置,出水渠道对应圆池中心,中心旋转浆板下设有砂斗。浆板、挡板和进水水流组合在一起,旋转的涡轮叶片使砂粒呈螺旋形流动,促进有机物和砂粒的分离,由于所受离心力不同,相对密度较大的砂粒被甩向池壁,在重力作用下沉入砂斗;而较轻的有机物,则在沉砂池中间部分与砂子分离,有机物随出水旋流带出池外。通过调整转速,可以达到最佳的沉砂效果。砂斗内沉砂可以采用空气提升、排砂泵排砂等方式排除。

三、过滤

格栅、筛网以及沉砂池主要是针对污水中的一些漂浮物和一些密度较大的污染物质的去除，但是对于污水的物理化学处理的重点不在于此，重点在于去除污水中的悬浮物质、胶体态物质和溶解性物质，也是污水中较难去除的污染物。

废水通过粒状滤料（如石英砂）床层时，其中细小的悬浮物和胶体就被截留在滤料的表面和内部空隙中。这种通过粒状介质层分离不溶性污染物的方法称为过滤。其过滤机理包括：

(1)阻力截留：当废水自上而下流过粒状滤料层时，粒径较大的悬浮物颗粒首先被截留在表层滤料的空隙中，从而使此层滤料空隙越来越小，截污能力随之变得越来越高，结果逐渐形成一层主要由截留的固体颗粒形成的滤膜，并有其主要的过滤作用。这种作用属于阻力截留或筛滤作用；

(2)重力沉降：废水通过滤料层时，众多的滤料表面提供了巨大的沉降面积。据估计，$1m^3$ 粒径为 0.5mm 的滤料中就有 $400m^2$ 不受水力冲刷影响而提供悬浮物沉降的有效面积，形成无数的小“沉淀池”，悬浮物极易在此沉降下来；

(3)接触絮凝：由于滤料具有巨大的表面积，它与悬浮物之间有明显的物理吸附作用。

此外，砂粒在水中常常带有表面负电荷，能吸附带正电荷的铁、铝等胶体，从而在滤料表面形成带正电荷的薄膜，并进而吸附带负电荷的黏土和多种有机物胶体，在砂粒上发生接触絮凝。

按滤料的种类分为单层、双层和多层滤池；按作用水头分为重力滤池和压力滤池；按过滤速度分为慢滤池和快滤池；按进出水及反冲洗水的供给和排除方式分为普通快滤池、虹吸滤池和无阀滤池。

过滤工艺包括过滤和反洗两个基本阶段。过滤即截留污物，反洗即把污物从滤料层中洗去，使之恢复过滤功能。过滤周期是指滤池从过滤开始到结束延续的时间称为过滤周期（或工作周期）。

滤料是滤池中最重要的组成部分，是完成过滤的主要介质。必须满足有足够的机械强度，较好的化学稳定性，有适宜的级配合孔隙率；此外，还必须满足：(1)滤料纳污能力大，过滤水头损失小，工作周期长；(2)出水水质符合回用或外排的要求；(3)反洗耗水量少，效果好，反洗后滤料分层稳定而不发生很大程度的滤料混杂。

配水系统也是滤池较为重要的组成部分，常见的配水系统有大阻力配水系统、小阻力配水系统、中阻力配水系统等三种，其作用：(1)反冲洗时，均匀分布反冲洗水；(2)过滤时，均匀集水。

反冲洗时配水不均匀的危害：(1)滤池中砂层厚度分布不同；(2)过滤时，产生短流现象，使出水水质下降；(3)可能招致局部承托层发生移动，造成漏砂现象。图 1－5 是普通的快滤池。

如图 1－5 所示为普通快滤池的构造和工作过程。过滤时，废水由进水总管、进水支管进入池内，并通过滤料层和垫层留到池底，水中的悬浮物和胶体被截流于滤料表层和内层空隙中，滤过的水由配水支管、配水干管收集后排出。随着过滤过程的进行，污物在滤料层中不断积累，当过滤水头损失超过滤池所能提供的资用水头（高低水位之差），或出水中的污染物浓度超过许可值时，即应终止过滤，并进行反洗。反洗时，反洗水进入配水系统（过滤时的配水系统），向上流过垫层和滤层，冲去沉积于滤层内的污物，并夹带着污物进入洗砂排水槽，由此经闸门排出池外。反洗完毕，即可进行下一循环的过滤。

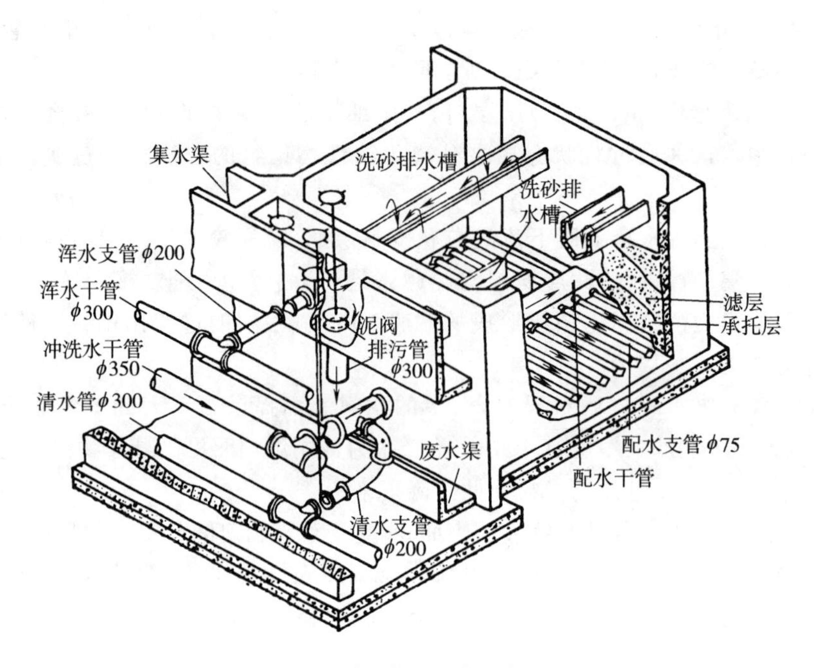

图 1－5　普通快滤池构造剖视图

四、气浮

气浮处理法就是在废水中生产大量的微小气泡作为载体去黏附废水中微细的疏水性悬浮固体和乳化油，使其随气泡浮升到水面，形成泡沫层，然后用机械方法撇除，从而使得污染物从废水中分离出来。疏水性的物质易气浮，而亲水性的物质不易气浮。因此需投加浮选剂改变污染物的表面特性，使某些亲水性物质转变为疏水性物质，然后气浮除去，这种方法称为“浮选”。

气浮时要求气泡的分散度高，量多，有利于提高气浮的效果。泡沫层的稳定性要适当，既便于浮渣稳定在水面上，又不影响浮渣的运送和脱水。常用的产生气泡的方法有两种：

(1)机械法：使空气通过微孔管、微孔板、带孔转盘等生成为小气泡；

(2)压力溶气法：将空气在一定的压力下溶于水中，并达到饱和状态，然后突然减压，过饱和的空气便以微小气泡的形式从水中逸出。目前废水处理中的气浮工艺多采用压力溶气法，见图 1－6 所示。

气浮法的主要优点有：设备运行能力优于沉淀池，一般只需 15～20min 即可完成固液分离，因此它占地省，效率较高；气浮法所产生的污泥较干燥，不易腐化，且由表面刮取，操作较便利；整个工作是向水中通入空气，增加了水中的溶解氧量，对除去水中有机物、藻类表面活性剂及臭味等有明显效果，其出水水质为后续处理及利用提供了有利条件。

气浮法的主要缺点是：耗电量较大；设备维修及管理工作量增加，运行部分常有堵塞的可能，浮渣露出水面，易受风、雨等气候因素影响。

气浮法的应用：(1)分离水中的细小悬浮物、藻类及微絮体；(2)回收工业废水中的有用物质，如造纸厂废水中的纸浆纤维及填料等；(3)代替二次沉淀池，分离和浓缩剩余活性污泥，特别适用于那些易于产生污泥膨胀的生化处理工艺中；(4)分离回收含油废水中的悬浮

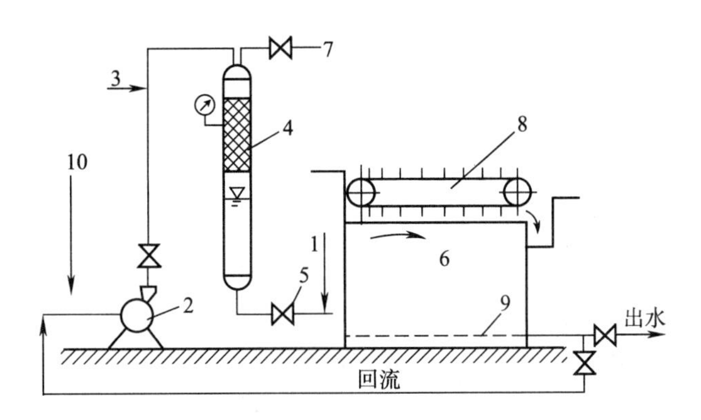

图 1－6 部分溶气加压气浮法

1－废水进入；2－加压泵；3－空气进入；4－压力溶气罐（含填料层）；5－减压阀；
6－气浮池；7－放气阀；8－刮渣机；9－出水系统及回流清水管；10－化学药剂

油和乳化油；(5)分离回收以分子或离子状态存在的污染物，如金属离子的泡沫浮选分离。

五、沉淀

沉淀法是利用废水中的悬浮物颗粒和水比重不同的原理，借助重力沉降作用将悬浮颗粒从水中分离出来的水处理的方法，应用十分广泛。

(一)沉淀类型

根据水中悬浮颗粒的浓度及絮凝特性(即彼此粘结、团聚的能力)可分为四种：

1. 分离沉降(或自由沉降)

颗粒之间互不聚合，单独进行沉降。在沉淀过程中，颗粒呈分散状态，只受到本身的重力(包括本身重力和水的浮力)和水流阻力的作用，其形状、尺寸、质量均不变，下降速度也不改变，主要发生在沉砂池中。

2. 混凝沉降(或絮凝沉降)

混凝沉降是指在混凝剂的作用下，使废水中的胶体和细微悬浮物凝聚为具有可分离性的絮凝体，然后采用重力沉降予以分离去除。常用的无机混凝剂有硫酸铝、硫酸亚铁、三氯化铁及聚合铝；常用的有机絮凝剂有聚丙烯酰胺等，还可采用助凝剂如水玻璃、石灰等。混凝沉降的特点是在沉淀的过程中，颗粒接触碰撞而相互聚集形成较大絮体，因此颗粒的尺寸和质量均会随深度的增加而增大，其沉速也随深度而增加，主要发生在初沉池中。

3. 成层沉降(或拥挤沉降)

当废水中悬浮物含量较高时，颗粒间的距离较小，期间的聚合力能使其集合成为一个整体，并一同下沉，而颗粒相互间的位置不发生变动，因此澄清水和混水间有一明显的分界面，逐渐向下移动，此类沉降称为成层沉降。如高浊度水的沉淀池及二级沉淀池中的沉降多属此类，主要发生在二沉池。

4. 压缩沉降

当悬浮液中悬浮固体浓度较高时，颗粒相互接触，挤压，在上层颗粒的重力作用下，下层颗粒间隙中的水被挤出，颗粒群体被压缩。压缩沉降发生在沉淀池底部的污泥斗中或污泥浓缩池中，进行得很缓慢，主要发生在污泥浓缩池和二沉池的泥斗中。

(二)沉淀池

沉淀工艺主要的设备是沉淀池,沉淀池的目的是最大限度地除去水中的悬浮物,以减轻后续净化设备的负担或对后续处理起一定的保护缓冲作用。沉淀池的工作原理是使污水缓慢地流过池子,使悬浮物在重力作用下沉降。

按水中固体颗粒的性质可分为自然沉淀法和絮凝沉淀法。絮凝沉淀法因涉及废水中投加化学药剂,将在化学处理法中的混凝法中介绍。在自然沉淀法中根据水流方向常分为下列四种沉淀池。

1. 平流式沉淀池

废水从池一端流入,按水平方向在池内流动,水中悬浮物逐渐沉向池底,澄清水从另一端溢出。池形呈长方形,在进口处的底部设污泥斗,池底污泥在刮泥机的缓慢推动下被刮入污泥斗内。典型装置如图 1－7(a)所示。

2. 辐流式沉淀池

如图 1－7(b)所示,池子多为圆形,直径较大,一般在 20～30m 以上,适用于大型水处理厂。原水经进水管进入中心管后,通过管壁上的孔口和外围的环形穿孔挡板,沿径向呈辐射状流向沉淀池周边。由于过水断面不断增大,流速逐渐变小,颗粒沉降下来,澄清水从池周围溢出并汇入集水槽排出。沉于池底的泥渣由安装于桁架底部的刮板刮入泥斗,再借静压或污泥泵排出。

3. 竖流式沉淀池

竖流式沉淀池也多为圆形,如图 1－7(c)所示。水由中心管的下口流入池中,通过反射

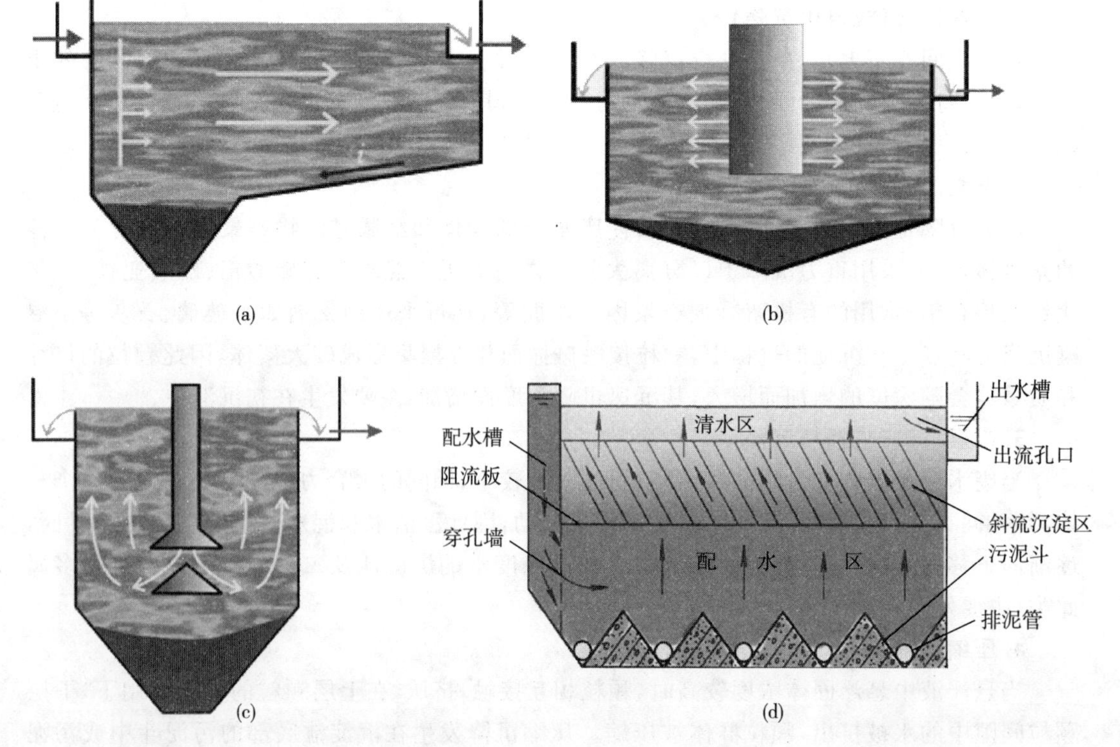

图 1－7 各类沉淀池的构造示意图

板的拦阻向四周分布于整个水平断面上，缓缓向上流动。沉速超过上升流速的颗粒则向下沉降到污泥斗，澄清后的水由池四周的堰口溢出池外。竖流式沉淀池也可做成方形，相邻池子可合用池壁以使布置紧凑。

4. 斜板、斜管沉淀池

斜板、斜管沉淀池是根据浅池理论（也称为浅层沉降原理）设计的新型沉淀池。见图1－7(d)所示。斜板（或斜管）相互平行地重叠在一起，间距不小50mm，斜角为50°～60°，水流从平行板（管）的一端流到另一端，使每两块板间（或每根管子）都相当于一个很浅的小沉淀池。

上述沉淀池各具特点，可适用于不同场合。平流式沉淀池结构简单，沉淀效果较好，但占地面积大，排泥存在问题较多，目前在大、中、小型水处理厂中均有采用。竖流式沉淀池占地面积小，排泥较方便，且便于管理，然而池深过大，施工难，使池的直径受到了限制，一般适用于中小型水处理厂。辐流式沉淀池有定型的排泥机械，运行效果较好，最适宜于大型水处理厂，但施工质量和管理水平要求水平较高。

六、膜分离技术

（一）概述

膜分离法是利用特殊的薄膜对液体中的某些成分进行选择性透过的方法的统称。溶剂透过膜的过程称为渗透，溶质透过膜的过程称为渗析。

几种主要膜分离法的特点：

(1)膜分离过程不发生相变，因此能量转化的效率高。例如在现在的各种海水淡化方法中反渗透法能耗最低；

(2)膜分离过程在常温下进行，因而特别适于对热敏性物料，如果汁、酶、药物等的分离、分级和浓缩；

(3)装置简单，操作简单，控制、维修容易，且分离效率高。与其他水处理方法相比，具有占地面积小、适用范围广、处理效率高等特点；

(4)由于目前膜的成本较高，所以膜分离法投资较高，有些膜对酸或碱的耐受能力较差。所以目前膜分离法在水处理中一般用于回收废水中的有用成分或水的回用处理。

（二）电渗析

用特制的半透膜将浓度不同的溶液隔开，溶质即从浓度高的一侧透过膜而扩散到浓度低的一侧，这种现象称为渗析作用，或称扩散渗析，浓差渗析。而电渗析的原理是在直流电场的作用下，依靠对水中离子有选择透过性的离子交换膜，使离子从一种溶液透过离子交换膜进入另一种溶液，以达到分离、提纯、浓缩、回收的目的。电渗析原理图见图1－8所示。

（三）反渗透

1. 反渗透原理

开始两边液面相同，由于浓度差存在，半透膜又不允许溶质通过，所以水透过膜，使浓水一边液面升高，产生渗透压，在浓水边加压，当压力超过渗透压时，则水透过半透膜，即反渗

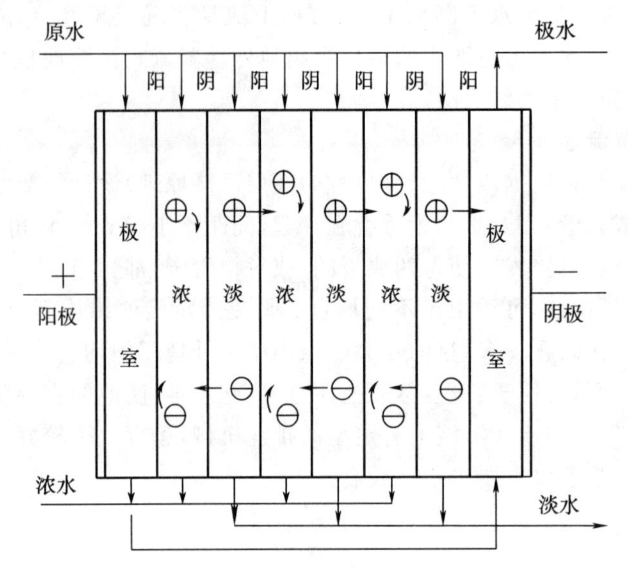

图 1—8　电渗析原理图

透，实现净化过程。反渗透原理图如图 1—9 所示。

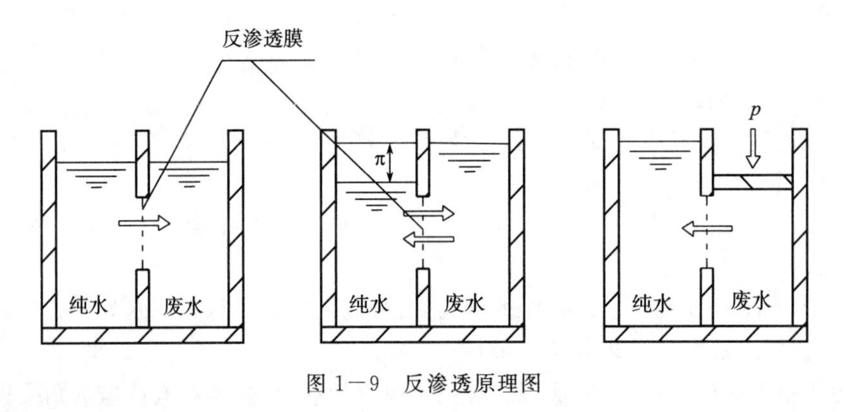

图 1—9　反渗透原理图

2. 反渗透膜作用机理

(1)氢键理论

该理论认为，水透过膜是由于水分子和膜的活化点形成氢键及断开氢键的过程。即在高压作用下，溶液中水分子和膜表皮层活化点缔合，原活化点上的结合水解离出来，解离出来的水分子继续和下一个活化点缔合，又解离出下一个结合水。水分子通过一连串的缔合一解离过程，依次从一个活化点转移到下一个活化点，直至离开表皮层，进入多孔层。

(2)优先吸附一毛细管流理论

该理论把反渗透膜看作一种微细多孔结构物质，它有选择性吸附水分子而排斥溶质分子的化学特性。当水溶液同膜接触时，膜表面优先吸附水分子，在界面上形成一层不含溶质的纯水分子层，其厚度视界面性质而异，或为单分子层或为多分子层。在外压作用下，界面水层在膜孔内产生毛细管流连续地透过膜。

七、混凝

混凝是指通过某种方法(如投加化学药剂)使水中胶体粒子和微小悬浮物聚集的过程,包括凝聚和絮凝两个过程;其中凝聚主要指胶体脱稳并生成微小聚集体的过程,絮凝主要指脱稳的胶体或微小悬浮物聚结成大的絮凝体的过程。混凝是一种物理化学过程,涉及水中胶体粒子性质、所投加化学药剂的特性和胶体粒子与化学药剂之间的相互作用。

化学混凝所处理的对象,主要是水中的微小悬浮物和胶体杂质。大颗的悬浮物由于受重力的作用而下沉,可以用沉淀等方法除去。但是,微小粒径的悬浮物和胶体,能在水中长期保持分散悬浮状态,即使静置数十小时以上,也不会自然沉降。这是由于胶体微粒及细微悬浮颗粒具有“稳定性”。

(一)胶体的稳定性

天然水中的粘土类胶体微粒以及污水中的胶态蛋白质和淀粉微粒等都带有负电荷。它的中心称为胶核。其表面选择性地吸附了一层带有同号电荷的离子,这些离子可以是胶核的组成物直接电离而产生的,也可以是从水中选择吸附 H^+ 或 OH^- 离子而造成的,这层离子称为胶体微粒的电位离子,它决定了胶粒电荷的大小和符号。由于电位离子的静电引力,在其周围又吸附了大量的异号离子形成了所谓“双电层”。这些异号离子,其中紧靠电位离子的部分被牢固地吸引着。当胶核运动时,它也随着一起运动,形成固定的离子层。而其他的异号离子,离电位离子较远,受到的引力较弱,不随胶核一起运动,并有向水中扩散的趋势,形成了扩散层。固定的离子层与扩散层之间的交界面称为滑动面。滑动面以内的部分称为胶粒,胶粒与扩散层之间,有一个电位差。此电位称为胶体的电动电位,常称为 ζ 电位。而胶核表面的电位离子与溶液之间的电位差称为总电位或∮电位。图 1－10 为胶体结构示意图

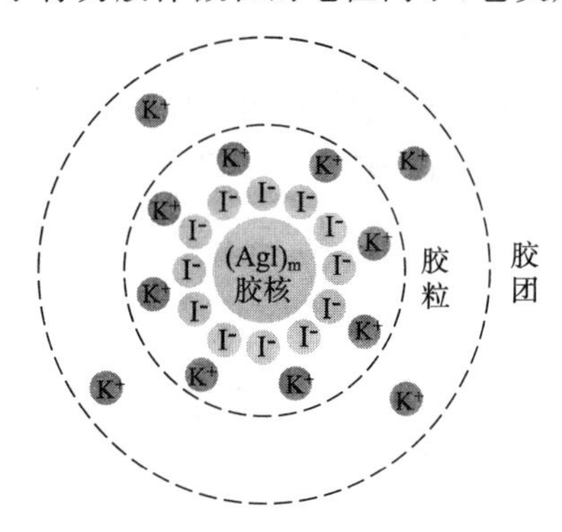

图 1－10 胶体结构示意图

胶粒在水中受几方面的影响:(1)由于上述的胶粒带电现象,带相同电荷的胶粒产生静电斥力,而且 ζ 电位愈高,胶粒间的静电斥力愈大;(2)受水分子热运动的撞击,使微粒在水中作不规则的运动,即“布朗运动”;(3)胶粒之间还存在着相互引力——范德华引力。范德华引力的大小与胶粒间距的 2 次方成反比,当间距较大时,此引力略去不计。

一般水中的胶粒 ζ 电位较高。其互相间斥力不仅与∮电位有关,还与胶粒的间距有关,距离愈近,斥力愈大。而布朗运动的动能不足以将两颗胶粒推近到使范德华引力发挥作用的距离。因此,胶体微粒不能相互聚结而长期保持稳定的分散状态。

使胶体微粒不能相互聚结的另一个因素是水化作用。由于胶粒带电,将极性水分子吸引到它的周围形成一层水化膜。水化膜同样能阻止胶粒间相互接触。但是,水化膜是伴随胶粒带电而产生的,如果胶粒的电位消除或减弱,水化膜也就随之消失或减弱。

(二)混凝原理

化学混凝的机理至今仍未完全清楚。因为它涉及的因素很多,如水中杂质的成分和浓

度、水温、水的 pH 值、碱度以及混凝剂的性质和混凝条件等。但归结起来，可以认为主要是三方面的作用：

1. 压缩双电层作用

由于水中胶粒能维持稳定的分散悬浮状态，主要是由于胶粒的 ζ 电位。如能消除或降低胶粒的 ζ 电位，就有可能使微粒碰撞聚结，失去稳定性。在水中投加电解质——混凝剂可达此目的。例如天然水中带负电荷的粘土胶粒，在投入铁盐或铝盐等混凝剂后，混凝剂提供的大量正离子会涌入胶体扩散层甚至吸附层。因为胶核表面的总电位不变，增加扩散层及吸附层中的正离子浓度，就使扩散层减薄。当大量正离子涌入吸附层以致扩散层完全消失时，ζ 电位为零，称为等电状态。在等电状态下，胶粒间静电斥力消失，胶粒最易发生聚结。实际上，ζ 电位只要降至某一程度而使胶粒间排斥的能量小于胶粒布朗运动的动能时，胶粒就开始产生明显的聚结，这时的 ζ 电位称为临界电位。胶粒因电位降低或消除以致失去稳定性的过程，称为胶粒脱稳。脱稳的胶粒相互聚结，称为凝聚。

压缩双电层作用是阐明胶体凝聚的一个重要理论。它特别适用于无机盐混凝剂所提供的简单离子的情况。但是，如仅用双电层作用原理来解释水中的混凝现象，会产生一些矛盾。例如，三价铝盐或铁盐混凝剂投量过多时效果反而下降，水中的胶粒又会重新获得稳定。又如在等电状态下，混凝效果似应最好，但生产实践却表明，混凝效果最佳时的 ∮ 电位常大于零。

2. 吸附一电中和作用

颗粒表面对异号离子、异号胶粒或链状离子带异号电荷的部位有强烈的吸附作用，由于这种吸附作用中和了它的部分电荷，减少了静电斥力，因而容易与其他颗粒接近而互相吸附。此时静电引力常是这些作用的主要方面，但在不少的情况下，其他的作用超过静电引力。

3. 吸附架桥作用

三价铝盐或铁盐以及其他高分子混凝剂溶于水后，经水解和缩聚反应形成高分子聚合物，具有线性结构。这类高分子物质可被胶体微粒所强烈吸附。因其线性长度较大。当它的一端吸附某一胶粒后，另一端又吸附另一胶粒，在相距较远的两胶粒间进行吸附架桥，使颗粒逐渐结大，形成肉眼可见的粗大絮凝体。这种由高分子物质吸附架桥作用而使微粒相互粘结的过程，称为絮凝。

4. 网捕作用

当金属盐（如硫酸铝或氯化铁）或金属氧化物和氢氧化物（如石灰）作凝聚剂时，当投加量大足以迅速沉淀金属氢氧化物（如 $Al(OH)_3$、$Fe(OH)_3$、$Mg(OH)_2$ 或金属碳酸盐（如 $CaCO_3$）时，水中的胶粒可被这些沉淀物在形成时所网捕。当沉淀物是带正电荷（$Al(OH)_3$ 及 $Fe(OH)_3$ 在中性和酸性 pH 范围内）时，沉淀速度可因溶液中存在阴离子而加快，例如硫酸银离子。此外水中胶粒本身可作为这些金属氧氧化物沉淀物形成的核心，所以凝聚剂最佳投加量与被除去物质的浓度成反比，即胶粒越多，金属凝聚剂投加量越少。

以上介绍的混凝的四种机理，在水处理中常不是单独孤立的现象，而往往可能是同时存在的，只是在一定情况下以某种现象为主而已，目前看来它们可以用来解释水与废水的混凝现象。但混凝的机理尚在发展，有待通过进一步的实验以取得更完整的解释。

（三）混凝剂

用于水处理中的混凝剂应符合如下要求：混凝效果良好，对人体健康无害，价廉易得，使用方便。混凝剂的种类较多，主要有以下两大类：

1. 无机盐类混凝剂

目前应用最广的是铝盐和铁盐。铝盐中主要有硫酸铝、明矾等。硫酸铝 $Al_2(SO_4)_3 \cdot 18H_2O$ 的产品有精制和粗制两种。精制硫酸铝是白色结晶体。粗制硫酸铝的 Al_2O_3 含量不少于 14.5%～16.5%，不溶杂质含量不大于 24%～30%，价格较低，但质量不稳定，因含不溶杂质较多，增加了药液配制和排除废渣等方面的困难。明矾是硫酸铝和硫酸钾的复盐 $Al_2(SO_4)_3 \cdot K_2SO_4 \cdot 24H_2O$，$Al_2SO_3$ 含量约 10.6%，是天然矿物。硫酸铝混凝效果较好，使用方便，对处理后的水质没有任何不良影响。但水温低时，硫酸铝水解困难，形成的絮凝体较松散，效果不及铁盐。

铁盐中主要有三氯化铁、硫酸亚铁和硫酸铁等。三氯化铁是褐色结晶体，极易溶解，形成的絮凝体较紧密，易沉淀；但三氧化铁腐蚀性强.易吸水潮解，不易保管。硫酸亚铁 $FeSO_4 \cdot 7H_2O$ 是半透明绿色结晶体，离解出的二价铁离子 Fe^{2+} 不具有三价铁盐的良好混凝作用，使用时应将二价铁氧化成三价铁。同时，残留在水中的 Fe^{2+} 会使处理后的水带色，Fe^{2+} 与水中某些有色物质作用后，会生成颜色更深的溶解物。

2. 高分子混凝剂

高分子混凝剂有无机和有机的两种。聚合氯化铝和聚合氧化铁是目前国内外研制和使用比较广泛的无机高分子混凝剂。聚合氯化铝的混凝作用与硫酸铝并无差别。硫酸铝投入水中后，主要是各种形态的水解聚合物发挥混凝作用。但由于影响硫酸铝化学反应的因素复杂，要想根据不同水质控制水解聚合物的形态是不可能的。人工合成的聚合氧化铝则是在人工控制的条件下预先制成最优形态的聚合物，投入水中后可发挥优良的混凝作用。它对各种水质适应性较强，适用的 pH 值范围较广，对低温水效果也较好，形成的絮凝体粒大而重，所需的投量约为硅酸铝的 1/2～1/3。

有机高分子混凝剂有天然的和人工合成的。这类混凝剂都具有巨大的线状分子。每一大分子有许多链节组成。链节间以共价键结合。我国当前使用较多的是人工合成的聚丙烯酰胺，聚丙烯酰胺的聚合度可多达 2×10^4～9×10^4，相应的相对分子质量高达 150×10^4～600×10^4。凡有机高分子混凝剂链节上含有的可离解基团离解后带正电的称为阳离子型，带负电的称为阴离子型；链节上不含可离解基团的称非离子型。聚丙烯酰胺即为非离子型高聚物。但它可以通过水解构成阴离子型，也可通过引入基团制成阳离子型。

有机高分子混凝剂由于分子上的链节与水中胶体微粒有极强的吸附作用，混凝效果优异。即使是阴离子型高聚物，对负电胶体也有强的吸附作用；但对于未经脱稳的胶体，由于静电斥力有碍于吸附架桥作用，通常作助凝剂使用。阳离子的吸附作用尤其强烈，且在吸附的同时，对负电胶体有电中和的脱稳作用。

有机高分子混疑剂虽然效果优异，但制造过程复杂，价格较贵。另外，由于聚丙烯酰胺的单体—丙烯酰胺有一定的毒性，因此它们的毒性问题引起了人们的注意和研究。

3. 助凝剂

当单用混凝剂不能取得良好效果时，可投加某些辅助药剂以提高混凝效果，这种辅助药剂称为助凝剂。助凝剂可用以调节或改善混凝的条件，例如当原水的碱度不足时可投加石灰或重碳酸钠等；当采用硫酸亚铁作混凝剂时可加氧气将亚铁 Fe^{2+} 氧化成三价铁离子 Fe^{3+} 等。助凝剂也可用以改善絮凝体的结构，利用高分子助凝剂的强烈吸附架桥作用.使细小松散的絮凝体变得粗大而紧密，常用的有聚丙烯酰胺、活化硅酸、骨胶、海藻酸钠、红花树等。

八、吸附

相界面上物质的浓度自动发生累积或浓集的现象。主要吸附溶解性的有机物、合成洗涤剂、微生物、病毒和重金属。

固体表面有吸附水中溶解及胶体物质的能力，比表面积很大的活性炭等具有很高的吸附能力，可用作吸附剂。吸附可分为物理吸附和化学吸附。如果吸附剂与被吸附物质之间是通过分子间引力（即范德华力）而产生吸附称为物理吸附，该过程是一个物理过程，被吸附的吸附质是可以从吸附剂表面解吸下来，在任何条件下均可以发生；如果吸附剂与被吸附物质之间产生化学作用，生成化学键引起的吸附称为化学吸附，该过程是一个化学过程，是一个不可逆过程，需要在高温条件下才能产生。

物理吸附和化学吸附并非不相容，而且随着条件的变化可以相伴发生，但在一个系统中，可能某一种吸附是主要的。在污水处理中，多数情况下，往往是几种吸附的综合结果。理论上讲，任何一种物质均有吸附作用，但是考虑到吸附效果和吸附量，一般选择孔隙多、比表面积大的物质作为吸附剂。下面以活性炭的吸附和解吸来说明吸附工艺的特点。

（一）活性炭的特性

从20世纪上半叶以来，活性炭在给水处理中已经得到广泛应用。活性炭对受污染水源水中的微量臭味有机物具有良好的吸附性能，因此被广泛应用于去除水中的臭和味。

1.活性炭的物理性质

活性炭具有粒状、棒状和粉末状等形状，每克粉末活性炭所具有的比表面积为500～1700m^2/g，其中99.9%的表面积位于多孔结构颗粒的内部。活性炭的重要特征是具有发达的孔隙结构，如图1－11所示，活性炭的孔隙可分为三类，即微孔、中孔和大孔。

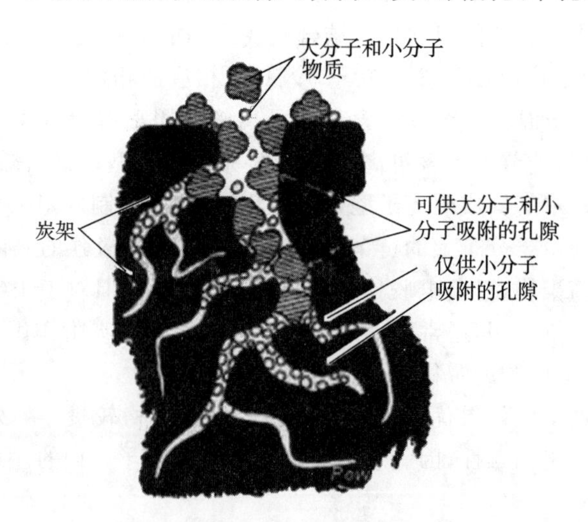

图1－11　活性炭孔隙分布示意图

微孔是指孔径＜2nm的孔隙，该类孔隙所具有的比表面积占总比表面积的95%以上，起吸附作用，吸附量以小孔吸附为主。

中孔(过渡孔)是指 2～100nm 的孔隙,比表面积占总的比表面积小于 5%,吸附量不大,起吸附作用和通道作用。

大孔是指 100～1000nm 的孔隙,比表面积很小,吸附量小,提供通道。

粉末活性炭颗粒小,与吸附质接触充分,因而吸附速度快,吸附效果好;但是回收和再利用均比较困难,相比之下,粒状活性炭有利用于再生。另外,强度也是活性炭一个较为重要的指标,在反冲洗、运输以及再生过程中,强度太小将会造成更多的损耗。

2. 活性炭的化学性质

活性炭生产过程中,由于氧化及活化作用,在活性炭中形成了复杂的孔状结构,同时还在活性炭表面形成了复杂的含氧官能以及碳氢化合物,包括羰基、酚羟基、醚类、脂以及环状过氧化物。这些官能团的存在以及相对数量的多少,将决定活性炭的极性强弱以及吸附性能。从相似相溶原理看,具有弱极性、中性及非极性表面的活性炭对非极性的分子吸附能力比较强,而对极性分子以及离子的吸附能力比较弱。

(二)活性炭的再生

颗粒状活性炭在使用一段时间后,吸附了大量吸附质,逐步趋向饱和并丧失工作能力,此时应进行更换或再生。再生是在吸附剂本身的结构基本不发生变化的情况下,用某种方法将吸附质从吸附剂微孔中除去,恢复它的吸附能力。活性炭的再生方法主要有:

1. 加热再生法

在高温条件下,提高了吸附质分子的能量,使其易于从活性炭的活性点脱离;而吸附的有机物则在高温下氧化和分解,成为气态逸出或断裂成低分子。活性炭的再生一般用多段式再生炉。炉内供应微量氧气,使进行氧化反应而又不致使炭燃烧损失。

2. 化学药剂再生法

通过化学反应,使吸附质转化为易溶于水的物质而解吸下来。无机酸或 NaOH,有机溶剂(苯、丙酮等)。

3. 化学氧化法

利用氧化方法吸附在活性炭上的有机物等被氧化掉,恢复活性炭的吸附孔隙,如电解氧化法,O_3 氧化法,湿式氧化法。

4. 生物法

利用微生物的作用,将被活性炭吸附的有机物作为碳源等营养物质加以氧化分解。

(三)吸附工艺和设备

吸附的操作方式分为间歇式和连续式。间歇式是将废水和吸附剂放在吸附池内进行搅拌 30min 左右,然后静置沉淀,排除澄清液。间歇式吸附主要用于小量废水的处理和实验研究,在生产上一般要用两个吸附池、交换工作。在一般情况下,都采用连续的方式。

连续吸附可以采用固定床、移动床和流化床。固定床连续吸附方式是废水处理中最常用的。吸附剂固定填放在吸附柱(或塔)中叫固定床。移动床连续吸附是指在操作过程中定期地将接近饱和的一部分吸附剂从吸附柱排出,并同时将等量的新鲜吸附剂加入柱中。所谓流化床是指吸附剂在吸附柱内处于膨胀状态,悬浮于由下而上的水流中。由于移动床和流化床的操作较复杂,在废水处理中较少使用。

在一般的连续式固定床吸附柱中，吸附剂的总厚度为3～5m，分成几个柱串联工作，每个柱的吸附剂厚度为1～2m。废水从上向下过滤，过滤速度在4～15m/h之间，接触时间一般不大于30～60min。为防止吸附剂层的堵塞，含悬浮物的废水一般先应经过砂滤，再进行吸附处理。吸附柱在工作过程中，上部吸附剂层的吸附质浓度逐渐增高，达到饱和而失去继续吸附的能力。随着运行时间的推移，上部饱和区高度增加而下部新鲜吸附层的高度则不断减小，直至全部吸附剂都达到饱和，出水浓度与进水浓度相等，吸附柱全部丧失工作能力。

在实际操作中，吸附柱达到完全饱和及出水浓度与进水浓度相等是不可能的，也是不允许的。通常是根据对出水水质的要求，规定一个出水含污染物质的允许浓度值。当运行中出水达到这一规定值时，即认为吸附层已达到“穿透”，吸附柱便停止工作，进行吸附剂的更换。

(四)吸附法在污水处理中的应用

由于吸附法对进水的预处理要求高，吸附剂的价格昂贵，因此在废水处理中，吸附法主要用来去除废水中的微量污染物，达到深度净化的目的。如：废水中少量重金属离子的去除、少量有害的生物难降解有机物的去除、脱色除臭等。

对于悬浮物质、胶体物质等污染物去除的物理化学方法还有很多种，如：离子交换法、吹脱法、萃取法、中和法以及近些年来发展起来的一些高级氧化技术、磁分离技术等。在水与废水的处理过程中要根据水与废水的实际情况和最终用途选择行之有效的工艺或组合工艺。

九、消毒

各种水体是微生物生长繁殖的天然环境，其中大多数微生物对人体无害，但不少病原微生物可以通过粪便、污水和垃圾等进入水体，从而有可能导致传染病的流行，对人类健康造成了极大的威胁。这种经水传播的疾病，称为水致传染病或水性传染病，主要有肠道传染病，如伤寒、霍乱、痢疾以及病毒性肝炎等以及一些借水传播的寄生虫。因此，保证饮用水中没有病原微生物，有效地控制水致传染病的发生，是饮用水安全保证的一个重要方面。

消毒的目的主要是利用物理或化学的方法杀灭废水中的病原微生物，以防止其对人类及禽畜的健康产生危害和对生态环境造成污染。对于医院污水、屠宰工业及生物制药等行业所排废水，国家及各地方环保部门制定的废水排放标准中都规定了必须达到的细菌学标准。近年来实施较多的工业水回用和中水回用工程中，消毒处理也都成为必须考虑的工业步骤之一。

消毒方法大体上可分为两类：物理方法和化学方法。物理方法主要有加热、冷冻、辐照和微波消毒等方法。化学方法是利用各种化学药剂进行消毒，常用的化学消毒剂有氯及化合物、各种卤素、臭氧、重金属离子等。

加氯消毒是到目前为止使用最多的水处理消毒方法。这主要是由于工业产品瓶装液氯来源可靠，加氯消毒的一次性设备和运行费用也都比较低，而消毒效果也比较稳定，且有成熟的设计经验，所以在以往的工程中较多的被采用。但是氯气是一种有毒气体，因此在运输和储存中都必须谨慎小心，特别是在人口稠密的城市地区，绝对不允许发生意外泄露事故。加氯间的设计要作到结构坚固、防冻保温和安装排风装置，同时加氯间内还要备有检修工具和抢救设备。液氯瓶的运输储存和加氯间的设计还有其他许多方面的规定，设计中必须按标准规范要求执行。

（一）氯消毒

1. 氯消毒原理——分两种情况

（1）原水中不含氨氮，氯溶于水发生下列反应：

$$Cl_2 + H_2O \leftrightarrow HClO + HCl$$

$$HClO \leftrightarrow H^+ + OCl^-$$

HClO 和 OCl^- 具氧化能力，称有效氯或自由氯。HClO 为中性分子，起消毒作用。HClO 和 OCl^- 的相对比例取决于水温和 pH 值，相同水温下，pH 值越低，产生 HClO 越多，消毒效果越好。

（2）原水中含氨氮。氯加入含氨氮水中生成一氯胺、二氯胺、三氯胺，统称化合性氯或结合氯，其含量比例取决于氯、氨的相对浓度、pH 值和水温。起消毒作用的仍然是 HClO。这些 HClO 是由氯胺与水反应生成，所以氯胺消毒比较缓慢。二氯胺消毒效果好于一氯胺，但二氯胺有臭味；三氯胺消毒效果最差，且有恶臭味。氯消毒分为自由性氯消毒和化合性氯消毒两大类。

2. 氯消毒法优缺点

优点：杀菌、灭病毒效果好，有持久的消毒作用，成本低，见效快，投加系统简单、可靠。

缺点：消毒效果受 pH 值影响，可与水中有机物（如腐植酸、酚等）生成副产物三氯甲烷 THMS 和其他中间产物，如氯胺、氯酚、氯化有机物等，某些会产生臭味，影响饮水水质，所以当水源水受到微量有机物污染时，应该先对水源水进行预处理，以降低有机物的含量而减少饮用水安全风险。

（二）其他消毒法

其他消毒法主要包括：二氧化氯消毒，漂白粉和漂白精消毒，次氯酸钠消毒，臭氧消毒，紫外线消毒等。

1. 二氧化氯消毒

消毒原理：二氧化氯（ClO_2）对细胞壁的穿透能力和吸附能力都较强，能有效地破坏细菌内含硫基的酶，对细菌和病毒有很强的灭活能力。

优点：消毒能力比氯强；不产生 THMS；不受 pH 值影响；有很强的氧化有机物能力和除酚能力，且不产生氯酚臭味；缺点：易挥发，易爆炸，不能储存，须现场制备，生产成本高。

2. 漂白粉和漂白精消毒

漂白粉：由氯气和石灰加工而成，可表示为 $Ca(OCl)_2$，有效氯约 30%；漂白精：分子式为 $Ca(OCl)_2$，有效氯约 60%。

消毒原理：漂白粉或漂白精加入水中与水反应生成 HClO，消毒原理与氯相同。适用于小水厂或临时性供水。

3. 次氯酸钠消毒

消毒原理:次氯酸钠与水反应生成 HOCl,消毒原理与氯相同。但其消毒作用不及氯强。

次氯酸钠制备:因次氯酸钠易分解,不宜储运,故通常采用次氯酸钠发生器(电解食盐水)现场制备。

4. 臭氧消毒

臭氧性质:由三个氧原子组成,常温常压下为淡蓝色气体,极不稳定,易分解为氧气和新生态氧[O]。

消毒原理:新生态氧[O]具有强氧化能力。对具有顽强抵抗能力的微生物有强大的杀伤力;能氧化有机物,去除水的色、臭、味,还可除去溶解性的铁、锰盐类及酚等。

优点:消毒效果好,消毒接触时间短,不受水的 pH 值影响,不会产生有害物质;缺点:成本高,需现场制备,无持续消毒作用。

5. 紫外线消毒

紫外线消毒原理目前还不十分清楚,较普遍的看法是:紫外光谱能破坏细菌核酸结构,杀死细菌;还能破坏有机物。紫外线产生:紫外灯管提供。波长在 200～295nm 紫外线具杀菌能力,波长在 254～260nm 左右的杀菌能力最强。

优点:消毒快,效益高,而且能够杀死 HClO 无法杀死的某些芽孢和病毒;不受水的 pH 值影响,不存在 THMS 之虑,处理水无色无味。而且操作简单、易于管理,易于实现自动化;缺点:消毒效果受水中悬浮物影响;无持续杀菌能力;消毒费用高。

近些年来,各种消毒法结合使用已经成为国内外水厂所提倡的,其步骤为:先用臭氧氧化水中的酚和消灭病毒,改善水的物理性质,然后在水中加氯,以保证配水管网中的灭菌能力。有的水厂也有臭氧＋紫外线＋氯消毒。

第二节　生物处理法

生物处理法是利用自然环境中微生物来氧化分解废水中的有机物和某些无机毒物(如氰化物、硫化物),并将其转化为稳定无害的无机物的一种废水处理方法。污水生物处理方法是建立在环境自净作用基础上的人工强化技术,其意义在于创造出有利于微生物生长繁殖的良好环境,增强微生物的代谢功能,促进微生物的增殖,加速有机物的无机化,增进污水的净化进程。该方法具有投资少、效果好、运行费用低等优点,在城市废水和工业废水的处理中得到最广泛的应用。

一、水处理中的微生物

(一)细菌

细菌是水的生物处理的主要力量之一,水的生物处理法就是利用微生物的新陈代谢作用将水中的污染物进行氧化还原作用,变成简单的化合物,如:二氧化碳、水、氮气等,并释放出能量;同时细菌利用这些污染物作为生长繁殖的营养物进行同化作用,合成自身的物质组成,在此过程中需要消耗能量,见图 1－12(a)所示。

水处理过程中所涉及的细菌种类繁多，包括：动胶杆菌属，假单胞菌属(在含糖类、烃类污水中占优势)，产碱杆菌属(在含蛋白质多的污水中占优势)，黄杆菌属，大肠埃希式杆菌等。这些细菌在水处理构筑物中因营养物质丰富大量繁殖，并形成菌胶团，以免流失或被吞噬。

(二)真菌

真菌是水处理构筑物中的另一大类，主要包括藻类、酵母菌和霉菌等，该类微生物对水质净化具有一定的积极作用，特别是对于一些含有难降解污染物的工业污水等。但是真菌也往往是丝状菌膨胀的主要原因之一，见图 1－12(b)所示。

(三)原生动物

原生动物是一类最原始的动物，在水处理构筑物中所包含的原生动物主要有肉足纲、鞭毛纲和纤毛纲等，这些原生动物对水质净化也有非常积极的作用，如原生动物可以摄食游离细菌和污泥颗粒，从而有利于改善活性污泥的活性和提高水质的清澈度。由于原生动物体型较大，用光学显微镜即可清晰的观察和辨认，是水处理构筑物运行状况的指示性微生物，通过辨认原生物的种类、活性和大小等，能够判断处理水质的优劣。如钟虫的出现是水处理系统稳定的重要标志，见图 1－12(c)所示。

(四)后生动物

后生动物是水处理构筑物中较为高等的一类微生物，主要包括轮虫、线虫、红斑瓢体虫等，这些高等微生物对水质净化具有一定的辅助作用，主要吞噬污泥颗粒、悬浮物质、分散的细菌等，所以具有良好的指示性作用和改善污泥絮体(生物膜)的活性，如：轮虫的出现标志着水处理构筑物运行正常和稳定，线虫的出现标志着生物滤池的堵塞等。当然，后生动物的数量太多的话，对水处理构筑物的运行也是不利的，如：轮虫的数量太多，会使生物膜变得松散而流失，见图 1－12(d)所示。

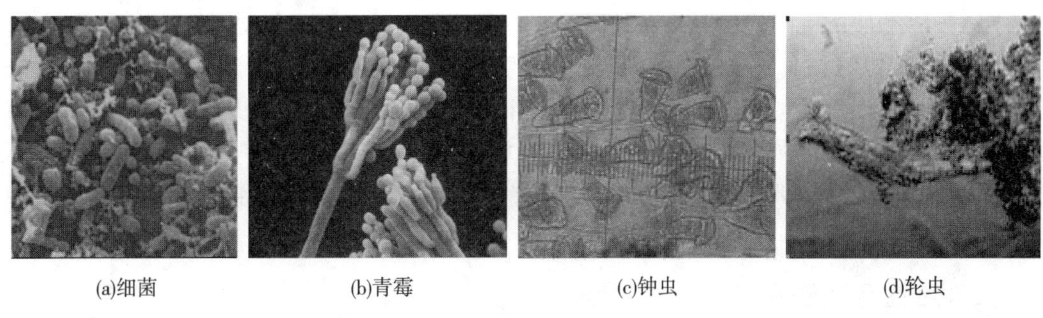

(a)细菌　　(b)青霉　　(c)钟虫　　(d)轮虫

图 1－12　水处理构筑物各类微生物图

(五)高等水生植物

近些年来，随着人工湿地、植物氧化塘等工艺在水处理中的广泛应用，高等水生植物在净化水质和污水处理中作用越来越被关注。高等水生植物具有以下作用：(1)高等水生植物利用同化作用使水中部分的有机物转变成植物的组成部分；(2)高等水生植物利用光合作用使其丰富的根系周围形成富氧区、缺氧区和厌氧区，使不同生理生化特性的微生物共存，提高水中污染物的降解种类和效果;(3)高等水生植物的根系为鱼类的生长、产卵、繁殖和避害提供了良好的场所,同时高等水生植物的植物丛为飞禽提供栖息地,有利于水生态系统的稳定,提高水处理的效果。高等水生植物应用到水处理领域的经济效益、社会效益等也是非常显著的。

此外,水处理过程中还具有其他一些高等动物,如飞鸟等,能通过在觅食水处理构筑物中的污泥颗粒、后生动物等来优化水处理效果。

二、污水的好氧生物处理

生物处理法根据微生物生长繁殖是否需氧气分为好氧生物处理和厌氧生物处理两类。好氧生物处理主要依赖好氧菌和兼性菌的生化作用来完成废水处理。该法需要有氧的供应,主要有活性污泥和生物膜法两种。

(一)好氧菌的生化过程

好氧菌的生化过程所示于图 1—13 中。

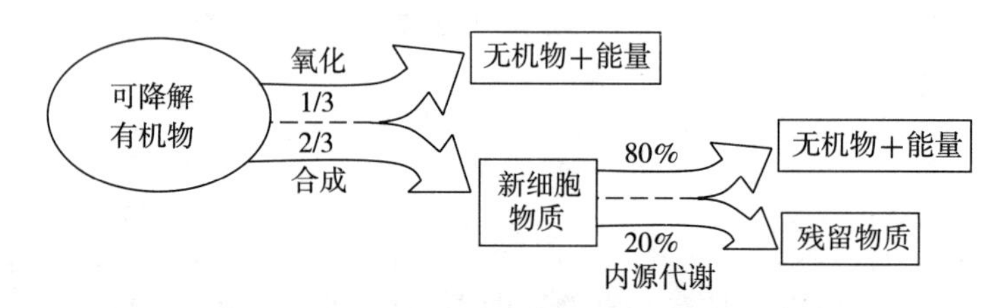

图 1—13 污水的好氧生物处理过程示意图

好氧菌(包括兼性菌)在足够溶解氧的供给下利用废水中的有机物(溶解的和胶体的)为底物进行好氧分解,约有 1/3 的有机物被分解转化或氧化为 CO_2、NH_3、亚硝酸盐、硝酸盐、硫酸盐等代谢产物,同时释放出能量作为好氧菌自身生命活动的能源。此过程称为异化分解;另 2/3 的有机物则被作为好氧菌生长繁殖所需要的构造物质,合成为新的原生质(细胞质),成为同化合成过程。新的原生质就是废水生物处理过程中的活性污泥或生物膜的增长部分,通常称剩余活性污泥(亦称生物污泥)。当废水中的营养物(主要是有机物)缺乏时,好氧菌则氧化体内的原生质来提供生命活动的能源(称内源代谢或内源呼吸),这将会造成微生物数量的减少。准确来说,好氧生物处理过程中不仅是有机物的降解过程,而且还包括氨氮的转化。

(二)活性污泥法

活性污泥法是处理城市废水常用的方法,也是最成熟的方法之一。它能从废水中去除溶解的和胶体的可生物降解的有机物以及能被活性污泥吸附的悬浮固体和其他一些物质,无机盐类(磷和氮的化合物)也部分地被去除。

1. 概述

向富含有机污染物并有细菌的废水中不断地通入空气(曝气),一定时间后就会出现悬浮态絮状的泥粒,这实际上是由好氧(及兼性菌)、好氧菌所吸附的有机物和好氧代谢活动的产物所组成的聚集体,具有很强的分解有机物的能力,称之为“活性污泥”。活性污泥易于沉淀分离，使废水得到澄清。这种以活性污泥为主体的生物处理法称为“活性污泥法”。

活性污泥法对废水的净化作用是通过两个步骤完成的：第一步为吸附阶段。因活性污泥具有较大的比表面积，好氧菌分泌的多糖类黏液具有很强的吸附作用，与废水接触后，在很短时间内（约 10～30min）便会有大量有机物被活性污泥所吸附，使废水中的 BOD_5 和 COD 出现较明显的降低（大约可去除 85%～90%）。在这一阶段也进行吸收和氧化的作用。

第二步为氧化阶段。好氧菌对已吸附和吸收的有机物质进行分解代谢，使废水得到了净化；同时通过氧化分解使达到吸附饱和后的污泥重新呈现活性，恢复它的吸附和分解代谢能力。此阶段进行得十分缓慢。实际上曝气池的大部分容积内都在进行着有机物的氧化和微生物原生质的合成。

要想达到良好的好氧生物处理效果，需满足以下三点要求：(1)向好氧菌提供充足的溶解氧和适当浓度的有机物（作微生物底物）；(2)好氧菌和有机物（即需要除去的废物）需充分接触，要有搅拌混合设备；(3)当好氧菌把废水中有机物吸附分解之后，活性污泥易于与水分离，同时回流污泥，重新利用。

2. 活性污泥法基本流程

活性污泥法系统有曝气池、二次沉淀池、污泥回流装置和曝气系统组成，见图 1－14。

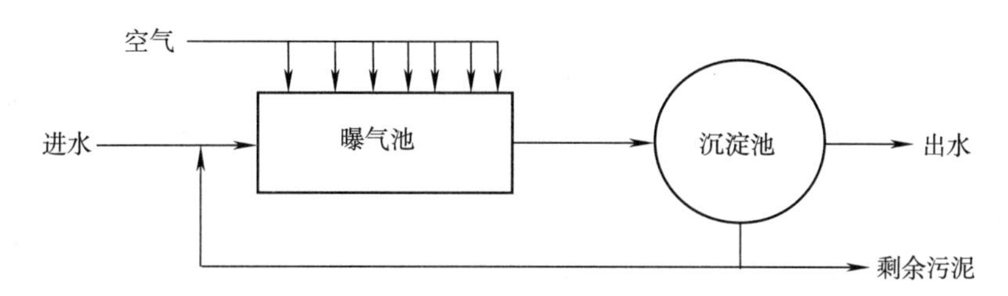

图 1－14　活性污泥法基本流程

待处理的废水，经初次沉淀池等构筑物预处理后与回流的活性污泥同时进入曝气池，成为混合液。由于不断曝气，活性污泥和废水充分混合接触，并有足够的溶解氧，保证了活性污泥中的好氧菌对有机物进行分解。然后混合液流至二次沉淀池，污泥沉降与澄清液分离，上清液从二次沉淀池不断地排出，沉淀下来的活性污泥，一部分回流到曝气池以维持处理系统中一定的细菌数量，另一部分（即剩余污泥，主要是由好氧菌不断繁殖增长及分解有机物的同时产生的）则从系统中排除。

3. 曝气装置

(1)鼓风曝气

曝气池常采用长方形的池子。采用定型的鼓风机供给足够的压缩空气，并使它通过布设在池侧的散气设备进入池内与水接触，使水流充分充氧，并保持活性污泥呈悬浮状态。

(2)机械曝气

机械曝气是利用曝气器内叶轮的转动剧烈翻动水面使空气中的氧溶入水中，同时造成水位差使回流污泥循环。

此外，鼓风曝气和机械曝气经常联合使用，以提高曝气池内的曝气效果；射流曝气也是目前常见的曝气手段。

4. 活性污泥法的发展与演变

活性污泥法发明以来，根据反应时间，进水方式、曝气设备、氧的来源、反应池型等的不同，已经发展出多种变型，主要包括：传统的推流式、渐减曝气法、阶段曝气法、高负荷曝气法、延时曝气法、吸附再生法、完全混合法、深层曝气法、纯氧曝气法等。这些变型方式有的还在广泛应用，同时新开发的处理工艺还在工程中接受实践的考验，采用时须慎重区别对待，因地制宜地加以选择。

（三）生物膜法

当废水长期流过固体多孔性滤料（亦称生物载体或填料）表面时，微生物在介质"滤料"表面上生长繁殖，形成黏性的膜状生物污泥，称之为"生物膜"。利用生物膜上的大量微生物吸附和降解水中有机污染物的水处理方法称为"生物膜法"。它与活性污泥法的不同之处在于微生物是固着生长于介质滤料表面，故又称为"固着生长法"，活性污泥法则又称为"悬浮生长法"。

1. 基本原理

生物膜净化废水的机理如图 1—15 所示。

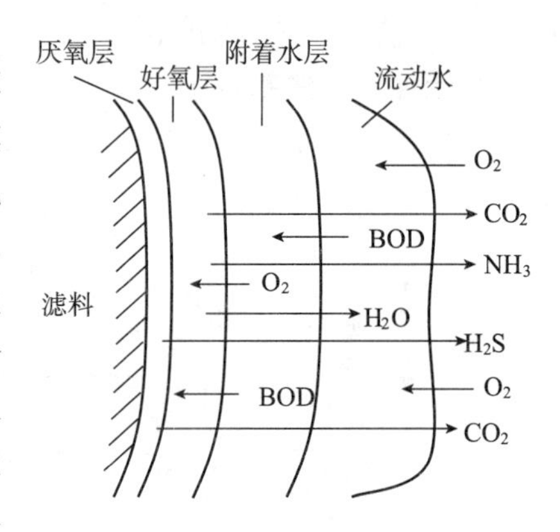

图 1—15　生物膜净水机理示意图

生物膜具有很大的比表面积，在膜外附着一层薄薄的缓慢流动的水层为附着水层。在生物膜内外、生物膜与水层之间进行多种物质的传递过程。废水中的有机物由流动水层转移到附着水层，进而被生物膜所吸附。空气中的氧溶解于流动水层中，通过附着水层传递给生物膜，供微生物呼吸之用。好氧菌对有机物进行氧化分解和同化合成，产生的 CO_2 和其他代谢产物一部分溶入附着水层，一部分析出到空气中（即沿着相反方向从生物膜经过水层排到空气中去）。如此循环往复，使废水中的有机物不断减少，从而净化废水。

当生物膜较厚、废水中有机物浓度较大时，空气中的氧很快地被表层的生物膜所消耗，靠近滤料的一层生物膜就会得不到充足的氧的供应而使厌氧菌发展起来，并且产生有机酸、甲烷（CH_4）/氨（NH_3）及硫化氢（H_2S）等厌氧分解产物。它们中有的很不稳定，有的带有臭味，将大大影响出水的水质。

生物膜厚度一般以 0.5～1.5mm 为佳。当生物膜超过一定厚度后，吸附的有机物在传递到生物膜内层的微生物之前就已被代谢掉。此时内层微生物得不到充分的营养而进入内源代谢，失去其黏附在滤料上的性能而脱落下来，随水流出滤池，滤料表面重新长出新的生物膜。因此在废水处理过程中，生物膜经历着不断生长、不断剥落和不断更新的演变过程。

2. 生物膜法净化设备

（1）生物滤池

生物滤池由滤床、布水设备和排水系统三部分组成，在平面上一般呈方形、矩形或圆形。可分为普通生物滤池、高负荷生物滤池和塔式生物滤池三种形式。普通生物滤池又称低负荷生物滤池或滴滤池，其构造如图 1—16 所示。

废水通过旋转布水器均匀地分布在滤池表面上，滤池中装满了滤料，废水沿着滤料表面从上到下流动，到池底进入排水沟，流出池外并在沉淀池里进行泥水分离。滤料一般采用碎石、卵石或炉渣等颗粒滤料。滤料的工作厚度通常为 1.3～1.8m，粒径为 2.5～4cm；承托厚

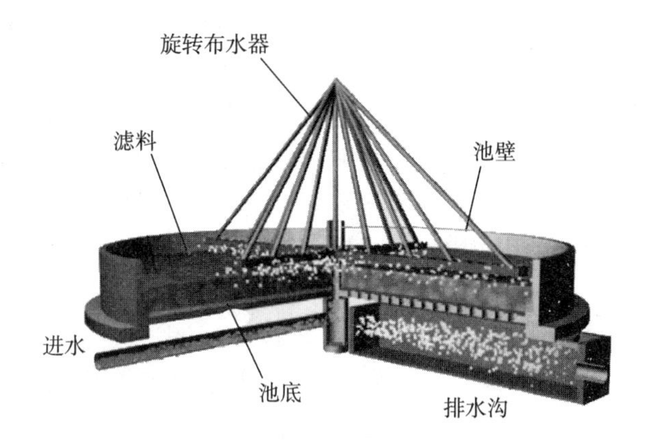

图 1—16　生物滴滤池构造

度 0.2m，垫料粒径为 70～100mm。对于生活废水，普通生物滤池的有机物负荷率较低，仅为 0.1～0.3kg(BOD_5)/(m^3·d)，处理效率可达 85%～95%。

高负荷生物滤池所有滤料的直径一般为 40～100mm，滤料层较厚，可到 2～4m，采用树脂和塑料制成的滤料时还可增大滤料层高度，并可采用自然通风。高负荷生物滤池的有机物负荷率为 0.8～1.2kg/(BOD_5)/(m^3·d)；滤层高度大于 8～20m 为塔式生物滤池，也属于高负荷生物滤池，其有机物负荷率可高达 2～3kg(BOD_5)/(m^3·d)。由于负荷率高，废水在塔内停留时间很短，仅需几分钟，因而 BOD_5 去除率较低，大约为 60%～85%。一般采用机械通风供氧。

(2)生物转盘

生物转盘的工作原理和生物滤池基本相同，主要的区别是它以一系列绕水平轴转动的盘片(直径一般为 2～3m)代替固定的滤料，如图 1—17 为生物转盘净化机理。

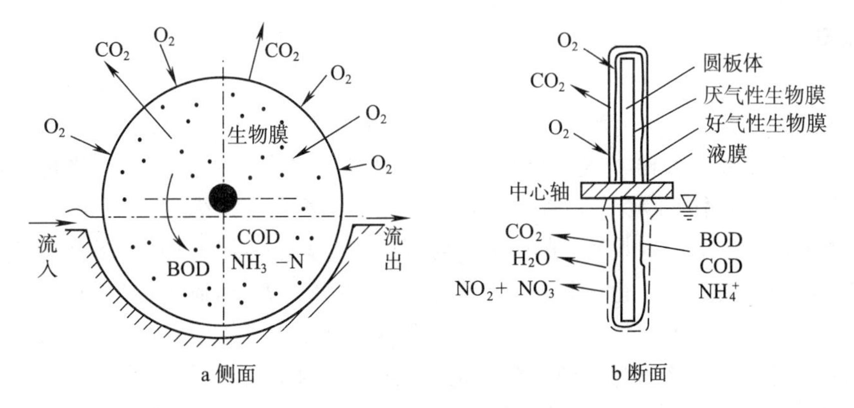

图 1—17　生物转盘净化机理

其原理如下：运行时，废水在池中缓慢流动，盘片在水平轴带动下缓慢转动(0.8～3r/min)。当盘片某部分浸入废水时，生物膜吸附废水中的有机物，使好氧菌获得丰富的营养；当转出水面，生物膜又从大气中直接吸收所需的氧气。如此反复循环，使废水中的有机物在好氧菌的作用下氧化分解，盘片上的生物膜会不断地自行脱落，并随水流入二次沉淀池中除去。一般废水的 BOD 负荷保持在低于 15mg/L，可使生物膜维持正常厚度，很少形成厌氧层。

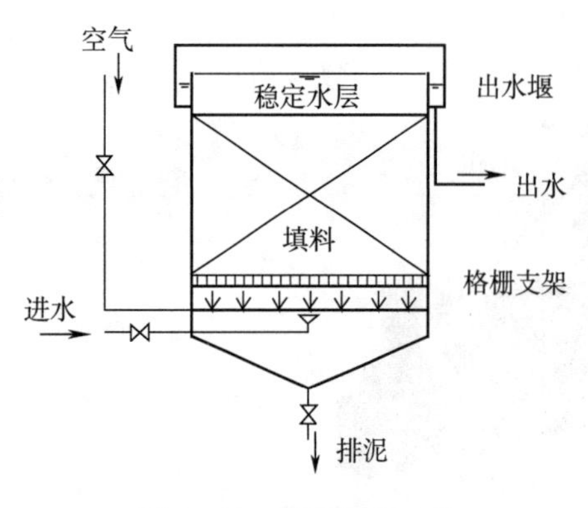

图 1—18　接触氧化工艺构筑物结构示意图

(3)生物接触氧化法——曝气生物滤池

生物接触氧化法是一种介于活性污泥法与生物滤池之间的生物膜法处理工艺,具有活性污泥法和生物膜工艺的优良特性,一定程度上讲该工艺是一种复合式生物处理法;又称为淹没式生物滤池。如图 1—18 所示。

水质净化原理如下:池内挂满各种填料,全部填料浸没在废水中。目前多使用的是蜂窝式或列管式填料,上下贯通,水力条件良好,氧量和有机物供应充分,同时填料表面全为生物膜所布满,保持了高浓度的生物量。在滤料支撑下部设置曝气管,用压缩空气鼓泡充氧。废水中的有机物被吸附于滤料表面的生物膜上,被好氧菌分解氧化。

该工艺自 1971 年首创于日本,我国在 1975 年开发成功,距今已有 30 余年的历史。生物接触氧化池主要由池体、填料和布水布气装置组成。池体一般由钢筋混凝土或不锈钢制造,在池体内安装布水布气装置,在填料下方要设置起支撑作用的格栅支架。对填料的要求为:比表面积和空隙率大,质轻,强度高、耐腐蚀、稳定性好、结构形状有利于废水与生物膜之间的传质和生物膜的更新。

(4)生物流化床

生物流化床是化学工业领域流化床技术移植到水处理领域的科技成果,它诞生于 20 世纪 70 年代的美国。此方法的实质是以活性炭、砂、无烟煤及其他颗粒作为好氧菌的载体,充填于反应器内,通过脉冲进水措施使载体流态化,凭借颗粒表面附着生长的生物膜降解废水中污染物的新型废水处理反应器,根据载体流化动力的不同,可将生物流化床分为液力流化床(两相流化床)和气力流化床(三相流化床),分别见如图 1—19 所示。

两相流化床的运行过程是:废水和回流水经充氧池充氧后,以一定流速由下向上通过流化床,在流化床特殊的水力环境下,废水与生物粒子发生较为充分的接触,在床内进行有效的传质和生物氧化反应过程,经过净化的废水由泵打入二次沉淀池沉淀后排出。随着生化反应的进行,载体表面的生物量逐渐增大,为了使生物膜及时更新,在处理过程中需要采用相应的机械脱除载体上的生物膜,被脱除的生物膜作为剩余污泥处理,脱膜后的载体则回流到流化床中再用。而三相流化床是在床底直接通入空气充氧,因而床内形成气、液、固三相,在剧烈搅动的水力条件下,污染物、溶解氧、生物膜三者加强了接触和碰撞,传质效率和生化反应速率大大提高。但是因为气泡剧烈搅动,载体表面的生物膜受到的剪切力相对较大,因而生物膜容易过早脱落,致使出水比较浑浊,加之载体易于流失,故而三相流化床在实际中的应用受到一定的限制。

三、厌氧生物处理

好氧生物处理效率高,应用广泛,已成为城市废水处理的主要方法。但好氧生物处理的能耗较高,剩余污泥量较多,特别不适宜处理高浓度有机废水和污泥。厌氧生物处理相对于好氧生物处理的显著优势在于:(1)不需供氧;(2)最终产物为热值很高的甲烷气体,可用作

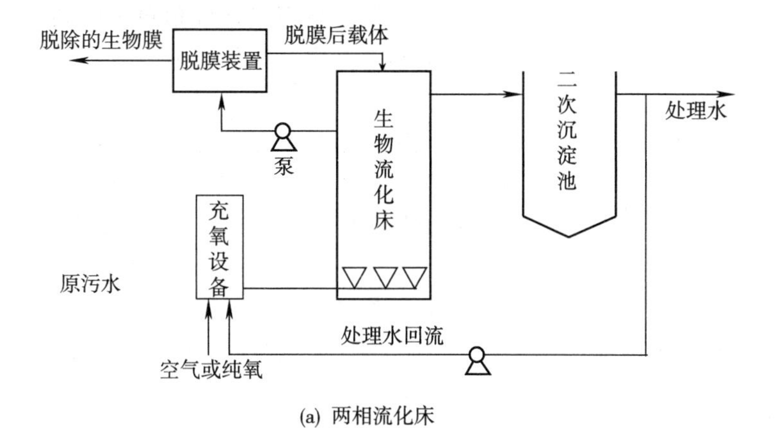

(a) 两相流化床

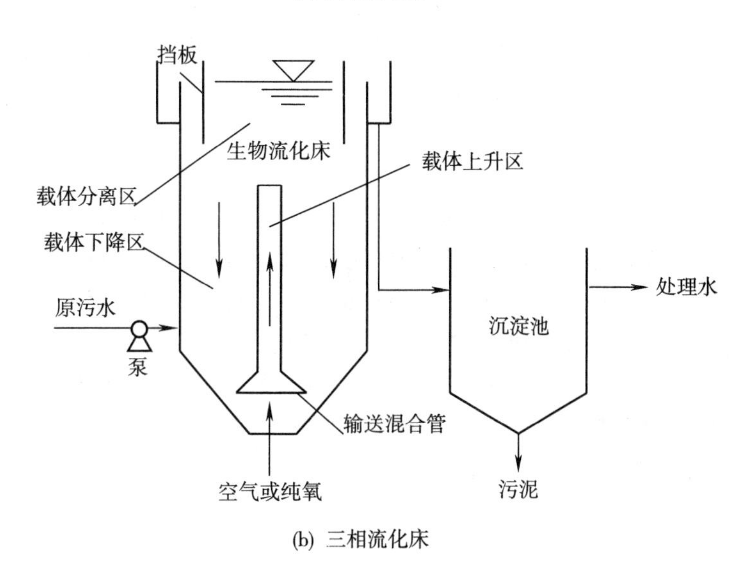

(b) 三相流化床

图 1－19　典型的生物流化床工艺图

清洁能源;(3)特别适宜于处理城市废水处理厂的污泥和高浓度有机工业废水。

(一)厌氧菌的生化过程机理

厌氧生物处理(或称厌氧消化)是指在无氧条件下,通过厌氧菌和兼性菌的代谢作用,对有机物进行生化降解的处理方法。厌氧生物处理是一个相当复杂的生物化学过程,对有机物的厌氧分解过程机理仍然存在一定的争议,但是目前较多人接受的是 Bryant 在研究中提出的三个阶段理论,即水解酸化阶段、产氢产乙酸阶段和产甲烷阶段(碱性发酵阶段),见图 1－20 所示。

第一阶段是水解酸化阶段。在该阶段,复杂的大分子、不溶性有机物在微生物胞外酶作用下分解成简单的小分子的溶解性有机物;随后,这些小分子有机物渗透到细胞内被进一步分解为挥发性的有机酸(如乙酸、丙酸)、醇类和醛类等。

第二阶段是产氢产乙酸阶段。在这一阶段,由水解酸化阶段产生的乙醇和各种有机酸等被产氢产乙酸细菌分解转化为乙酸、氢气和二氧化碳等。在水解酸化和产氢产乙酸阶段,

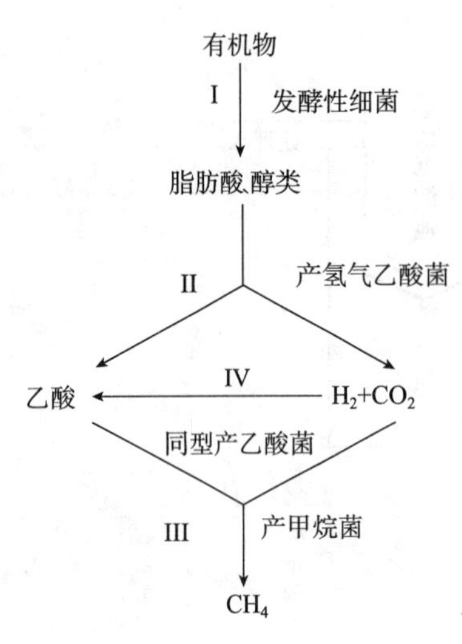

图 1－20　厌氧反应的三阶段理论和四类菌群理论

因有机酸的形成与积累，pH 值可下降到 6 以下。而伴随着有机酸和含氮化合物的分解，消化液的酸性逐渐减弱，pH 值可回升至 6.5～6.8 左右。

第三阶段是产甲烷阶段。在该阶段，乙酸、乙酸盐、氢气和二氧化碳等被产甲烷细菌转化为甲烷。该过程分别由生理类型不同的两种产甲烷细菌共同完成，其中的一类把氢气和二氧化碳转化为甲烷，而另一类则通过乙酸或乙酸盐的脱羧途径来产生甲烷。

实际上在厌氧反应器的运行过程中，厌氧消化的三个阶段同时进行并保持一定程度的动态平衡。这一动态平衡一旦为外界因素（如：温度、pH 值、有机负荷等）所破坏，则产甲烷阶段往往出现停滞，其结果将导致低级脂肪酸的积累和厌氧消化进程的异常。

(二)厌氧生物处理过程中的影响因素

根据生理特性的不同，可粗略地将厌氧生物处理过程发挥作用的微生物类群分为产乙酸细菌和产甲烷细菌。产乙酸细菌对环境因素的变化通常具有较强的适应性，而且增殖速度较快。产甲烷细菌不但对生长环境要求苛刻，而且其繁殖的世代周期也更长。厌氧过程的成败和消化效率的高低主要取决于产甲烷细菌。因此，在考察厌氧生物处理过程的影响因素时，大多以产甲烷细菌的生理、生态特征为着眼点。影响厌氧处理效率的基本因素有温度、酸碱度、氧化还原电位、有机负荷、厌氧活性污泥浓度及性状、营养物质及微量元素、有毒物质和泥水混合接触状况等。

(三)厌氧法的工艺和反应器

按微生物生长状态分为厌氧活性污泥法和厌氧生物膜法；按投料、出料及运行方式分为分批式、连续式和半连续式；厌氧活性污泥法包括普通消化池、厌氧接触工艺、上流式厌氧污泥床反应器等；厌氧生物膜法包括厌氧滤池、厌氧流化床、厌氧生物转盘等。

1. 普通厌氧消化池

普通消化池又称传统或常规消化池。消化池常用密闭的圆柱形池，废水定期或连续进入池中，经消化的污泥和废水分别由消化池底和上部排出，所产沼气从顶部排出。池径从几米至三、四十米，柱体部分的高度约为直径的 1/2，池底呈圆锥形，以利排泥。为使进水与微生物尽快接触，需要一定的搅拌。常用搅拌方式有三种：(1)池内机械搅拌；(2)沼气搅拌；(3)循环消化液搅拌。

普通消化池的特点是：可以直接处理悬浮固体含量较高或颗粒较大的料液。厌氧消化反应与固液分离在同一个池内实现，结构较简单。

2. 厌氧滤池

厌氧滤池又称厌氧固定膜反应器，是 20 世纪 60 年代末开发的新型高效厌氧处理装置。滤池呈圆柱形，池内装放填料，池底和池顶密封。厌氧微生物附着于填料的表面生长，当废水通过填料层时，在填料表面的厌氧生物膜作用下，废水中的有机物被降解，并产生沼气，沼气从池顶部排出。废水从池底进入，从池上部排出，称升流式厌氧滤池；废水从池上部进入，以降流的形式流过填料层，从池底部排出，称降流式厌氧滤池。厌氧生物滤池的特点是：

(1)由于填料为微生物附着生长提供了较大的表面积，滤池中的微生物量较高，又因生物膜停留时间长，平均停留时间长达100天左右，因而可承受的有机容积负荷高，COD容积负荷为2—16kgCODcr/(m^3·d)，且耐冲击负荷能力强；(2)废水与生物膜两相接触面大，强化了传质过程，因而有机物去除速度快；(3)微生物固着生长为主，不易流失，因此不需污泥回流和搅拌设备；(4)启动或停止运行后再启动比前述厌氧工艺法时间短；(5)处理含悬浮物浓度高的有机废水，易发生堵塞，尤以进水部位更严重。因此，进水悬浮物浓度不应超过200mg/L。

3. 厌氧生物转盘和挡板反应器

厌氧生物转盘的构造与好氧生物转盘相似，不同之处在于盘片大部分(70%以上)或全部浸没在废水中，为保证厌氧条件和收集沼气，整个生物转盘设在一个密闭的容器内。厌氧挡板反应器是从研究厌氧生物转盘发展而来的，生物转盘不转动即变成厌氧挡板反应器。挡板反应器与生物转盘相比，可减少盘的片数和省去转动装置。厌氧生物转盘的特点：(1)厌氧生物转盘内微生物浓度高，因此有机物容积负荷高，水力停留时间短；(2)无堵塞问题，可处理较高浓度的有机废水；(3)一般不需回流，所以动力消耗低；(4)耐冲击能力强，运行稳定，运转管理方便。但盘片造价高。挡板反应器见图1—21所示。

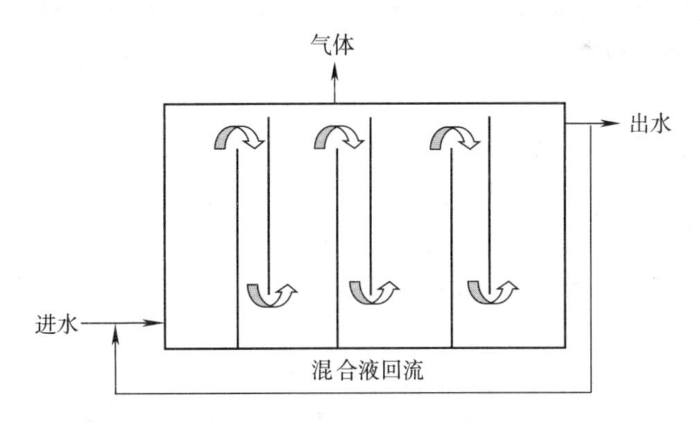

图1—21　挡板反应器

4. 上流式厌氧污泥床反应器

上流式厌氧污泥床反应器(简称UASB反应器)，是由荷兰的G. Lettnga等人在20世纪70年代初研制开发的。UASB厌氧反应器以其独特的特点，成为世界上应用最为广泛的厌氧生物处理方法。从UASB反应器首次建立生产性装置以来，全世界已有超过600座UASB反应器投入使用，其处理的废水几乎囊括了所有有机废水。污泥床反应器内没有载体，是一种悬浮生长型的消化器。其主要的特点有：反应器负荷高，体积小，占地少；可以不添加或少添加营养物质；能耗低，产生的甲烷可以作为能源利用；不产生或产生很少的剩余污泥；规模可大可小，操作灵活方便，如图1—22所示。

UASB反应器的机构可以分为污泥床，污泥悬浮层，三相分离器和沉淀区四个部分。废水由底部进入反应器，UASB能去除的有机物70%在污泥床中完成，剩下的30%在污泥悬浮层内去除，被气泡挟带的污泥在三相分离器内实现气固分离，一些沉降性能好，活性高的

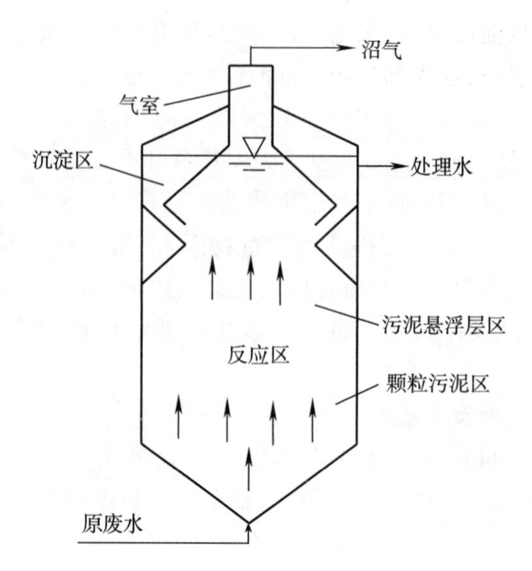

图 1－22　升流式厌氧污泥床

污泥由沉淀区返回反应器，而沉降性能差，活性低的污泥则被冲洗出反应器，保证了活性高的污泥的基质利用，从而实现淘劣存优的效果。

上流式厌氧污泥床的池形有圆形、方形、矩形。小型装置常为圆柱形，底部呈锥形或圆弧形。大型装置为便于设置气、液、固三相分离器，则一般为矩形，高度一般为 3～8m，其中污泥床 1～2m，污泥悬浮层 2～4m，多用钢结构或钢筋混凝土结构。

UASB 反应器良好的污染物去除效果(一般 80％以上)依靠反应器中形成的厌氧颗粒污泥实现的。厌氧颗粒污泥性状各异，大多数具有相对规则的球形或椭球形，直径在 0.15～5mm 之间，颜色通常是黑色或灰色，沉降性能良好，文献报道其沉降速度的典型范围在 18～100m/h。颗粒污泥本质上是多种微生物的聚集体，主要是由厌氧微生物组成，在颗粒污泥中参与分解复杂有机物。

颗粒污泥的形成过程即颗粒化过程是单一分散厌氧微生物聚集生长成颗粒污泥的过程，是一个复杂而且持续时间较长的过程，可以看成是一个多阶段的过程。首先是细菌与基体(可以是细菌，也可以是有机或无机材料)相互吸引粘连，这是污泥形成的开始阶段，也是决定污泥结构的重要阶段。细菌与基体接近后，通过细菌的附属物如菌丝和菌毛等，或通过多聚物的粘连，将细菌粘接到基体上。随着粘接到基体上的细菌的数目的增多，就开始形成具有初步代谢作用的微生物聚集体。微生物聚集体在适宜的条件下，各种微生物大量繁殖，最后形成沉降性能良好，产甲烷活性高的颗粒污泥。

5. 厌氧污泥膨胀床反应器(EGSB)和内循环厌氧反应器(IC)

20 世纪七、八十年代开发的厌氧污泥膨胀床反应器(EGSB)、内循环厌氧反应器(IC)，已成功应用于多项工程实践。

厌氧颗粒污泥膨胀床反应器虽然在结构形式、污泥形态等方面与 UASB 非常相似，但其工作运行方式与 UASB 显然不同，主要表现在 EGSB 中一般采用 2.5～6m/h 的液体表面上升流速(最高可达 10m/h)，高 COD 负荷[8～15kgCODcr/(m^3 · d)]。高的液体表面上升流速使颗粒污泥床层处于膨胀状态，不仅使进水能与颗粒污泥充分接触，提高了传送效率，而且有利于基质和代谢产物在颗粒污泥内外的扩散、传送，保证了反应器在较高的容积负荷条件下正常运行。EGSB反应器实质上是固体流态化技术在有机废水生物处理领域的具体应用。EGSB反应器的工作区为流态化的初期，即膨胀阶段（容积膨胀率约为10%～30%），在此条件下，进水流速较低，一方面可保证进水基质与污泥颗粒的充分接触和混合，加速生化反应进程，另一方面有利于减轻或消静态床（如UASB）中常见的底部负荷过重的状况，增加反应器对有机负荷，特别是对毒性物质的承受能力。EGSB反应器适用范围广，可用于SS含量高和对微生物有抑制性的废水处理，在低温和处理低浓度有机废水时有明显优势。

内循环厌氧反应器构造的特点是具有很大的高径比，一般可达4～8，反应器的高度达到20m左右。整个反应器由第一厌氧反应室和第二氧反应室叠加而成。每个厌氧反应室的顶部各设一个气、固、液三相分离器。第一级三相分离器主要分离沼气和水，第二级三相分离器主要分离污泥和水，进水和回流污泥在第一厌氧反应室进行混合。第一反应室有很大的去除有机能力，进入第二厌氧反应室的废水可继续进行处理。去除废水中的剩余有机物，提高出水水质。内循环厌氧反应器具有极高COD负荷（15～25kgCODcr/m^3·d），结构紧凑，节省占地面积，借沼气内能提升实现内循环，不必外加动力，抗冲击负荷能力强，具有缓冲pH的能力，出水稳定性好，可靠性高，基建投资低。

四、生态处理修复技术

生态处理与修复工程技术由稳定塘土地处理系统、人工湿地污水处理系统、生态浮床等。这些处理系统组成，具有以下显著优点：投资和运行费用低、运行管理方便、能够实现污水资源化。尤其是这两种自然生物处理系统基本上不耗能，这是其他处理方法无法与之对比的。水处理工艺的能耗不仅是经济问题，同时也是环境问题。因为耗能过程中产生的二氧化碳、二氧化硫等气体，会污染大气环境。在当今世界能源危机，必须保护生态的背景下，人们对污水处理工艺的经济优越性必须重新认识。但是传统的自然生物处理系统仍然存在着有机负荷低、卫生条件低下等不足。最新出现的一些自然生物处理系统，如强化稳定塘、垂直复合流人工湿地等，通过强化稳定塘和、湿地中的溶解氧量、改善床体结构、优化水生植物和净化微生物的环境等，使得这些自然法生物处理系统的有机负荷大幅度提高。

（一）稳定塘

稳定塘是经过人工适当休整的土地，设有围堤和防渗层的污水池塘。稳定塘处理技术是指主要依靠自然生物净化功能使污水得到净化的一种污水生物处理技术，污水在塘中的净化过程与自然水体的自净过程相似。污水在塘内缓慢流动，通过微生物和水生植物的综合作用，使得污染物降解，污水得到净化。根据塘内微生物的种类和供氧情况，可分为以下四种基本类型：

1. 好氧塘

好氧塘一般水深0.5m左右，阳光能透入底部。通过两类微生物的新陈代谢作用将有机物去除：好氧菌消耗溶解氧分解有机物并产生CO_2，藻类的光合作用消耗CO_2产生氧气；这两者组成了相辅相成的良好循环。

2. 兼性塘

兼性塘一般水深1.0～2.0m，上部溶解氧比较充足，呈好氧状态；下部溶解氧不足，由兼性菌起净化作用；沉淀污泥在塘底进行厌氧发酵。

3. 厌氧塘

厌氧塘的水深一般大于2.5m，BOD物质负荷很高，整个塘水呈厌氧状态，净化速度很慢，废水停留时间长。底部一般有0.5～1m的污泥层。为防止臭气逸出，常采用浮渣层或人工覆盖措施。这种塘一般都充当氧化塘的预处理塘。

4. 曝气塘

曝气塘的水深在3.0～4.5m，其特征是在塘水表面安装浮筒式曝气器，全部塘水都保持好氧状态，BOD负荷较高，废水停留时间较短。

(二)废水土地处理法

废水土地处理在人工调控下利用土壤—微生物—植物组成的生态系统使废水中的污染物得到净化的处理系统。它既利用土壤中的大量微生物分解废水中的有机污染物，也充分利用土壤的物理特性(表层土的过滤截留和土壤团粒结构的吸附贮存)、物理化学特性(与土壤胶粒的离子交换、络合吸附)和化学特性(与土壤中的钙、铝、铁等离子形式难溶的盐类，如磷酸盐等)净化各种污染物，同时也利用废水及其中的营养物质灌溉土壤供作物吸收。因此，土地处理是使废水资源化、无害化和稳定化的处理利用系统。常见的土地处理系统有慢速渗滤处理系统、快速渗滤处理系统、地表漫流处理系统和湿地处理系统。

1. 慢速渗滤处理系统

慢速渗滤处理系统是让污水流经种有作物的渗透性良好的土地表面，污水缓慢地在土地表面流动并向土壤中渗滤，一部分污水直接被作物所吸收，一部分渗入土壤中，从而使污水得到净化的一种土地处理系统。这种处理系统的污水在土壤层的渗滤速度慢，在土壤中的停留时间长，从而可使污染物在表层中大量微生物的作用下有效净化，见图1—23所示。

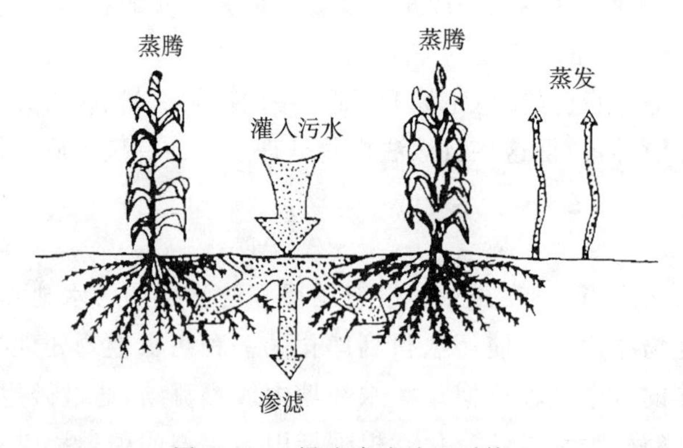

图1—23　慢速渗滤处理系统

2. 快速渗滤处理系统

快速渗滤系统是周期性地向具有良好渗透性能的渗滤田灌水和休灌，使表层土壤处于淹水/干燥，即厌氧、好氧交替运行状态，在污水向下渗滤的过程中，通过过滤、沉淀、氧化、还原以及生物氧化、硝化、反硝化等一系列物理、化学及生物的作用，使污水得到净化。在休灌期，表层土壤恢复为好氧状态，被土壤层截留的有机物为好氧微生物所分解，休灌期土壤层的脱水干化有利于下一个灌水期水的下渗和排除。在灌水期，表层土壤转化为缺氧、厌氧状态，在土壤层形成的交替的厌氧、好氧状态有利于氮、磷的去除，见图1－24所示。

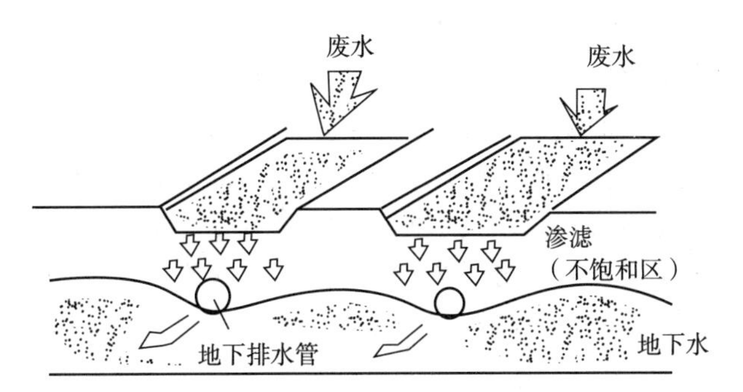

图1－24 快速渗滤处理系统

3.地表漫流处理系统

地表漫流系统是将污水有控制地投配到多年生牧草、坡度和缓、土壤渗透性差的土地上，污水以薄层方式沿土地缓慢流动，在流动的过程中得到净化，然后收集排放或利用。

该工艺以处理污水为主，兼行生长牧草，因此具有一定的经济效益。处理水一般采用地表径流收集，减轻了对地下水的污染。污水在地表漫流的过程中，只有少部分水量蒸发和渗入地下，大部分汇入建于低处的集水沟，见图1－25所示。

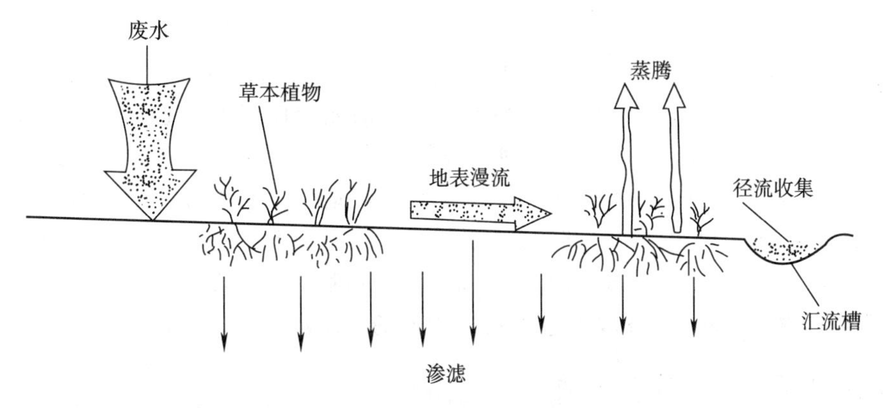

图1－25 地表漫流处理系统

本系统适用于渗透性较低的黏土、亚黏土，最佳坡度为2%～8%。其出水水质相当于传统的生物处理的出水水质。地表漫流处理系统对BOD的去除率可达90%左右；总氮的去除率为70%～80%；而悬浮物的去除率较高，一般达90%～95%。

4.湿地处理系统

湿地处理系统是使污水沿经常处于水饱和状态而且生长有芦苇等水生植物的沼泽地流动，在水生植物、土壤和微生物的共同作用下得到净化的污水处理系统。

湿地处理系统一般可分为自然湿地处理系统、自由表面流人工湿地和潜流人工湿地处理系统。自由表面流人工湿地处理系统虽然与自然湿地处理系统最为接近，但由于其是人工设计、监督管理的湿地系统，去污效果要优于自然湿地系统。但是与自由表面流人工湿地相比，潜流人工湿地处理系统能充分利用整个系统的协同作用、占地小、对污染物的去除效果好。

(三)人工湿地污水处理系统

人工湿地最早是1904年提出的,是指人工建造和监督控制的、工程化的沼泽地;用人工湿地进行真正用于污水净化的研究始于20世纪70年代末,它适合于水量不大、水质变化不大、管理水平不高、用地充足的城镇的污水处理,它的特点是基本上不耗能,且几乎不需要日常维护费用;这些是其他任何一种处理方法无法比拟的,既节省了能耗,也能减少二次污染;所以人工湿地可作为传统的污水处理技术的一种有效替代方案,这对于节省资金、保护水环境以及进行有效的生态恢复具有十分重要的现实意义,也越来越受到世界各国的重视和关注,也是符合我国国情的一种污水处理工艺,见图1－26所示。

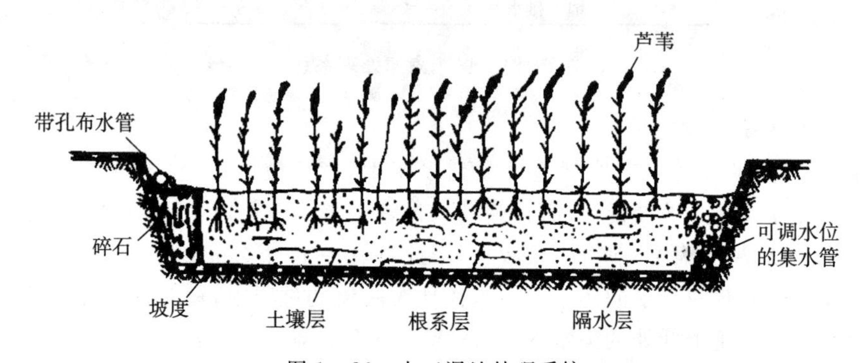

图1－26　人工湿地处理系统

人工湿地法具有非常大的植物生物膜,大的吸附比表面积、好氧、厌氧界面,以及丰富的微生物群落,可以有效地去除水中的污染物质,植物的光合作用为土壤微生物输氧,可以强化人工湿地微生物的净化效果;人工湿地污染物去除范围很广,主要包括有机污染物、氮、磷、重金属离子、藻类、pH、SS和病原体等;人工构造湿地主要利用湿地中植物、微生物和基质之间的物理、化学和生物作用共同达到污水净化的目的。此外,人工湿地中的基质又称填料、滤料,一般由土壤、细沙、粗砂等组成,这些基质为植物提高物理支持,同时也为各种复杂离子、化合物提供反应的界面和为微生物提供附着的作用。

(四)生态浮床水体净化系统

生态浮床(图1－27所示),又称人工浮床,人工浮岛或生态浮岛。自20年前德国BESTMAN公司开发出第一个人工浮床之后,以日本为代表的国家和地区成功地将人工浮床应用于地表水体的污染治理和生态修复。近年来,我国的人工浮床技术开发及应用正好处于快速发展时期。应用结果表明,采用人工浮床作为先锋技术可以使得一部分水生动物得到自然恢复或在人工协助下恢复。生态浮床技术是运用无土栽培技术,以高分子材料为载体和基质,采用现代农艺和生态工程措施综合集成的水面无土种植植物技术。采用该技术可将原来只能在陆地种植的草本陆生植物种植到自然水域水面,并能取得与陆地种植相仿甚至更高的收获量与景观效果。

生态浮床水体净化原理是:一方面,表现在利用表面积很大的植物根系在水中形成浓密的网,吸附水体中大量的悬浮物,并逐渐在植物根系表面形成生物膜,膜中微生物吞噬和代

图 1－27　生态浮床

谢水中的污染物成为无机物，使其成为植物的营养物质，通过光合作用转化为植物细胞的成分，促进其生长，最后通过收割浮岛植物和捕获鱼虾减少水中营养盐；另一方面，浮岛通过遮挡阳光抑制藻类的光合作用，减少浮游植物生长量，通过接触沉淀作用促使浮游植物沉降，有效防止“水华”发生，提高水体的透明度，其作用相对于前者更为明显，同时浮岛上的植物可供鸟类栖息，下部植物根系形成鱼类和水生昆虫生息环境。

生态浮岛因具有净化水质、创造生物的生息空间、改善景观、消波等综合性功能，在水位波动大的水库或因波浪的原因难以恢复岸边水生植物带的湖沼或是在有景观要求的池塘等闭锁性水域得到广泛的应用。

第三节　城市污水处理系统

一、城市污水常规处理系统

城市污水是排入城市污水系统的污水的总称，其中包括生活污水、工业污水和降雨等组成部分。城市污水处理目的是，采用各种技术与手段(或称处理单元)，将污水中所含的污染物质分离去除、回收利用，或将其转化为无害物质，使水得到净化，从而降低或消除对城市周边水环境的污染。

城市污水处理是一项涉及生物、化学、物理等多项学科的综合性技术，其工艺机理较为复杂。典型的污水处理工艺如图 1－28 所示。污水处理工艺包括一级处理、二级处理和污泥处理。

各级处理工艺及特点如下：

(一)一级处理(物理法)

利用物理作用处理、分离和回收污水中的悬浮物 SS 和泥砂，主要设备有格栅、筛网、沉砂池、初次沉淀池、水泵、除渣机等，物理法工艺过程较快。在此过程中能去除 20％～30％的有机物和 60％～70％的 SS 以及 90％以上的病毒微生物。一级处理过程不仅能有效地处理

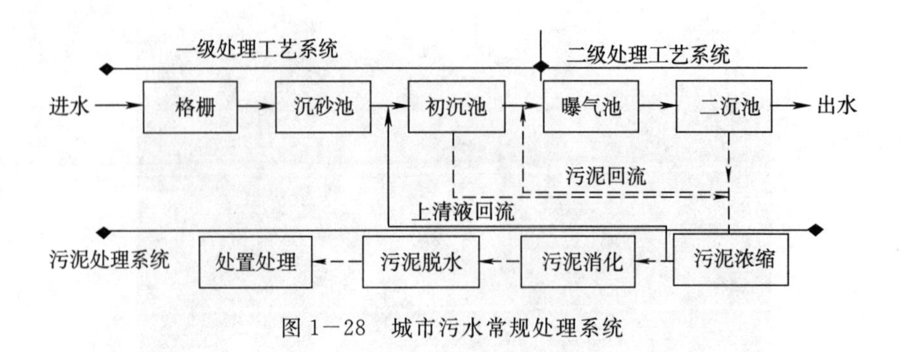

图 1-28 城市污水常规处理系统

污水中的有机污染物、SS、沉砂、病毒等，还能有效地保护后续工艺的正常运行。

(二)二级处理(生化法)

生化法是利用微生物能够降解代谢有机物的作用，来处理污水中呈溶解或胶体状的有机污染物质，是城市污水处理厂进行污水处理的核心技术。目前城市污水处理厂仍以活性污泥法为主，也有较少的小型的城市污水处理厂采用生物膜法。通过二级处理可去除污水中约 90％的 SS 和约 95％的 BOD。其中主要构筑物包括曝气池、二次沉淀池、污泥回流系统和风机房等部分。

(三)污泥的处理与处置

污泥的处理与处置是废水生物处理过程中带来的次生问题。一般情况下，城市污水处理厂产生的污泥为处理水体积的 0.5％～1.0％左右，污泥产生量较大。特别是这些大量污泥中往往含有相当多的有毒有害有机物、寄生虫卵、病原微生物、细菌以及重金属离子等，若不处理而随意堆放，将对周围环境造成二次污染。

城市污水处理厂所产生的污泥主要来自初次沉淀池和二次沉淀池。对污泥的处理与处置方法和工艺主要包括：污泥调理、污泥浓缩、污泥脱水、污泥干燥、污泥焚烧或资源化利用等，在此过程中还会产生甲烷等气体。

二、城市污水深度及强化处理系统

(一)三级处理(深度处理)

随着近些年来，氮磷等元素污染导致的水体富营养化问题和污水排放标准的不断严格，对污水进行深度处理已经成为发展趋势，利用各种技术对城市污水处理厂二级生物处理排出的污水进行深度处理，主要是为了去除二级生物处理厂出水中的氮、磷、悬浮物质、胶体和一些难降解有机污染物以及对出水中的微生物进行消毒。污水进行深度处理技术主要包括过滤、膜过滤、活性炭吸附、离子交换和高级氧化技术等。城市污水深度处理对控制水体的富营养化具有非常重要的意义。

(二)城市污水一级强化处理

强化城市污水处理厂一级处理效果是目前研究的热点，以往城市污水处理厂一级处理工艺主要用于漂浮物（如毛发、塑料等）、重力大的物质（如砂子、煤渣等）以及一些容易沉降的悬浮物等，如磷、氮、胶体、重金属等去除效果很有限，给城市污水处理厂的二级处理和三级处理带来了很大的压力，但是一级处理工艺段所占的面积也较大，所以城市污水厂通过强化一级处理，这对提高城市污水处理厂的处理效果、处理水量以及降低城市污水处理厂的占地面积有积极意义。城市污水一级强化处理最普遍使用的方法是在沉淀池前投加药剂，通过投加药剂提高沉淀池的沉淀效果，进而提高污染物的处理效果。目前利用化学强化沉淀法提高城市污水厂一级处理效果，所投加的药剂主要包括铁系和铝系的混凝剂，也有时与高分子有机絮凝剂（如聚丙烯酰胺等）等配合使用，以获得更好的处理效果。

虽然我国环保投资呈逐年增加趋势，但水环境污染的日益加剧和经济发展水平的相对较低，决定了我国中小城市的污水处理在相当长一段时间内（污水排放量约占城市污水总量的70%）不可能普遍采用二级生物处理，只有在一级处理基础上进行强化，削减总体污染负荷，探索出适合我国国情的"高效低耗"城市污水处理新技术和新工艺。化学强化一级处理、生物絮凝吸附强化一级处理和化学—生物联合絮凝强化一级处理正是在此背景下研究出来的，在近期亟待解决城市污水污染问题上，具有十分重要的现实意义。

第四节　工业废水处理技术

所谓工业废水是指在工业生产过程中所排放的废水，工业企业历来是排污大户，其各大生产工序需要大量的水。工业废水的来源一般是按行业分的，如食品工业废水、化工行业废水、造纸工业废水、生物制药废水、石油工业废水、冶金工业废水等。根据工业废水中所含污染物质的不同，又可以分为有机废水、无机废水、混合废水、放射性废水等。

工业废水是最重要的污染源，废水中含有多种有害成分，主要包括耗氧性有机物、悬浮固体、微量有机物、重金属、氰化物及有毒有机物、氮和磷、油以及挥发性物质等。不同行业废水由于自身的生产工艺差别较大，废水中主要污染物也各不相同。

一、工业废水的特点

1. 排放量大、污染范围广、排放方式复杂

工业生产用水量大，相当一部分生产用水中都带有一定量的原料、中间产物、副产物及产物等。工业企业遍布全国各地，污染范围广；而且排放方式复杂，有间歇式排放的、连续式排放的和无规律排放的，给水污染控制带来了很大的不便。

2. 污染物种类繁多、浓度波动幅度大

由于工业产品品种多，因此工业生产过程中排除的污染物也是很多的，不同污染物性质有很大差异，浓度也相差甚远。

3. 污染物质有毒性、刺激性、腐蚀性、pH值变化幅度大，悬浮物和营养元素浓度多

被酸碱类污染的废水有刺激性、腐蚀性，而有机物能消耗水体中的溶解氧，使受纳水体缺氧而导致生态系统破坏；还有一些工业废水中含有大量的氮磷等污染物，排入水体后会导致水体产生富营养化问题。

4. 污染物排放后迁移变化规律差异大

工业废水中所含各种污染物物理性质和化学性质差别较大，有些还具有较强的毒性，较大的蓄积性和较高的稳定性。一旦排放，迁移变化规律很不相同，有的沉积水底，有的挥发转入大气，有的富集于生物体内，有的则分解转化为其他物质，造成二次污染。如：金属汞排入水体后会在某些微生物的作用下产生甲基化，形成甲基汞，其毒性比金属汞的毒性强的多。

二、工业废水的处理和控制

对于工业废水的处理与控制的方法根据工业废水的水质水量、排放特点、施工场地、废水出路及最终用途等来选择合适的水处理工艺和方法。一般在城市污水处理中使用的方法在工业废水的处理中均有使用，如：活性污泥法、生物膜法等。但是由于工业废水的水质差异过大，所以根据水质水量的不同，选择不同的工艺和运行方式。如：浓度高、污水的排放稳定有机废水则可以以厌氧＋好氧联合处理的方法，并连续运行。如有机物浓度高，污水排放规律性较差，则可以选择好氧生物处理方法，以间歇式运行方式运行。但是当某工业污水中具有较高浓度的金属离子，而有机物浓度较低时，则应该采取电渗析的方法或离子交换法。总体来说，工业废水的处理要具体情况具体分析来选择适当的工艺，适当的运行方式等。

(1)试述快滤池的工作原理。

(2)沉淀的类型有哪些？各有什么特点。

(3)混凝原理包括哪几个方面？混凝法主要用于去除水中哪些污染物？

(4)简述二氧化氯消毒作用的机理？

(5)试述活性污泥法去除污染的过程和原理？

(6)活性污泥法的一般流程是什么？

(7)常见的生物膜法有哪些类型？其原理又是什么？

(8)常见的生态处理与修复技术有哪几种？各有什么优缺点？

第二章　水质管理及区域水污染控制

第一节　水资源概况

一、水资源

(一)水资源的特性

地球上水的总储量很大,为13.86亿km^3,但淡水储量只占2.53%。而在这极少的淡水资源中,又有70%以上被冻结在南极和北极的冰盖中,加上难以利用的高山冰川和永冻积雪,有87%的淡水资源难以利用。人类真正能够利用的淡水资源是江河湖泊和地下水中的一部分,约占地球总水量的0.26%。水资源是发展国民经济不可缺少的重要自然资源,在世界许多地方,对水的需求已经超过水资源所能负荷的程度,同时有许多地区也面临水资源利用不平衡。

水资源是自然界任何形态的水,包括气态水、液态水和固态水。水资源从广义来说是指水圈内水量的总体,包括经人类控制并直接可供灌溉、发电、给水、航运、养殖等用途的地表水和地下水,以及江河、湖泊、井、泉、潮汐、港湾和养殖水域等。狭义上的水资源是指在一定经济技术条件下,人类可以直接利用的淡水。

水是生命之源,目前已成为可持续发展的重要制约因素,只有科学地、系统地、全面地了解水资源特性,才可能制定正确的水资源政策,确定合理的水价。水资源是一种特性明显的资源,它具有以下特性:

1.循环性和有限性

地球上的水在太阳辐射和重力作用下,以蒸发、降水和径流等方式进行的周而复始的运动过程中,地表水和地下水不断得到大气降水的补给,开发利用后可以恢复和更新。水循环过程中,受太阳辐射、大气下层直接接触的地球表面、人类活动等条件的制约,每年更新的水量是有限的,各种水体的补给量及循环周期是不同的。水循环过程的无限性和补给量的有限性,决定了水资源在一定数量限度内才是取之不尽、用之不竭的。

2.时空分布的不均匀性

我国降水受季风气候影响,年内变化很大。一般长江以南(3～7月)的降水量约占全年的60%,长江以北地区6～9月的降水量常常占全年的80%,北方干旱、半干旱地区的降水量往往集中在一两次历时很短的暴雨中降落。地区分布不均,水土资源不相匹配。长江流域及其以南地区国土面积只占全国的36.5%,其水资源量占全国的81%;淮河流域及其以北地区的国土面积占全国的63.5%,其水资源量仅占全国水资源总量的19%。

3. 利用的广泛性和不可代替性

水资源是生活资料又是生产资料，不仅用于农业灌溉、工业生产和城乡生活，而且还用于水力发电、航运、水产养殖、旅游娱乐等；此外，水还有很大的非经济性价值——是一切生物的命脉，自然界中各种水体是环境的重要组成部分，有着巨大的生态环境效益，是不可替代的。近年来，人口的大量增长和经济总量的迅速增加使水资源总量逐渐稀缺；城市化趋势和区域经济的进一步集中，更加大了水资源的局部负荷；而日益严重的水环境污染，使这一负荷进一步加剧。因而使水资源发展成为全国性稀缺资源。

4. 利与害的两重性

水的可供利用及可能引起的灾害，决定了水资源在经济上的两重性，即有正效益也有负效益。由于降水和径流的地区分布不平衡和时程分配的不均匀，往往会出现洪涝、旱碱等自然灾害。如果开发利用不当，也会引起人为灾害，例如，垮坝事故、水土流失、次生盐渍化、水质污染、地下水枯竭、地面沉降、诱发地震等。因此，开发利用水资源必须达到兴利除害的双重目的。

（二）我国的水资源状况

我国是一个干旱缺水严重的国家。由于中国城市地区和工业地区对水需求量迅速增加，中国将长期陷入缺水状况。其表现如下：

一是人均水资源占有量少。我国淡水资源总量为2.8万亿m^3，占全球水资源的6%，仅次于巴西、俄罗斯和加拿大，居世界第四位，但人均只有2300m^3，仅为世界平均水平的1/4、美国的1/5，在世界上名列121位，是全球13个人均水资源最贫乏的国家之一，其中北京市的人均占有水量为全世界人均占有水量的1/13，连一些干旱的阿拉伯国家都不如。

二是我国水资源在时间分配和空间分布上也很不均匀，造成部分地区水资源供需的突出矛盾。

长江流域及以南地区，水资源占全国的80%以上，耕地只占36%，而长江以北地区，水资源占18%，耕地却要占64%；南方（指长江以南）人均水资源量达到3600m^3以上，而北方人均水资源量只有720m^3。年降水量空间分布不均：2010年中国平均降水量为681mm，南部地区的降水量高于北部，东部地区高于西部，见图2－1。

在时间分配上，年降水量夏秋两季较多，冬春两季较少。约80%的雨水集中在夏秋季的3～4个月内，且以暴雨为主，大量的雨水付之东流，我国城市能够利用的雨水不到10%。

三是工业废水的肆意排放，导致80%以上的地表水、地下水被污染。致使我国不仅北方城市普遍缺水，南方一些城市也出现"水质型"缺水。全国的污水排放量快速增长，对水资源造成严重破坏，加剧了水资源的紧缺程度。

四是地下水的过分开采、落后的用水方式、水资源惊人的浪费和水体污染的加重，加剧了水资源的危机。

目前我国城市供水以地表水或地下水为主，或者两种水源混合使用，长期以来，因地表水供给不足，一些地方只好采用地下水，沿海城市也不例外，甚至更为严重。中国的黄河在过去的10多年年年断流，其中1997年断流226天。流经中国一些人口稠密集地区的淮河也曾断流了90天。根据卫星拍摄的照片，数百个湖泊正在干涸，一些地方性的河流也在消

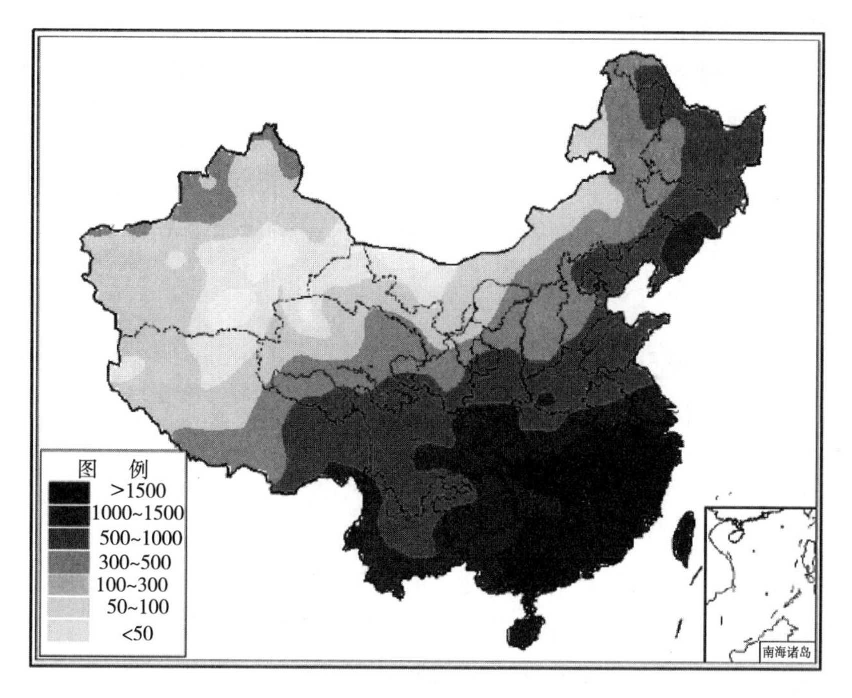

图 2—1　2010 全国年降水量分布(mm)

失。目前全国 600 多座城市中,有 300 多座城市缺水,其中严重缺水的有 108 个。有些城市因地下水过度开采,造成地下水位下降,北京、天津、上海、西安等 20 多个城市出现地面沉陷、地面塌陷、地裂缝;西北内陆一些地区因地下水位不断下降,荒漠化及沙化面积逐年扩大,已影响这些地区的城乡供水、城市建设和人民生存。

(三)水质资源开发利用中存在的主要问题

在水资源开发利用过程中,水资源的过度开采,导致了江河断流,地下水位下降,甚至地面下沉,海水倒灌。同时人类生活、生产过程中产生的废物和废水被排放到水体中,造成水体严重污染,进一步加剧了可用水资源的短缺,对社会经济的发展以及人类的健康产生了多方面的不利影响。

1. 水体污染

在工业发展的初期,人们更多地考虑发展生产、追求利益,忽视了工业三废对环境的影响,而自然排放的废水、废气和废渣,不可避免地造成了水体的污染。据统计,1980 年全国废污水排放量为 310 亿吨,2000 年为 620 亿吨(不包括火电直流冷却水),近 80%的废污水未经处理,直接排入江河湖库水域,2006 年为 536.8 亿吨,2008 年为 572.0 亿吨,2010 年 617.3 亿吨。2010 年全国地表水污染依然严重,七大水系总体为中度污染,湖泊(水库)富营养化问题突出。

2. 开发强度大,生态环境恶化

水资源的盲目开发,如 20 世纪 60 年代～70 年代围湖造田,导致了很多地区的植被破坏、水土流失、大量泥沙被河水带入湖泊水库之中,淤积水底,导致天然湖泊萎缩,严重地破坏了地表水资源。损失了宝贵的资源,造成了严重的生态破坏。

3. 水资源浪费严重，资源利用效率低

目前全国水的利用系数仅0.3左右，水的重复利用率约50%；全国农业灌溉水的利用系数平均约为0.43，而先进国家为0.7～0.8；水的重复利用率不到50%，与发达国家的80%相比差距太大；中国工业水重复利用和再生利用程度较低，2004年用水量为399立方米，约为世界平均水平的4倍，工业用水重复利用率约为60%～65%，仅相当于先进国家20世纪80年代初的水平。另外，供水管道的漏失率一般在5%～10%，个别城市高达15%，节约用水还存在较大潜力。

4. 水源枯竭

城市人口的急剧膨胀以及工业经济的飞速发展，使得地下水资源被大规模超强度开采和消耗，因而造成了城市地下水位的持续快速下降，导致水源枯竭，严重地制约了缺水地区的社会经济发展。

二、我国水环境污染现状

2010年我国主要地表水污染有所好转。七大水系总体为轻度污染；形成以氮、磷污染为基本特征的湖泊水环境问题，集中表现为湖泊水库富营养化严重。

河流：长江、黄河、珠江、松花江、淮河、海河和辽河七大水系水质总体为轻度污染，浙闽区河流水和西南诸河水质良好，西北诸河水质为优。Ⅰ类～Ⅲ类、Ⅳ类～Ⅴ类和劣Ⅴ类水质的断面比例分别为59.9%、23.7%和16.4%。其中，珠江、长江水质总体良好，松花江、淮河为轻度污染，黄河、辽河为中度污染，海河为重度污染。

湖泊：28个国控重点湖（库）中，满足Ⅱ类水质的1个，占3.8%；Ⅲ类的5个，占19.2%；Ⅳ类的4个，占15.4%；Ⅴ类的6个，占23.1%；劣Ⅴ类的10个，占38.5%。主要污染指标为总氮和总磷。在监测营养状态的26个湖（库）中，重度富营养的1个，占3.8%；中度富营养的2个，占7.7%；轻度富营养的11个，占42.3%。

饮用水：饮用水安全受到威胁，饮用水源不仅受常规污染物污染，而且受新型有毒物质污染，饮用水的深度处理、输配送技术相对落后，已经威胁到城乡居民的饮用水安全。重点城市年取水总量达标率为76.5%

污水排放：2010年全国废水排放量617.3亿t，工业废水排放量237.5亿t，生活污水排放量379.8亿t。工业废水中主要污染物产生量：化学需氧量434.8万t，氨氮201.67万t。生活废水主要污染物排放量：化学需氧量803.3万t，氨氮93.0万t。

污水处理效果：2010年新增城市污水日处理能力1900万m^3，污水日处理能力达到1.25亿m^3，城市污水处理率由2005年的52%提高到75%。

生态系统的破坏：不合理的经济社会活动、水土资源的过度开发以及全球气候变化，生态用水被大量挤占，河流干枯、湿地退化、流经城市的河段受到严重污染，生物多样性减少，河流水生态系统受到严重破坏。

水环境的现实状况与经济社会发展对水环境的需求之间存在尖锐矛盾。长期以来缺乏系统性、协同性和创新性的科学研究水污染问题，水污染控制的技术支撑比较薄弱。长期严重的水污染问题影响着水资源利用和水生态系统的完整性，影响着人民群众身体健康，已经成为制约我国经济社会可持续发展的重大瓶颈。

三、水质管理

(一)水质的概念

水质,即水的品质,是指水与其中所含杂质共同表现出来的物理学、化学和生物学的综合特性。通常采用水质指标来衡量水质的好坏,也就是表征水体受到污染的程度。

(二)水质管理

从广义上讲,凡为满足对河流、湖泊、水库、地下水等水体设定的环境标准以及为符合用水要求而进行的水质保护行为,均称为水质管理。包括对流入水域的污染源进行控制、监测,或者实施水域内水质改善的措施;水域的定期水质调查和异常水质的控制等各种水质保护措施。狭义上讲,水质管理是对净水厂中各种工程进行的水质监测、饮用水的水质保护、符合产业排水的处理措施、污水处理厂等排放水水质标准的水质管理。

(三)水质管理和水污染防治工作取得的主要进展

自 1973 年第一次全国环境保护会议后,我国环境保护工作全面起步,建立了水污染防治法规体系。长期以来,我国的水污染防治工作坚持“预防为主、防治结合、综合治理”的原则,优先保护饮用水资源,严格控制工业污染、城镇生活污染、防治农业面源污染,积极推进生态治理工程建设,防止、控制和减少水环境污染和生态破坏。逐步建立并不断完善环境影响评价制度、“三同时”制度、排污收费制度、限期治理制度、排污许可证制度、污染物总量控制制度和建立跨省界河流断面水质考核制度。

(四)水质管理和水污染防治工作存在的主要问题

当前水污染防治工作存在六大问题:

第一,饮水安全存在隐患。从全国城市饮用水源地基础环境状况调查的 2000 多个水源地情况看,一些地方存在部分不合格水源地,对百姓饮水安全造成隐患。超标污染物主要是氮磷等营养物质,经过自来水厂处理,水的使用是比较安全。

第二,地方落实国家产业政策不到位。个别地区高耗能、高污染产业仍然呈现增长趋势,用水量和排污量仍然居高不下。

第三,水污染防治项目进展缓慢。到目前为止,全国只有三分之一的水污染防治项目完成了建设任务。

第四,违法排污问题仍然很突出。环境保护部连续五年开展环保专项行动,严厉打击违法排污行为,但是很多地方执法力量比较薄弱,加之一些企业主守法意识很差,违法排污情况屡禁不止。

第五,农业面源污染突出。农药、化肥超量使用造成水土流失,水产养殖大量投放饵料也是污染主源。

第六,小城镇生活污染治理难度大。小城镇虽然发展很快,但经济仍然相对薄弱,环保措施及配套设施有限,造成环境问题相对突出。

(五)水质管理和水污染防治对策

(1)加快结构调整,大力发展循环经济,从源头解决水污染问题。完善强制淘汰制度:根据国家产业政策,即时调整强制淘汰污染严重的企业和落后的生产能力、工艺、设备与产品;加大农业面源污染控制力度:鼓励畜禽粪便资源化,确保养殖废水达标排放,严格控制氮肥、磷肥的使用量,要积极开展农药、化肥施用结构调整,积极推进生物防治。

(2)大力推行清洁生产,争取实现工业用水量和废水排放量的零增长和有毒、有害污染物的零排放的工业污染控制。企业应当采用原材料利用效率高、污染物排放量少的清洁工艺,加强管理,减少水污染物的产生。

(3)加强水环境法制建设,加大执法力度。

(4)以饮用水安全和重点流域治理为重点,加强水污染防治。要科学划定和调整饮用水水源保护区,建设好城市备用水源,解决好农村饮水安全问题。把淮河、海河、辽河、松花江、三峡水库库区及上游、黄河小浪底水库库区及上游、南水北调水源地及沿线、太湖、滇池、巢湖作为流域水污染治理的重点。

(5)县级以上地方人民政府建设主管部门应当按照城镇污水处理设施建设规划,组织建设城镇污水集中处理设施及配套管网和垃圾集中处理设施,并加强对城镇污水集中处理设施运营的监督管理。

(6)加强环境管理制度。实施污染物总量控制制度,将总量控制指标逐级分解到地方各级人民政府并落实到排污单位;推行排污许可证制度,禁止无证或超总量排污;完善环境监察制度,强化现场执法检查。

第二节　水中污染物及其迁移转化规律

一、水中污染物与污染源

(一)水体污染与水体污染源的概念

1. 水体污染

当污染物进入河流、湖泊、海洋或地下水等水体后,其含量超过了水体的自然净化能力,使水体水质和水体底质的物理、化学性质或生物群落组成发生变化,从而降低了水体的使用价值和使用功能的现象,被称作为水体污染。

2. 水体污染源

水体污染源是指向水体排放和释放污染物的来源或场所。

(二)水体污染源的分类

1. 按污染物的成因分类

按成因,分为自然污染源和人为污染源两类。前者属自然地理因素,如特殊的地质或其他自然条件使一些地区某种化学元素大量富集,或天然植物在腐烂中产生的某些毒物等;后者属人为因素,由人类的生产、生活活动所引起的向水体排放大量未经处理的工业废水、生活污水和各种废弃物而形成的污染源。

2. 按污染源排放的污染物属性分类

按污染源排放的污染物属性可分为物理污染源(如热能、放射性物质等)、化学污染源和生物污染源(如细菌、病毒、寄生虫等)。化学污染源排放的污染物种类多、范围广,许多已构成对生态环境、生物和人类的严重威胁。

3. 按污染源的空间分布特征分类

按污染源的空间分布特征可分为点污染源和面污染源。点污染源具有确定的空间位置,指工矿废水、生活污水等通过管道、沟渠集中排入水体的污染源,一般有季节性又有随机性。面污染源是指污染物来源于集水面上,如农田排水、矿山排水、城市和工矿区的路面排水等,其特点是发生时间都在降雨形成径流之时,具有间歇性,变化服从降雨和形成径流的规律,并受地面状况(植被、铺装情况和坡度)的影响。

4. 按污染源排放污染物在时间上的分布特征分类

按污染源排放污染物在时间上的分布特征分类可分为连续排放污染源、间续排放污染源和瞬时排放污染源等。瞬时排放污染源多为事故性排放污染物的场所或设施等。其发生的机率可能较低,但一旦发生事故,就会在其短的时间内将大量的污染物排入水体,往往造成不可估量的损失。

5. 按污染源是否移动的特征分类

按污染源是否移动的特征分类分为固定源和移动源。由固定点向江、河等水体排放污水的为固定污染源,而船舶等常为移动污染源。

6. 按产生污染物的行业性质的特征分类

按产生污染物的行业性质的特征可分为生活污染源、工业污染源、农业污染源及交通运输污染源等。工业污染源是造成目前我国水污染的最主要污染源,因为其污染物种类繁多、数量大、毒性不同,所以处理困难。

(1)生活污染源

是人们日常生活中产生的各种污水的场所和设施。包括住宅、公共场所、机关、学校、医院、商店、厨房和浴室等。

(2)工业污染源

是指在工业生产中所排出废水的设施和场所,主要是指自车间或矿场。污染源排放的工业废水所含的污染物因工厂种类不同而千差万别,即使是同类工厂,生产过程不同,其所含污染物的质和量也不一样。包括采矿及选矿废水、金属冶金废水、炼焦煤气废水、石油工业废水、化工废水、造纸废水、纺织印染废水、皮毛加工及制革废水和食品工业废水等。

(3)农业污染源

是指农业生产过程中产生污水的活动,包括农作物种植、牲畜饲养、水产养殖、食品加工等过程排出的污水和液态废物。农业废水面广、分散、难以收集,难以治理,农药、化肥的广泛使用对水环境也能造成严重的污染。

(4)交通运输污染源

是指对周围环境造成污染的交通运输设施和设备。主要包括交通运输工具、设备冲洗水及船舶压舱水的排放等。它以发出噪声、引起振动、排放废气和洗刷废水(包括油轮压舱水)、泄漏有害液体、散发粉尘等方式污染环境。除污染城市环境外,对河流、湖泊、海域构成威胁。

(三)水体主要污染物及危害

1. 感官性污染

包括色泽变化、浊度变化、泡状物、臭味等。虽无严重危害，但能引起人们感官上的极度不快。

2. 有机污染物

主要是指由城市污水、食品工业和造纸工业等排放含有大量有机物的废水所造成的污染。这些污染物在水中进行生物氧化分解过程中，需消耗大量溶解氧，一旦水体中氧气供应不足，会使氧化作用停止，引起有机物的厌氧发酵，散发出恶臭，污染环境，毒害水生生物。

3. 无机污染物

指酸、碱和无机盐类，首先是使水的pH值发生变化，破坏其自然缓冲作用，抑制微生物生长，阻碍水体自净作用，使水质恶化。同时，还会增大水中无机盐类和水的硬度，给工业和生活用水带来不利影响。

4. 有毒物质污染

各类有毒物质进入水体后，在高浓度时，会杀死水中生物；在低浓度时，可在生物体内富集，并通过食物链逐级浓缩，最后影响到人类健康。

5. 富营养化污染

含植物营养物质的废水进入水体会造成水体富营养化，使藻类大量繁殖，并大量消耗水中的溶解氧，从而导致鱼类等窒息和死亡。

6. 油污染

沿海及河口石油的开发、油轮运输、炼油工业等生产过程中产生的含油废水，排入水体后，会使水面形成油膜，影响氧气进入水体，影响鱼类的生存和水体的自净作用。此外，油污染还破坏海滩休养地、风景区的景观与生物的生存。

7. 热污染

热电厂等的冷却水是热污染的主要来源。这种废水直接排入天然水体，可引起水温升高，造成水中溶解氧减少，加快藻类繁殖，从而加快水体富营养化进程，还会使水中某些毒物的毒性升高。水温升高对鱼类的影响最大，可引起鱼类的种群改变与死亡。

8. 生物污染物

指水体的病原微生物污染，生活污水、医院污水以及屠宰肉类加工等污水，含有各类病毒、细菌、寄生虫等病原微生物，流入水体会传播各种疾病。

9. 悬浮物

指悬浮在水中的固体物质，包括不溶于水中的无机物、有机物及泥砂、黏土、微生物等。水中悬浮物含量是衡量水污染程度的指标之一。悬浮物使水体浑浊，降低透明度，影响水生植物的光合作用及水生动物的呼吸和代谢，甚至造成鱼类窒息死亡。

二、水中污染物迁移与转化概述

污染物进入环境后，随着介质的推流迁移和分散稀释作用不断改变其所处空间位置，同时浓度降低。水体中污染物的迁移与转化包括物理输移过程、化学转化过程和生物降解过程。

(一)物理过程

物理过程作用主要是指污染物在水体中的混合稀释和自然沉淀过程。水体的混合稀释作用只能降低水中污染物的浓度,不能减少其总量,主要是由紊动扩散、推流迁移和离散三个作用导致的。紊动扩散由水流的紊动特性引起水中污染物自高浓度向低浓度区转移的扩散。推流迁移是指污染物在气流或水流作用下产生的转移作用。推流迁移只改变污染物所处的位置,并不该变污染物的浓度。离散是由于水流方向横断面上流速分布的不均匀而引起的分散。分散稀释是指污染物在环境介质中通过分散作用得到稀释。沉淀作用指排入水体中的污染物含有的微小的悬浮颗粒,由于流速较小逐渐沉到水底。混合作用只能降低水中污染物的浓度,不能减少其总量。

(二)化学过程

流动的水体通过水面波浪不断地将大气中的氧溶于水体,这些溶解氧与水体中的污染物将发生氧化反应,使污染物中铁、锰等重金属离子氧化,生成难溶物质析出沉降。另外,还原作用对水体也有净化作用,但这类反应多在微生物的作用下进行。由于天然水体中含有各种胶体,如硅、铝、铁等的氢化物,黏土颗粒和腐殖质,所以天然水体具有混凝沉淀和吸附作用,从而使有些污染物随着这些作用从水体中沉降去除。

(三)生物过程

水体中的微生物(尤其是细菌)在溶解氧充分的情况下,将一部分有机污染物当作食饵消耗掉,用于腐生微生物的繁殖,转化为细菌机体;将另一部分有机污染物氧化分解成无害的简单无机物。细菌又成为原生动物的食料,有机物逐渐转化为无机物和高等生物,水质得到净化。

三、河流水体中污染物的对流和扩散混合

废水进入河流水体后,不是立即就能在整个河流断面上与河流水体完全混合。虽然在垂向方向上一般都能很快地混合,但往往需要经过很长一段纵向距离才能达到横向完全混合,这段距离通常称为横向完全混合距离。在某些较大的河流中,横向混合可能达不到对岸,横向混合区不断向下游远处扩展,形成所谓"污染带"。随着水流携带污染物向下游输移,横向混合使污染物沿河流横向分散,进一步与上游来水混合稀释。

在河流中,影响污染物输移的最主要的物理过程是对流和横向、纵向扩散混合。

对流是溶解态或颗粒态物质随水流的运动,可以在横向、垂向、纵向发生对流。横向扩散指是由于水流中的紊动作用,在流动的横向方向上,溶解态或颗粒态物质的混合。纵向离散是由于主流在横、垂向上的流速分布不均匀而引起的在流动方向上的溶解态或颗粒态质量的分散混合。

四、湖泊、水库的污染和稀释扩散

由于湖泊和水库中的水基本上处于静止或缓慢流动状态,流入的废水不易在其中进行

混合、稀释和扩散,虽然这有利于悬浮物的沉降和降低浑浊度,但水流不易混合。因此湖泊污染往往具有污染物质来源和污染物质种类复杂,而且易于引起局部严重污染的特性。

水生生物因素对湖水氧平衡、富营养化污染进程等的影响较河流大。受热条件好、矿化度小的湖泊中生物活动繁盛,往往成为水质动态变化的最重要因素之一;而对大湖或矿化度高的湖泊,生物作用减弱甚至消失。

五、海水中污染物的混合扩散

排放到海洋中的污水,一般是含有各种污染物的淡水。它的密度都比海水小,入海后一面与海水混合而稀释,一面在海面向四周扩展。图 2-2 给出了污水入海后混合扩散的一个剖面。反映弱混合海域,即潮汐较小,潮流不大,垂直混合较弱海域的扩散状况。

(一)污水的混合扩散

从图 2-2 中可以看出,排放到海中的污水浮在海洋表层向外扩展,它的稀释是海水通过它的底面逐渐混入到污水中进行的。随着离排污口距离的增加,稀释倍数也逐渐增加。污水层的厚度在排放口附近较深,然后逐渐减小。向外扩展到一定程度,即污水的密度达到一定界限值即形成扩展前沿——锋面,这时污水的稀释倍数达到 60~100 倍。

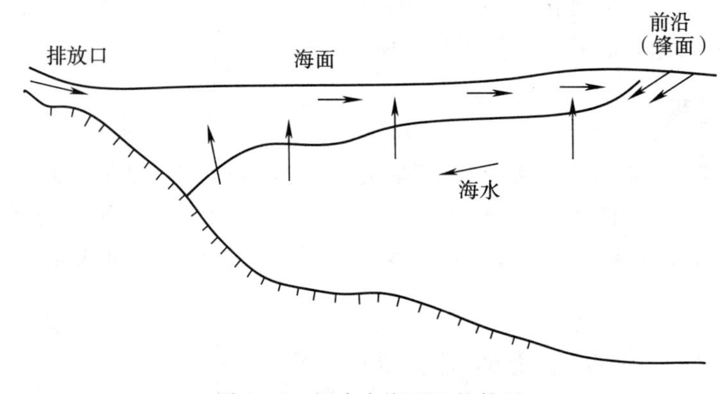

图 2-2　污水在海面上的扩展

(二)温排水的扩散

温排水在海里的对流扩散规律与 COD 等一般污染物类似,但也有不同点,温排水温度比海水高,热水总是会浮到冷水上面,如果浅海中潮流混合比较强烈,温排水入海后不久就和水体垂直混合均匀,如果垂直混合不是很强烈时,则温排水只影响到水的表层,根据美国和法国科学家对温排水预测的研究结果,温排水只影响到浅表层 2~4m。

温排水携带的热量除了被潮流带走一部分,另一部分通过与大气的热交换释放到大气中。这个热交换的强度由 R(表面综合散热系数)表示,一般与水温、水面风速等有关。

(三)溢油的扩散

溢油在海面上的变化是极其复杂的。其中有物理过程、化学过程和生物过程等,同时与当地海区气象条件、海水运动有着直接的关系。溢油动力学过程一般划分为扩展过程和漂移过程。

扩展过程：对实际溢油事件的观测发现，在溢油的最初数十小时内，扩展过程占支配地位，这种支配地位随时间而逐渐变弱。扩展过程主要受惯性力、重力、黏性力和表面张力控制，扩展过程可分为三个阶段：惯性——重力阶段、重力——黏性阶段、黏性——表面张力阶段。扩展过程的一个明显特征是它的各向异性，如在主风向上，油膜被拉长，在油膜的迎风面上形成堆积等。

漂移过程：漂移过程是油膜在外界动力场（如风应力、油水界面切应力等）驱动下的整体运动，其运动速度由三部分组成，即潮流、风海流、风浪余流，前两者不会因油膜存在而发生大的变化。

第三节　河流水质管理

一、河流水质监测与现状调查

要有效保护河流水资源，首先要对河流的基本情况了如指掌，应对河流水质进行经常性的调查和测定。

（一）环境现状调查范围的确定原则

(1)人类活动对周围地面水环境影响较显著的区域。(2)应尽量按照将来污染物排放进入天然水体后可能的达到水域功能质量标准要求的范围、污水排放量的大小和受纳水域的特点来决定。(3)河流水环境现状调查的范围，需要考虑污水排放量大小、河流规模来确定排放口下游应调查的河段长度。

（二）环境现状调查时期的要求

环境现状调查时期与水期的划分相对应。河流按丰水期、平水期、枯水期划分。北方地区可以划分冰封期和非冰封期。

（三）河流水质采样断面与取样点设置的原则

1. 一般情况下应布设对照、控制、消减三种类型的断面

河流取样断面的布设遵循以下原则：(1)在调查范围的两端应布设取样断面。(2)水文特征突然变化处（如支流汇入处）、水质急剧变化处（如污水排入处）、重点水工构筑物（如取水口、桥梁涵洞处）附近。(3)水文站附近等应布设采样断面，并适当考虑水质预测关心点。(4)在排污口上游500m处应设置一个取样断面。

2. 取样断面上取样垂线的布设

每个断面处按照河宽布设水质取样垂线。当河流面形状为矩形或相近于矩形时，可按下列原则布设：

小河：在取样断面的主流线上设一条取样垂线。

大、中河：河宽小于50m者，共设两条取样垂线，在取样断面上各距岸边1/3水面宽处各设一条取样垂线；河宽大于50m者，共设三条取样垂线，在主流线上及距两岸不少于0.5m，

并有明显水流的地方各设一条取样垂线。

特大河：由于河流过宽，应适当增加取样垂线数，且主流线两侧的垂线数目不必相等，设置排污口一侧可以多一些。

如断面形状十分不规则时，应结合主流线位置，适当调整取样垂线的位置和数目。

3. 垂线上水质取样点设置的原则

每根垂线上按照水深布设水质取样点。在一条垂线上，水深大于 5m 时，在水面下 0.5m 水深处及在距河底 0.5m 处，各取样一个；水深为 1～5m 时，只在水面下 0.5m 处取一个样；在水深不足 1m 时，取样点距水面不应小于 0.3m，距河底不应小于 0.3m。

4. 水样的对待

污染物对河流水质影响比较大的情况，每个取样点的水样均应分析，不取混合样。需要预测混合过程段水质的场合，每次应将该段内各取样断面中每条垂线上的水样混合成一个水样。其他情况每个取样断面每次只取一个混合水样。

（四）水质参数的选择

水质参数包括两类。一类是常规水质参数（pH、溶解氧、高锰酸盐指数、五日生化需氧量、非离子氨、氰化物、砷、汞、六价铬水温、挥发性酚类、总磷等），反映水域水质一般状况；另一类是特征水质参数，代表流域附近人类活动排放的水质。

二、河流污染治理措施

目前世界最大的水危机其实不是水资源的危机，而是水管理和水利用的危机，我们必须更加高效、可持续地使用现有水资源。河流是水圈中最重要、水量交换最活跃的水体。城市河流的污染已严重威胁到人民的生命安全与国家的可持续发展。河流系统的水质管理的目标是根据水体的功用在一定范围内尽可能提高水质标准，水质越好，其满意程度越高。

（一）我国城市河流治理现状

河流水污染治理经历了一个从浓度控制到总量控制的过程，治理的方法和手段也在不断更新和改进。但中国当前流域水环境规划经常出现污染配额总量控制与环境容量不符，地区间存在上游污染下游，相互推卸，环境纠纷不断等问题。同时，水系不够活，局部地段截污不力，制约了城区河流水环境质量提升。

（二）河流污染综合整治措施

1. 河岸整治

目前，我国的大多数城市段河流的自我净化及自我恢复能力已严重下降，河流水体污染严重。河道的设计理念应在确保河岸工程具有抗洪、防侵蚀前提下，采用生态系统自我修复能力和人工辅助相结合的技术手段，恢复河岸生态系统合理的内部结构、高效的系统功能和协调的内在关系。

(1)引水冲淤。开展河道清淤、引江水入城、实施配水工程，带动市区河道水网循环，变静态的水为动态的水，增强河道自净能力，增加河道保洁的可操作性。

(2)疏浚河床,清除底泥。在控制外污染源之后,影响河流水质的重要因素就是底泥对河流的二次污染。疏浚底泥是一种被认为整治河流最常用的方法,快速有效。河流底泥由污染物含量较低的灰黑色浅层混合层,污染物含量较高的黑色中层富集层和自然沉积的灰黄色深层黄泥层三段构成。疏浚应该清除黑色富集层,以彻底消除其影响。

(3)加强河道的保洁工作,防止对饮用水源区产生污染。积极开展乡村垃圾收集和处理工作,完成沿河村镇垃圾收集设施建设。

2. 控制污染源

(1)制定完善的规划,加强流域生态经济的发展

以江河流域为一区域经济发展系统,并对流域上、中、下游的生态系统和人文系统进行科学合理、动态协调的整体规划、布局和建设,实现生态文明,从根本上改善人类的生存环境和发展的条件,保证经济、社会和生态三者综合效益的可持续发展。根据流域生态经济理论,流域中上游应重点发展旅游观光业、“三高”农业和无污染工业,满足下游发达地区“生态旅游”、“绿色食品”的需求。根据不同层次,规划包括全国的总体规划、河流流域规划、区域规划、污水处理设施规划和水回用规划等。

(2)实施总量控制

水污染总量控制是根据水环境的质量目标,对区域内各污染源的污染物的排放总量实施控制的管理方式或手段。总量控制是在现代系统科学发展背景下提出的一种先进的整体化污染控制方法。具体根据某河流下游的环境容量确定出上游地区的允许排入该地区的污染物总量,并以排污许可证的形式分配到各排污单位。与排放浓度控制相比,总量控制有明显优点:控制宽严适度,有利于加快达到环境目标的速度;避免浓度控制所引起的不合理的废水稀释,有利于使区域污染治理费用趋于最少。总量控制能有效的控制上游排污,使下游水质得到保证。

(3)强调源头治理

减少排污量的关键是控制用水量,通过节约用水、循环用水、提高用水效率,调整产业结构,优先发展低耗水少污染的产业等措施,将需水量压缩至最低限度,从而减少排入江河的污水量。对于易积累的有毒物质,要禁止排入河流。

(4)改善末端治理

对于必须排出的污水,应逐河段进行总量控制(即功能区的水质目标确定后的河段最小环境容量)。必要时须进行深度处理,提出更严格的排放标准。

(5)采取优惠政策,鼓励使用再生水

鼓励再生水的使用。再生水的利用包括:农田灌溉、生态环境用水、住宅中水回用冲厕、洗车水以及低质水的其他利用。但是需要强调的是,灌溉水质必须达到灌溉水质标准。

3. 加强河道长效管理

建立水污染治理长效管理机制的关键在于理顺管理体制,在政府的直接领导下,协调各部门工作。建立镇一级环保机构并设立专职环保干部,设置村级环保兼管人员,形成有效的管理网络;将水污染长效管理方案纳入社会经济发展计划,设立环保举报基金,逐步建立以绿色 GDP 为依据的政绩考核体系,使政府环境管理工作先科学化再规范化,走“城市现代化、农村城市化、城乡一体化”的区域整体发展之路。

(三)加强法制建设和水质管理

1.制定河流水环境一体化管理的主体立法

我国涉水法律有《水法》、《防洪法》、《水土保持法》、《水污染防治法》、《环境评价法》等多部,内容各有所侧重,有交叉、重叠,局部内容也有冲突。更重要的是不同法律的执法主体是不同的政府部门,使水资源水环境的管理工作出现诸多脱节和分割现象。从长远看,我国应该制定一部水资源和水环境管理的综合性的主体法律。

2.加强水量、水质和河流生态系统的一体化管理

河流的环境保护战略目标,不仅包括污染控制和水质保护,还包括水文条件的恢复,河流地貌多样性的恢复,栖息地的加强以及生物群落多样性的恢复,也就是水量、水质和淡水生态系统全方位的综合管理。

3.建立涉水政府部门的协调机制

要在中央层面上建立涉水政府部门的协调机制,在制定法律、战略和水资源水环境战略规划中发挥协调作用。

4.流域管理中的公众参与

公众参与的意义是多方面的,既可提高公众的环境意识,也可以利用参与者的知识和经验完善决策过程,还可以化解矛盾以减少执法中的阻力。不断扩大公众的知情权、参与权和监督权是我国和谐社会建设的重要组成部分。

5."区域限批"手段法制化

对未按期完成《污染物总量削减目标责任书》确定的削减目标的地区,暂停审批该地区新增排放总量的建设项目。对生态破坏严重或者尚未完成生态恢复任务的地区,暂停审批对生态有较大影响的建设项目。对因超过总量控制方案确定的污染物总量控制指标,致使环境质量达不到要求的工业开发区,暂停审批该开发区新增排放总量的建设项目。

(四)加大对河流整治的资金投入

泰晤士经过约150年的治理,英国政府共投入300多亿英镑,1955~1980年总污染负荷减少了90%;20世纪80年代,河流水质已恢复到17世纪的原貌,达到饮用水水源水质标准,已有100多种鱼和350多种无脊椎动物重新回到这里繁衍生息。从1980~2005年,有关国家为莱茵河流域治理投入了200亿~300亿欧元,从2005~2020年,有关治理预计还将投入100亿欧元。莱茵河的生态功能得到恢复,水体微生物种群上升到正常水平,鱼类品种不断增加,其中包括鲑鱼等名贵鱼种,流域的社会经济得到健康和持续的发展。

第四节 湖泊水质管理

湖泊及其流域是人类主要的生境所在,但随着社会经济的发展,流域内的资源和生态系统受到了越来越大的外界胁迫,湖泊污染和生态退化已成为目前我国面临的重要环境问题。上述问题的存在使得加强流域内的资源、生态、环境管理成为必然。

一、湖泊水质监测与现状调查

国务院水行政管理部门中主管湖泊水资源保护的机构,应对湖泊水质进行经常性的调查和测定，其中包括湖泊水质污染度、污染源的分布状况、污染物的发生量以及湖泊的利用状况等内容。

（一）环境现状调查范围的确定原则

(1)应该包括人类活动对周围地面水环境影响较显著的区域。(2)应尽量按照污染物排放进入天然水体后可能的达到水域功能质量标准要求的范围、污水排放量的大小、以及受纳水域的特点来决定。(3)湖泊、水库水环境现状调查范围，需考虑污水排放量的大小来确定调查半径或调查面积(以排污口为圆心，以调查半径为半径)。

（二）环境现状调查时期的要求

环境现状调查时期与水期的划分相对应。湖泊按丰水期、平水期、枯水期划分。北方地区可以划分冰封期和非冰封期。

（三）湖泊、水库水质取样位置与采样点的布设原则

1. 取样位置的布设

在湖泊、水库中取样位置的布设原则上应尽量覆盖整个调查范围，并能切实反映湖泊、水库的水质和水文特点(如进水区、出水区、深水区、浅水区、岸边区等)；取样位置可以采用以排污口为中心，沿放射线布设的方法。

2. 取样位置上取样点的设置

每个位置上按照水深布设水质取样点。

(1)大、中型湖泊与水库：平均水深小于10m时，取样点设在水面下0.5m处，但距湖(库)底不应小于0.5m；平均水深大于等于10m时，首先应找到斜温层。在水面下0.5m及斜温层以下，距湖(库)底0.5m以上处各取一个水样。(2)小型湖泊与水库：平均水深小于10m时，水面下0.5m，并距湖库底不小于0.5m处设一取样点；平均水深大于等于10m时，水面下0.5m处和水深10m，并距底不小于0.5m处各取一个水样。

3. 水样的对待

小型湖泊与水库，水深小于10m时，每个取样位置取一个水样；水深大于等于10m时，则一般只取一个混合样，在上下层水质差距较大时，可不进行混合。大、中型湖泊与水库，各取样位置上不同深度的水样均不混合。

二、湖泊污染治理措施

为了改善湖泊的水质状况，应该采取以下水质保护措施。

第一，建立完善的湖泊管理体制，设立权威的管理机构实施统一管理。由于我国对湖泊的用水、管水、治水等工作是分散的，权力机构各自为政缺乏统一规划，极大影响了治理效果。一个强有力的具有综合决策和协调手段的流域管理机构是整治水污染的基本条件。

第二，要坚决控制污染源。要制定严格的排放标准，健全的法制体系和强有力的执法机构保障措施的落实。控制排放总量，使每条入湖河流达到相应的水体标准。要提高城市及农村生活污水收集普及率和处理率并且逐步恢复自然水体的生态功能，有效减少化学肥料的使用，水产养殖必须控制养殖规模。

第三，加大对湖泊治理的资金投入。湖泊的治理需要政府投入大量资金，也要经历相当长的时间，水环境治理的效果不是立竿见影的。目前，我国污染治理资金的筹集实行"污染者付费"的原则，但收费标准和收费力度明显不足，不能有效的激励企业的环境行为。

第四，鼓励环保科研、进行广泛的环保科普教育以提高全民环保意识对湖泊水质进行保护。

第五节 区域水污染总量控制

一、水污染总量控制的概念

所谓水污染总量控制，是国外 20 世纪 70 年代初期发展起来的一种比较先进的水环境保护管理方法，是指在水环境污染严重的地区（流域）内，或可能成为严重污染的地区（流域），或是必须重点保护的地区（流域）内，根据该地区（流域）的实际情况，充分考虑该地区（流域）的经济发展水平，从质与量两个方面，认真评估该地区（流域）的水资源现状，科学合理的提出该地区（流域）的水环境目标，计算出该地区（流域）水体按此环境目标所允许的各类污染物的最大年排放量。通过对污染源治污能力的经济、技术可行性分析和排污控制优化方案的比较，将这些总量指标分别加以分解，以排污许可证的形式分配到各排污单位，作为法定排污指标。采用水环境污染物排放总量控制，可以有效的克服多年来我国一直实行的水污染物浓度控制遗留的弊端，从宏观上把握水污染情势，确保环境质量得到逐步改善和提高。

二、实施污染物总量控制的必要性

多年来，我国在水污染防治中，执行着浓度控制的政策，所颁布的各类水质标准，都只规定了相应的浓度限值。在一定的经济和技术条件下，实施污染物浓度控制，对水环境污染现状的改善，确实起到了一定的作用。但是，它存在一个很大的弊病，即没有考虑受纳水体的环境容量。尽管一些单位所排废水的污染物浓度并未超标，但由于企业的发展，人民生活水平的提高，废水排放量大大增加，排入水域中的污染物总量相应增加，在超出水体自净能力的情况下，导致水体质量下降和水质恶化。

实施污染物排放总量控制，可以避免上述弊病。宏观上，可以有效地控制污染；微观上，能使企业增强参与意识，积极主动地削减污染物排放量。

根据水环境的质量目标，对区域内各污染源的污染物实施排放总量控制。与排放浓度控制相比，总量控制有明显优点：控制宽严适度，有利于加快达到环境目标的速度。为实行水污染总量控制，需要进行水体功能分区，确定各区水环境质量目标，确定各区污染物总量控制指标，进行负荷分配，确定各个污染源的总量控制指标。

三、实施总量控制的条件

如具备下列条件，可认为有实施的可行性：第一，完成了排污申报登记，重要污染源的排污总量数据已经核定；第二，实施总量控制的目标明确，控制项目、区域、阶段要求清楚；第三，污染源有切实可行的治理措施，有一定的投资金额；第四，在浓度、总量控制的双轨制基点上已对排污收费和“三同时”政策进行了相应的调整。

四、区域内总量控制指标的确定方法

确定区域内总量控制指标有两种方法:(1)容量总量控制。从水环境质量标准出发,运用各种水质模型,反推允许排入水体的污染物总量,强调环境、技术、经济三者的统一。(2)目标总量控制。从现在的污染物排放水平出发,针对特定的环境目标或污染物削减目标(如规定某时间达到或保持某年水质状况或规定污染物削减率),来限定污染物排放总量,强调技术、经济的可行性。负荷分配的基本原则是以最小的污染治理投资达到水污染控制的目标要求。

(一)容量总量控制

利用水体的自净能力,从水环境质量标准出发,计算水域允许纳污量,反推允许排入水体的污染物总量,然后围绕环境目标的可达性和污染源可控性进行环境、经济、技术效益的系统分析,优化分配污染负荷,制定出切实可行的总量控制方案。其主要步骤为:计算受纳水域容许纳污量——计算控制区域允许排污量——总量控制方案经济、技术评价——确定排放口总量控制负荷指标。

(二)目标总量控制

从削减污染物目标出发,结合国家排放标准和地区经济、技术特点,制定优化负荷分配方案,预测对环境的改善前景,决策实施方案。目标总量控制不仅要考虑水域的功能、质量要求和污染现状,而且也要考虑地区的技术、经济条件和管理水平。它包括环境目标与污染物削减水平的科学确定,以及污染源治理方案的优化计算。其主要步骤为:确定污染源削减目标——总量控制方案技术、经济评价——排放口总量控制负荷指标。

这两种方法的出发点是不同的:容量总量控制以水质标准为控制基点,从污染源可控性、环境目标可达性两个方面进行总量控制负荷分配;目标总量控制以污染源排放量为控制基点,从污染源可控性进行总量负荷分配。但其最终目的是一致的,即在环境质量要求与技术经济条件之间寻求最佳的结合点,这个结合点的具体表现就是“最好”的控制方案。

(1)水资源的特性是什么?

(2)水质资源开发利用中存在的主要问题是什么?

(3)水体主要污染物有哪些?

(4)水体中污染物的迁移与转化包括哪些过程?

(5)说明河流水体中污染物的对流和扩散混合的特点。

(6)说明湖泊、水库的污染和稀释扩散的特点。

(7)水污染总量控制的概念及区域总量控制指标的确定方法?

第三章　大气污染及其控制

大气污染是随着产业革命的兴起、现代工业的发展、城市人口的密集、煤炭和石油燃料的迅猛增长产生的。目前全球大气污染的主要问题是由于二氧化碳浓度的增加，诱发了全球变暖（温室效应），进而导致海平面上升和海洋酸化问题；氯氟烷烃引起的“破坏平流层的臭氧层问题”，大气中的酸性物质与水或水蒸气形成的酸雨或酸沉降问题。全球性大气污染问题所关心的问题与传统的“公害问题”是不同的，它不仅对处在产生源附近的生物有害，而且它还会进行长距离传输，会并存于一个很广阔的空间、时间范围内，给环境造成影响，以致改变全球的自然环境。

第一节　空气污染概述

一、大气圈的结构

大气圈就是指包围着整个地球的空气层。一般来说，大气圈的厚度为 1000km。大气圈中的大气分布是不均匀的，其密度随着海平面的升高呈递减性变化。其中海平面上的大气最稠密，近地层的大气密度随着高度变化而迅速变小。

大气圈垂直方向有各种各样的分层方法。目前世界各国普遍采用的分层方法是 1962 年世界气象组织（WMO）执行委员会正式通过国际大地测量和地球物理联合会（IUGG）所建议的分层系统，即根据大气温度随高度垂直变化的特征，将大气分为对流层、平流层、中间层、热成层和逸散层。

（一）对流层

是大气圈的最低一层，其平均厚度约为 12km，90％以上的大气圈气体集中在对流层。对流层，因为其热量的（主要）直接来源是地面辐射，所以气温随高度升高而降低。对流层是大气中最活跃的一层，存在强烈的垂直对流作用，同时也存在较大的水平运动。对流层里水汽、尘埃较多，雨、雪、云、雾、雹、霜、雷、电等主要的天气现象与过程都发生在这一层里。受地形、生物等影响，局部空气更是复杂多变。此层大气对人类的影响最大，通常所指的大气污染就是对此层而言。

（二）平流层

从对流层顶以上到大约 50km 的高度叫平流层，也叫同温层。平流层的下部有一很明显的稳定层，温度不随高度变化或变化很小，近似等温。然后随高度增加而温度上升。这主要是由于地表辐射影响的减少和氧及臭氧对太阳辐射吸收加热，使大气温度随高度增加而上升。这种温度结构抑制了大气垂直运动的发展，大气只有水平方向的运动。在平流层中水汽和尘埃含量很少，没有对流层中那种云、雨等天气现象。

近半个世纪来，随着超音速飞机在平流层底部的飞行、宇航飞行器的不断发射，以及氟利昂的大量使用等原因，已有大量的氮氧化物、氯化氢及氟利昂等污染物排放到平流层中，造成了对臭氧层的严重破坏，已引起人们的密切关注。污染物一旦进入平流层（氟利昂可扩散进入平流层），由于平流层大气扩散速度缓慢，污染物在此层停留时间较长，有时可达数年之久，就会遍布全球。

对流层与平流层加在一起，占有了99%的大气组分。因此，剩下的中间层、热成层两层都是稀薄的大气成分。

（三）中间层

平流层顶以上到大约80km的一层大气叫作中间层。在这一层中温度随高度增加而下降。在中间层顶，气温达到极低值，是大气中最冷的一层，大气有强烈的垂直对流运动。

（四）热成层

在中间层顶之上的大气层称为热成层，也称作增温层或电离层。在热成层中，大气温度随高度增加而急剧上升。由于太阳和其他星球辐射的各种射线的作用，该层中大部分空气分子大都发生电离，成为原子、离子和自由电子，所以这一层也叫电离层。

（五）逸散层

在热成层之上的大气层称为逸散层。也称外大气层。是大气圈的最外层，大气极为稀薄，地心引力微弱，大气质点之间很难相互碰撞。是大气圈逐步过渡到星际空间的大气层。

二、大气组成

大气是生命活动不可缺少的物质，保护地球一切生命的安全，减弱陨石和宇宙射线的损伤，保护地球表面的热量，调节气候。是维持生命场所的重要基础之一。

地球大气的主要成分是氮气（78.08%）和氧气（20.95%），还有氩（0.93%）和二氧化碳（0.04%），上述四种气体占大气圈总体积的99.99%。此外还有氖，氦、氪、氙、氢、甲烷、一氧化二氮、一氧化碳、臭氧、水汽、二氧化硫、硫化氢、氨、气溶胶等微量气体。其中氮、氧、氩、氖、氦、氪、甲烷、氢、氙等是大气中的稳定组分，这一组分的比例，从地球表面至90km的高度范围内都是稳定的；二氧化碳、二氧化硫、硫化氢、臭氧、水汽等是地球大气中的不稳定组分。

另外，地球大气中还含有一些固体和液体的杂质。主要来源于自然界的火山爆发、地震、岩石风化、森林火灾等和人类活动产生的煤烟、尘、硫氧化物和氮氧化物等，这也是地球大气中的不稳定组分，可造成一定空间范围在一段时期内暂时性的大气污染。

三、大气污染

（一）空气污染的定义

根据国际标准化组织（ISO）给出的定义，“大气污染通常系指由于人类活动和自然过程引起某种物质进入大气中，呈现出足够的浓度，达到足够的时间，并因此而危害了人体健康、舒适感或环境"的现象。当有害物质排入大气，就会对破坏生态系统和人类正常生活条件，对人和物造成危害的现象。

(二)大气污染的主要因素

造成大气污染主要有自然因素(如森林火灾、火山爆发等)和人为因素(如工业废气、生活燃煤、汽车尾气、核爆炸等)两种，且以后者为主，主要是工业生产和交通运输所造成的。随着人类经济活动和生产的迅速发展，在大量消耗能源的同时，同时也将大量的废气、烟尘物质排入大气，严重影响了大气环境的质量，特别是在人口稠密的城市和工业区域。

主要过程由污染源排放、大气传播、人与物受害这三个环节所构成。影响大气污染范围和强度的因素有污染物的性质(物理的和化学的)，污染源的性质(源强、源高、源内温度、排气速率等)，气象条件(风向、风速、温度层结等)，地表性质(地形起伏、粗糙度、地面覆盖物等)。

(三)大气污染的类型及其特征

根据大气污染的范围来分，可分为四类。局部污染：如烟囱排烟；地区性污染：工业区及其附近地区的大气污染；广域性污染：比一个城市更广泛地区的大气污染；全球性污染：由于大气的传输性，导致了全球范围的大气污染。

根据能源性质和大气污染物组分来分，大气污染可分为四类：

1. 煤烟型污染

是指由煤炭燃烧排放出的烟尘、二氧化硫等一次污染物以及再由这些污染物发生化学反应而生成硫酸及其盐类所构成的气溶胶等二次污染物所构成的污染，见图 3—1。发生于1952 年伦敦烟雾事件的直接原因是燃煤产生的二氧化硫和粉尘污染，间接原因是开始于 12 月 4 日的逆温层所造成的大气污染物蓄积，造成伦敦市死亡人数达 4000 人。此次事件为煤烟型空气污染的典型事件。我国的大气污染属于煤炭型污染，主要的污染物是烟尘和二氧化硫，此外，还有氮氧化物和一氧化碳等。

图 3—1　工业生产过程中产生的大气污染现象

2. 石油型污染

指污染物来自石油化工产品，如汽车尾气、油田及石油化工厂的排放物，这些污染物在阳光照射下发生光化学反应，并形成光化学烟雾，就是石油型污染。光化学烟雾是由氮氧化物、碳氢化合物在强太阳光作用下发生光化学反应形成烯烃、氮氧化物以及烷、醇等一次污染物，又以 NO_2 光解生成氧原子的反应为引发，导致了臭氧的生成。最终产物是醛、O_3、过氧硝酸乙酰酯(PAN)等二次污染物。1946 年美国洛杉矶首先发生严重的光化学烟雾事件，故又称"洛杉矶型烟雾"。随着工业发展和人口剧增，洛杉矶在 40 年代初就有汽车 250 万辆，每天消耗汽油 1600 万升。每天向城市上空排放大量石油烃废气、一氧化碳、氧化氮和铅烟(当时所用汽油为含四乙基铅的汽油)。这些排放物，在阳光作用下，发生光化学反应，生成淡蓝色光化学烟雾。滞留市区久久不散，造成大气污染事件。

3. 混合型污染

此类污染是由煤炭向石油型过渡的阶段，它取决于一个国家的能源发展结构和经济发展速度，包括以煤炭为主要污染源而排放出的烟气、粉尘、二氧化硫及其他氧化物所形成的气溶胶和以石油为主要污染源而排出的烯烃和二氧化氮为主的污染物。

4. 特殊型污染

是指某些工矿企业排放和发生意外故事释放的由特殊气体所造成的大气污染，如氯气、金属蒸气或硫化氢、氟化氢等气体。

四、大气污染物

(一)大气污染物的定义

大气污染物是指由于人类活动和自然过程排入大气中，并对人或环境产生有害影响的那些物质。凡是能使空气质量变坏的物质都是大气污染物。大气污染物目前已知约有 100 多种。大气中不仅含无机污染物，而且含有机污染物。随着人类不断开发新的物质，大气污染物的种类和数量也在不断变化。

(二)大气污染物的分类

对环境产生影响的大气污染物种类繁多。根据污染物的性质，可将大气污染物分为一次污染物与二次污染物；按其存在状态分为气溶胶态污染物和气态污染物两大类。

1. 根据污染物的性质分类

(1)一次污染物

是指直接从多种排放源进入大气中的各种气体、蒸汽和颗粒物等有害物质。主要的大气一次污染物是二氧化硫、一氧化碳、氮氧化合物、颗粒物、碳氢化合物等。颗粒物中包含苯并芘(a)等强致癌物质、有毒重金属、多种有机或无机化合物。

一次污染物分为反应物质和非反应物质。反应物质不稳定，在大气中常与某些其他污染物产生化学反应，或者作为催化剂促进其他污染物之间的反应。非反应物质不发生反应或者反应速度迟缓。

(2)二次污染物

是指进入大气的一次污染物在大气中相互作用，或与大气中正常组分发生反应，在太阳辐射的参与下，引起光化学反应而产生的与一次污染物的物理、化学性质完全不同的颗粒直径很小的新的大气污染物。多为气溶胶，其毒性比一次污染物还强。最常见的二次污染物有硫酸及硫酸盐气溶胶、硝酸及硝酸盐气溶胶、臭氧、醛类和过氧乙酰硝酸酯等。

2.按其存在状态分类

(1)气溶胶态污染物

气溶胶态污染物系指固体粒子、液体粒子或它们在气体介质中的悬浮体。气溶胶状态污染物主要有以下几种：

粉尘：指悬浮于气体介质中的小固体粒子，粒径为1～200μm，因重力作用发生沉降，但在某段时间内能保持悬浮状态。如粘土粉尘、水泥粉尘、煤粉等。

烟：一般指由冶金过程中形成的固体粒子，是由熔融物质挥发后生成的冷凝物。粒径为0.01～1μm。

飞灰：指随燃烧产生的烟气中飞出的较细的灰分。

黑烟：指由燃烧产生的能见气溶胶。

雾：是气体中液滴悬浮体的总称，如水雾、酸雾、碱雾等。

(2)气态污染物

是指以分子状态存在的污染物。气态污染物种类很多，常见的有五类：以二氧化硫为主的含硫化合物(SO_2、H_2S)、以氧化氮和二氧化氮为主的含氮化合物(NO、NH_3)、碳的氧化物(CO、CO_2)、碳氢化合物(C_mH_m、醛、酮等)、卤化合物(HF、HCL)。

五、我国大气污染概况

2010年公布的《中国环境状况公报》显示，全国城市空气质量总体良好，但部分城市污染仍较重；全国酸雨分布区域坚持稳定，但酸雨污染仍较重。

我国目前的能源结构还是以煤炭为主，大气污染物主要是烟尘和SO_2，其中SO_2的排放量在近几年呈缓慢减低之势。我国煤炭中含硫量较高，西南地区尤甚，一般都在1%～2%，有的高达6%。这是导致西南地区酸雨污染严重的主要原因。

近几年来，机动车污染日益严重，机动车尾气排放已成为中国大中城市空气污染的主要来源之一。2009年新生产轻型汽车的单车污染物排放量比2000年下降了90%以上。通过排放标准的快速升级，机动车排放总量没有随着保有量的快速增长而同比增长，有效减缓了机动车日益增长给环境带来的巨大压力。

第二节　空气污染物的影响

大气污染是当前世界最主要的环境问题之一，其对材料、人类健康、工农业生产、动植物生长和全球环境等都将造成很大的影响。主要表现在以下几个方面：

一、空气污染物对材料的影响

空气污染造成材料破坏的机制有五种，分别为磨损、沉积和洗除、直接化学破坏、间接化学破坏和电化学腐蚀作用。

（一）磨损作用

较大的固体颗粒在材料表面高速运动会引起材料的表面磨损。除了暴风雨中的固体颗粒和从武器射击排出的铅粒，一般大多数空气污染物的颗粒或是尺寸太小，或是运动速度不够快，所以不易造成材料表面的磨损。

（二）沉积和洗除作用

沉积在材料表面的小液滴和固体颗粒会导致一些纪念碑和建筑物美学价值的破坏。例如空气中过量的二氧化硫会使大理石的雕刻产生变化而剥落，破坏古迹。对于大部分的材料，表面清洗都会引起损伤。

（三）直接化学破坏作用

溶解和氧化还原反应导致直接化学破坏，通常水为反应介质。二氧化硫及三氧化硫在有水存在时，与石灰石反应生成石膏和硫酸钙，而硫酸钙和石膏比碳酸钙易溶于水，易被雨水溶解。硫化氢使银变黑是一典型的氧化还原反应。

（四）间接化学破坏作用

当污染物被吸附在材料表面并且形成破坏性化合物时，则发生对材料的间接化学破坏。产生的破坏性化合物可能是氧化剂、还原剂或溶剂。这些化合物会破坏材料晶格中的化学键因而具有破坏性。皮革在吸收二氧化硫之后变碎，是因为皮革中少量的铁会催化二氧化硫形成硫酸，纸张也有类似现象。

（五）电化学腐蚀作用

氧化还原反应会使金属材料表面存在局部的化学及物理变化，而这些变化导致金属表面形成微观的阳极和阴极，这些微电极的电位差的存在，导致电化学腐蚀发生。

二、空气污染物对生物的影响

大气污染物质可通过人的呼吸道、皮肤上的毛孔和饮食进入人体，其中通过呼吸而侵入人体是主要的途径，主要表现为呼吸道疾病。大气污染对人体的危害大致可分为急性中毒、慢性中毒和致癌三种。

大气污染物质对植物可使其生理机制受压抑，成长不良，抗病虫能力减弱，甚至死亡。光化学烟雾对植物的危害在美国曾遍及27个州，洛杉矶光化学烟雾波及100km以外，2000m高山的松树大批枯死；柑橘严重减产；葡萄小而不甜；蔬菜无法食用；因大气污染使树木生长不良、寿命缩短的现象普遍存在。

大气污染物质可使动物的体质变弱，生长缓慢，中毒甚至死亡。如1952年的伦敦烟雾事件，首先发病的是参展的350头牛，其中66头因呼吸系统严重受损死亡。还有日本也曾因为大气污染严重使鸟大批死亡，死亡鸟的肺部有大量的黑色烟尘沉积。此外，大气污染物通过降雨降到土壤和水体中，进入食物链，在植物体内富集，草食动物食入含有毒物的牧草之后会中毒死亡。

三、空气污染物对生态环境的影响

(一)酸雨的影响

近十几年来,不少国家发现酸雨,雨雪中酸度增高,是由于煤和石油的燃烧、汽车的排放导致氮氧化物烟气上升到空中与水蒸气相遇时,就会形成硫酸和硝酸雨滴,使雨水酸化,这时落到地面的雨水就形成了酸雨。

酸雨会对环境带来广泛的危害,使河湖、土壤酸化(见图3-2)、农作物、鱼类减少甚至灭绝,森林发育受影响;还会造成巨大的经济损失,如:腐蚀建筑物和工业设备,破坏露天的文物古迹,腐蚀金属制品、纺织品、皮革制品、油漆涂料、纸制品、橡胶制品,缩短使用年限;对某些人类著名的文化遗址遗产的损害也是无法挽回的,如北京故宫、慕尼黑古画廊、英国的白金汗宫等著名建筑遭受到大气污染的严重危害。

图3-2 酸雨危害的土壤

(二)海洋酸化的影响

大气中二氧化碳水平的提高,可能会改变海水化学的种种平衡,使依赖于化学环境稳定性的多种海洋生物乃至生态系统面临巨大威胁。比起工业革命之前,海洋吸收二氧化碳已经导致现代地球表面的海水的pH值大约下降了0.1。尽管变化很细微,但它将会威胁到位于海洋食物链底层的一些重要生物,从而进一步威胁到属于地球上最重要的生态系统之一的浅层珊瑚礁和长有碳酸钙躯壳的海洋生物,某些种类浮游生物和珊瑚虫也将在劫难逃。在pH值较低的海水中,营养盐的饵料价值会有所下降,浮游植物吸收各种营养盐的能力也会发生变化;酸化的海水还在腐蚀着海洋生物的身体;海洋酸化(更精确来说,是海洋的微碱状态减弱)也可能导致珊瑚白化;海洋中有毒金属溶解形式的比率也会增加,见图3-3。

图 3－3 海洋酸化对珊瑚礁的影响(珊瑚已出现白化现象)

(三)温室效应的影响

"温室效应"的危害：由于燃料燃烧使大气中的二氧化碳浓度不断增加，破坏了自然界二氧化碳的平衡，以至引发"温室效应"。二氧化碳浓度的增加可以阻断地面的热量向外层空间发散，致使地球表面温度升高，引起气候变暖，发生大规模的洪水、风暴或干旱；增加夏季的炎热，提高心血管病在夏季的发病和死亡率；气候变暖会促使南北两极的冰川融化，致使海平面上升，其结果是地势较低的岛屿国家和沿海城市被淹；气候变暖会使地球上沙漠化面积继续扩大，使全球的水和食品供应趋于紧张。

(四)臭氧层的破坏

过多地使用氯氟烃类化学物质(用 CFCs 表示)是破坏臭氧层的主要原因。氯氟烃是一种人造化学物质，主要用于气溶胶、制冷剂、发泡剂、化工溶剂等。臭氧层被破坏造成地球紫外线增加，紫外线会破坏包括 DNA 在内的生物分子，还会增加罹患皮肤癌、白内障的机率，而且和许多免疫系统疾病有关。海洋中的浮游生物将会受致命的影响，海洋生态系统受破坏；农作物减产；将会加强温室效应的作用。

大气污染还能降低能见度，减少太阳辐射(据资料表明，城市太阳辐射强度和紫外线强度要分别比农村减少 10%～30%和 10%～25%)而导致城市佝偻发病率增加；大气污染排放的污染物对局部地区和全球气候都会产生一定影响，从长远的观点看，对全球气候的影响将会是很严重的。

第三节 空气污染气象学

一个典型的大城市每天向大气中排放几千吨空气污染物，如果没有大气的自然净化作用，空气会很快因污染而对人类及动植物造成致命伤害。但在降低污染物的危害方面，最重要的还是大气本身的扩散和稀释作用。认识和掌握气象变化规律，人们就有可能在大气污染防治方面充分利用气象条件来避免或减少由污染所造成的社会性的危害及经济上的损失。大气的这种对污染物的稀释和分散作用的强弱主要取决于气象的动力因子和气象的热力因子两个因素。

一、气象动力因素

气象动力因素主要是指风和湍流，它们对污染物在大气中的稀释和扩散起着决定性作用。

(一)风

风是大气的水平运动，风在不同时刻有着相应的风速和风向。风对污染物的扩散有两个作用：整体的运输作用和冲淡稀释作用。污染物总是从上风向下风方向输送。一般地说，污染物在大气中的浓度与污染物排放量成正比，与风速成反比。如风速增大一倍，在下风的污染物浓度将减少一半。

(二)湍流

湍流是指大气以不同的尺度作无规则运动的流体状态。风速时大时小，具有阵性的特点，在主导风向上也会出现上下左右不规则的阵性搅动，这就是大气湍流。大气湍流的运动造成湍流场中各部分之间强烈混合，当污染物排入大气时，高浓度的污染物由于湍流混合，不断被掺入清洁空气，同时又无规则地分散到其他方向去，使污染物不断被稀释、冲淡。就像我们看到的：从烟囱中排出的烟云在向下风方向飘移并扩散、稀释时，烟云很容易被湍涡拆开或撕裂变形，烟团很快向周围逐渐扩散。

二、气象热力因素

气象热力因素主要指大气的温度层结和大气稳定度。

(一)温度层结

温度层结是指在地球表面上大气的温度随着高度而变化的情况，即大气垂向的气温分布状况，气温的垂直分布决定着大气的稳定度，大气的稳定程度又影响着湍流的强度，是影响大气污染的一个重要因素。

在对流层内气温分布的规律是随着高度的增加，气温递减，空气上层冷下层暖。这是因为大地是大气的主要增温热源，同时对于吸收地面辐射的水蒸气和固体颗粒物，在大气中的分布随着高度的增加而减少，所以在正常地气象条件下，近地面的温度要比上层温度要高。因此，大气在垂直方向不稳定时对流作用显著，能使污染物在垂直方向上扩散稀释。

在近地的低层大气，有时出现气温分布与标准大气情况下的气温分布相反，即气温随高度的增加而增加的温度逆增情况，称为逆温。逆温层的出现，使近地低层大气上部热、下部冷，是非常稳定的气层，阻碍烟流向上和向下扩散，只在水平方向上有扩散，在空中形成扇形的污染带，一旦逆温层消退，会有短时间的熏烟，因而容易造成大气污染。

(二)大气稳定度

大气稳定度是指整层空气的稳定程度，是大气对在其中作垂直运动的气团是加速、遏制还是不影响其运动的一种热力学性质。当气层受到扰动，若原先是不稳定气层，则扰动、对流和湍流容易发展；若原来是稳定气层，则扰动、对流和湍流受到抑制；若原先是中性气层，则由外界扰动所产生的空气微团运动，既不受到抑制也不能得到发展。因此大气不稳定，湍流和对流充分发展，扩散稀释能力增强；大气处于稳定状态时，湍流和对流受到抑制，大气对污染物的扩散、稀释能力减弱。

第四节　大气扩散作用

一、大气污染物的扩散的定义

进入大气的中的污染物受到大气水平运动、湍流扩散运动，以及大气的各种不同尺度的扰动运动而被输送、混合和稀释，称为大气污染物的扩散。

二、大气污染物的扩散形成过程

污染物一进入大气，就会稀释扩散。风越大，大气湍流越强，大气越不稳定，污染物的稀释扩散就越快；相反，污染物的稀释扩散就慢。在后一种情况下，特别是在出现逆温层时，污染物往往可积聚到很高浓度，造成严重的大气污染事件。降水虽可对大气起净化作用，但因污染物随雨雪降落，大气污染会转变为水体污染和土壤污染。

地形或地面状况复杂的地区，会形成局部地区的热力环流，如山区的山谷风，滨海地区的海陆风，以及城市的热岛效应等，都会对该地区的大气污染状况发生影响。

山谷风：烟气运行时，碰到高的丘陵和山地，在迎风面会发生下沉作用，引起附近地区的污染。烟气如越过丘陵，在背风面出现涡流，污染物聚集，也会形成严重污染。在山间谷地和盆地地区，烟气不易扩散，常在谷地和坡地上回旋。特别在背风坡，气流作螺旋运动，污染物最易聚集，浓度就更高。夜间，由于谷底平静，冷空气下沉，暖空气上升，易出现逆温，整个谷地在逆温层覆盖下，将高浓度烟气导向地面，造成地面烟云弥漫，经久不散，也易形成严重污染。

海陆风：位于沿海和沿湖的城市，由于水域或海域的局地气象条件会形成特殊的空气污染过程，主要有两种类型，一种是海路风环流引起的污染；另一种是局地气团变性引起的污染。当局地气流以海陆风为主时，出于局地环流之中的污染物，就可能形成循环累积污染，造成地面高浓度区。在春末夏初的白天，当陆地温度比水温高很多的时候，气流从水面吹向陆地的时候，低层空气很快增温，形成热力内边界层，下层气流为不稳定层结，上层为稳定层结，如果在岸边有高烟囱排放，则会发生岸边熏烟污染。

城市的热岛效应：是由城乡温度差异而引起的局地风。由于城市人类活动影响，使得城市温度经常高于乡村而形成的城市热岛现象。热岛效应使农村的冷空气向城市辐合而上升，形成热岛环流。该环流的水平辐合流场使接近地面的污染物向城市汇集，加重了城市的污染；另一方面，其辐合上升流使高烟囱的烟气上升，输往远处，又可减少对城市的污染。

20 世纪 60 年代以来，一些国家采取了控制措施，减少污染物排放或采用高烟囱使污染物扩散，大气的污染情况有所减轻。高烟囱排放虽可降低污染物的近地面浓度，但是把污染物扩散到更大的区域，从而造成远离污染源的广大区域的大气污染。大气层核试验的放射性降落物和火山喷发的火山灰可广泛分布在大气层中，造成全球性的大气污染。

第五节　废气净化技术

一、大气污染的治理技术概述

大气污染的治理技术是重要的大气环境保护对策措施，洁净燃烧技术是在燃烧过程减少污染物排放与提高燃料利用效率的加工、燃烧、转化和污染排放控制等所有技术的总称。

二氧化硫、氮氧化物和烟(粉)尘是我国主要的大气污染物，减少二氧化硫、氮氧化物和烟(粉)尘的排放，对于保护和改善大气环境，不仅十分重要，而且十分紧迫，故对二氧化硫、氮氧化物和烟(粉)尘控制技术做一概述。

二、洁净燃烧技术

洁净煤燃烧技术是指在燃前煤炭可以通过净化来达到减少污染排放和在煤的燃烧过程中提高效率、减少污染物排放的技术。包括改变燃料性质、改进燃烧方式、调整燃烧条件、适当加入添加剂等方法来控制污染物的生成。

三、高烟囱烟气排放技术

烟气的高烟囱排放就是通过高烟囱把含有污染物的烟气直接排入大气，是污染物向更大的范围和更远的区域扩散、稀释。经过净化达标的烟气通过烟囱排放到大气中，利用大气的作用进一步降低地面空气污染物的浓度。

四、除尘治理技术

烟(粉)尘净化技术又称除尘技术，它是将颗粒污染物从废气中分离出来并加以回收的操作过程，实现该过程的设备称为除尘器。气态污染物种类繁多，特点各异，因此采用的净化方法也不同，常用的方法有吸收法、吸附法、催化法、燃烧法、冷凝法、膜分离法、电子束照射净化法和生物净化法等。烟(粉)尘的治理主要是通过改进燃料技术和采用除尘技术来实现。

(一)改进燃烧技术

完全燃烧产生的烟尘和煤尘等颗粒物，要比不完全燃烧产生的少。因此，在燃烧过程中供给的空气要适当，使燃料完全燃烧。供给的空气量要大于通过氧化反应式计算出的理论空气。供给的空气量少了不能完全燃烧，多了则会降低燃烧室温度，增加烟气量。空气和燃料充分混合是实现完全燃烧的条件。

(二)采用除尘技术

这是治理烟(粉)尘的有效措施。除尘技术根据在除尘过程中有没有液体参加，可分为干式除尘和湿式除尘。一般根据除尘过程中的粒子分离原理，除尘技术大体上可分为：重力除尘、惯性力除尘、离心力除尘、洗涤除尘、过滤除尘、电除尘、声波除尘。

（三）合理地选择除尘器

合理地选择除尘器，既可保证达标排放所需求的除尘效率，又能组成最经济的除尘系统。近年来，除尘技术发展很快，除尘效率也有明显提高，特别是静电除尘和布袋除尘。因此，对一些以大气污染为主，烟（粉）尘排放量大的项目，如大型火电厂、大型水泥厂多采用静电除尘器和布袋除尘器。袋式除尘器的除尘效率一般可达99%以上，而且由于它具有效率高、性能稳定可靠、操作简单的特点而被广泛运用。

除袋式除尘器外，电除尘器由于经济、便捷、除尘效率高等特点也得到了广泛地应用。电除尘器是含尘气体在通过高压电厂进行电离的过程中，使尘粒荷电，并在电场力的作用下使尘粒沉积在集尘器上，将尘粒从含尘气体中分离出来的一种除尘设备。它与其他除尘过程的根本区别在于，分离力（主要是静电力）之间作用在粒子上，而不是作用在整个气流上，这就决定了它具有分离粒子能耗小、气流阻力小的特点。电除尘器的主要优点是：压力损失小，对细粉尘有很高的捕集效率，可高于99%；可在高温或强腐蚀性气体下操作。

五、二氧化硫的治理技术

二氧化硫的控制方法有：采用低硫燃料和清洁能源替代、燃料脱硫、燃烧过程中脱硫和末端尾气脱硫。

（一）燃烧前燃料脱硫

煤炭作为天然化石燃料含有众多矿物质，其中硫分约为1%。在工业实际应用中型煤固硫是一条控制二氧化硫污染的经济有效途径。同时，为了提高煤炭利用率和保护环境，将煤炭转化为清洁燃料，煤炭转化主要有气化和液化，即对煤进行脱碳或加氢改变其原有的碳氢比把煤转化为清洁的二次燃料。

（二）燃烧脱硫

在煤炭燃烧过程中向锅炉内喷入石灰石粉末，让其与二氧化硫发生反应以达到脱硫效果。

（三）燃烧烟气脱硫

从排烟中去除SO_2的技术简称烟气脱硫。烟气脱硫方法有上百种，通常将烟气脱硫方法分为抛弃法与回收法两大类。一般习惯以使用吸收剂或吸附剂的形态和处理过程将回收法分为干法与湿法两类。干法烟气脱硫，是用固态吸附剂或固体吸收剂去除烟气中二氧化硫的方法。湿法烟气脱硫，是用液态吸收剂吸收烟气中二氧化硫的方法。在众多方法中以湿法石灰石——石灰浆液脱硫技术应用最为广泛。

六、氮氧化物的治理技术

从烟气中去除氮氧化物（NO_x）的过程简称烟气脱氮或氮氧化物控制技术，俗称烟气脱硝。它与烟气脱硫相似，也需要应用液态或固态的吸收或吸附剂来吸收吸附NO_x，以达到脱氮目的。

第六节　城市空气污染综合防治

所谓大气污染的综合防治，就是从区域环境的整体出发，充分利用环境的自净能力，综合运用各种防治大气污染的技术措施，制定最佳的防治措施，以达到控制区域性大气环境质量、消除或减轻大气污染的目的。

大气污染综合防治涉及面比较广，影响因素比较复杂，一般来说，可以从下列几个方面加以考虑。

一、全面规划合理布局

大气污染综合防治，必须从协调地区经济发展和保护环境之间的关系出发，对该地区各污染源所排放的各类污染物质的种类、数量、时空分布作全面的调查研究，并在此基础上，制定控制污染的最佳方案，对于不同地区确定相应的大气污染控制目标。合理规划，因地制宜地布局工业区。

二、改善能源结构，使用清洁能源

从根本上要解决大气污染问题，首先必须从改善能源结构入手，例如使用天然气及二次能源，如煤气、液化石油气、电等，还应重视太阳能、风能、地热等所谓清洁能源的利用。

三、改进燃烧设备和技术

提高能源有效利用率，安装除尘设施，降低烟尘的排放量。我国能源的平均利用率仅30%，提高能源利用率的潜力很大。

四、提倡清洁生产

采取以无毒或低毒原料代替毒性大的原料，采取闭路循环以减少污染物的排除等，防止一切可能排放废气污染大气的情况发生，综合利用变废为宝。例如电厂排出的大量煤灰可制成水泥、砖等建筑材料；又可回收氮，制造氮肥等。

五、区域集中供暖供热

分散于千家万户的燃煤炉灶，市内密集的矮小烟囱是烟尘的主要污染源。集中供热比分散供热可节约30%～35%的燃煤，便于提高设备的利用率及热效率，也便于采取相应的除尘和脱硫等污染物的防治措施。

六、加强绿化

城市绿化是大气污染防治的一种经济有效的措施。植物有还具有调节气候、阻挡、滤除和吸附灰尘，吸收大气中的有害气体等功能。

七、减少机动车的尾气排放

截至2009年底，我国机动车保有量已超过1.86亿辆，尾气污染问题日益突出。汽车尾气的首要污染物为碳氢化合物、氮氧化合物、一氧化碳、二氧化硫、含铅化合物、醛等，这些物质会给人体带来诸多不良影响。

为降低车辆尾气污染，改善大气环境质量，采取以下措施：第一，国家污染物排放标准在优化机动车工业发展中发挥着重要的作用。就每台发动机而言，每实施一个新阶段排放标准，其单机污染物排放量就会降低30%以上；第二，开展在用机动车排放定期检测为基础，以推行环保定期检测合格标志为手段，加强机动车尾气排放污染防治；第三，油品质量对于汽车尾气排放效果的影响相当明显；第四，良好的交通状况利于减少尾气排放。

(1)说明大气圈及其结构是什么。

(2)大气污染的类型及其特征？

(3)影响大气对污染物的稀释和分散作用的因素是什么？

(4)洁净燃烧技术有几类？

(5)试说明二氧化硫的治理技术。

第四章　固体废弃物处理与处置

第一节　概　　述

固体废弃物指的是人类在生产和生活中丢弃的固体和泥状物，如采矿业的废石、尾矿、煤矸石；工业生产中的高炉渣、钢渣；农业生产中的秸秆、人畜粪便；核工业及某些医疗单位的放射性废料；城市垃圾等。若不及时清除，必然会对大气、土壤、水体造成严重污染，导致蚊蝇孳生、细菌繁殖，使疾病迅速传播，危害人体健康。

我国城市固体废物主要来自两个方面，即人们日常生活中产生的废弃物（生活垃圾）和社会生产过程中所产生的废弃物。自 20 世纪 80 年代以来，我国的社会、经济和文化发生了深刻变化，经济迅猛发展，人民生活水平大幅度提高，城市固体废物数量呈指数级增长。以生活垃圾为例，1987 年全国城市生活垃圾清运量才 5398 万 t，到了 1997 年猛增至 1.2 亿 t，人均日产生活垃圾 0.8～1.0kg。

固体废物一般具有如下共性：无主性，即被丢弃后，不再属于谁，因而找不到具体责任者，尤其是城市生活垃圾；分散性，丢弃、分散在各处，需要收集；危害性，对人们的生产和生活产生不便，危害人体健康；错位性，一个时空领域的废物在另一个时空领域也许就是宝贵的资源。

一、固体废物的分类

(一)生活废弃物

生活废弃物又称城市固体废物、城市生活垃圾、城市垃圾，它是指在城市居民日常生活中或为城市日常生活提供服务的活动中产生的固体废物。其主要成分包括厨余物、废纸、废塑料、废织物、废金属、废玻璃、陶瓷碎片、砖瓦渣土、园林树枝（草）、废旧电池、废旧家用电器等。城市生活垃圾主要来自于城市居民家庭、城市商业、旅游业、服务业、市政维护管理和企事业单位、机关、学校、军队、社会单位等。

(二)产业废弃物

产业废弃物主要是指工业、农林业、畜牧业、医疗卫生业、城市污水处理等生产或执业过程中产生的废弃物。由于这些废弃物常带有一定毒性，破坏整个生态系统并对人体健康产生危害，因而越来越引起人们的重视，其中很多废物被划入危险废弃物一类进行安全处理。

(三)危险废弃物

我国危险固体废物是指列入国家危险废物名录或是根据国家规定的危险废弃物鉴别标

准和鉴别方法认定具有危险特性的废物。由于危险废物常具有毒害性、爆炸性、易燃性、腐蚀性、化学反应性、传染性、放射性等一种或几种危害特性，对人体和环境产生极大危害，因而，国内外均将其作为废物管理的重点，采取一切措施保证其妥善处理。据估计，我国工业危险废物的产生量占工业固体废物产生量的3%～5%，主要分布在化学原料和化学制造业、采掘业、黑色金属冶炼及其压延加工业、有色金属冶炼及其压延加工业、石油加工业及炼焦业、造纸及制品制造业等工业部门。城市生活垃圾中的有害废物主要是混入的医院临床物、含汞电池等。《国家危险废物名录》规定，医疗垃圾主要包括手术过程中产生的人体组织器官、血制品残余物、动物试验与生物培养残余物、一次性的医疗用品及敷料、废水处理的污泥、过期药品、废显(定)影液等，严格来说，也包括病人用过的、与病人接触过的、来自病人身上的各种废物，以及医院办公室、医院食堂等的产生的生活垃圾。医院废物已被《国家危险废物名录》列为01号危险物。医院垃圾带有大量有毒有害致病菌，危害极大，未经严格处理的废物是绝对不能循环使用的。目前，全国对医院垃圾的管理问题刚刚提出来，远未解决。

二、固体废弃物对环境的影响

(一)对土壤环境的影响

固体废物不加以利用，任意露天堆放，不但占用一定的土地，导致可利用土地资源减少，而且如果填埋处置不当，不进行严密的场地工程处理和填埋后的科学管理，容易污染土壤环境。土壤是许多细菌、真菌等微生物聚集的场所，这些微生物与其周围环境构成一个生物系统，在大自然的物质循环中，担负着碳循环和氮循环的一部分重要任务。国际禁止使用的持续性有机污染物在环境中难以降解，这类废弃物进入水体或渗入土壤中，将会严重影响当代人和后代人的健康，对生态环境也会造成长期的不可低估的影响。残留毒害物质不仅在土壤里难以挥发消解，而且能杀死土壤中的微生物，破坏土壤的腐解能力，改变土壤的性质和结构，阻碍植物根系的生长和发育，并在植物体内积蓄；残留毒害物质还能破坏生态环境，使毒害物质积存在人体内，对人的肝脏和神经系统造成严重损害，诱发癌症和导致胎儿畸形等。例如，20世纪70年代，美国在密苏里州为了控制道路粉尘，曾把混有2,3,7,8－TCDD四氯二苯并对二LK噁英淤泥废渣当作沥青铺洒路面，造成土壤污染，土壤中TCDD含量高达300ng/g，污染深度达60cm，致使牲畜大批死亡，人们备受各种疾病折磨。在市民强烈的要求下，美国环保局同意全体市民搬迁，并花了3300万美元买下该城市的全部地产，还赔偿了市民的一切损失。20世纪80年代，我国内蒙古的某尾矿堆污染了大片土地，造成一个乡的居民被迫搬迁。据报道，我国受工业废渣污染的农田已达25万亩。

(二)对水体环境的影响

固体废物可随地表径流进入河流湖泊，或者随风迁徙落入水体，从而将有毒有害物质带入水体，杀死水中生物，污染人类饮用水水源，危害人体健康；固体废物产生的渗滤液危害更大，它可进入土壤污染地下水，或者直接流入河流、湖泊和海洋，造成水资源的水质型短缺。

值得一提的是，在固体废物处理初期，人们常将固体废物排入河流、湖泊和海洋作为一种处置方法，现在仍有许多国家将废物直接排入大海进行处置，其引起的环境影响应该加以警惕，理由如下：将固体废物直接倒入江河，会缩小江河的有效面积，降低其排洪和灌溉能力，并使水体受到直接污染，严重危害水生生物的生存条件，并影响水资源的充分利用；将固体废物排入人海，也有很大的危害性，只是因海洋的环境容量大，其生态平衡变化不大或尚未被发觉，对人体的危害和生态平衡的影响还不明显，且人们现在对于向海洋倾倒废物能导致的后果尚未研究透彻。据有关资料表明，由于固体废物排入江河，20世纪80年代我国的水面比50年代减少2000多万亩。目前，我国仍有很多地方每年将成千上万吨的固体废物直接倾入江湖之中，其所产生的严重后果是不言而喻的。

(三)对大气环境的影响

堆放的固体废物中的细微颗粒、粉尘等可随风飞扬，进入大气并扩散到很远的地方；一些有机固体废物在适宜的温度和湿度下还可发生生物降解，释放出沼气，在一定程度上消耗其上层空间的氧气，使植物衰败；有毒有害废物还可发生化学反应产生有毒气体，扩散到大气中危害人体健康。

值得一提的是，焚烧作为一种废物处理法会导致二次污染，这已成为有些国家主要的大气污染源。据报道，美国废物焚烧炉约有2/3由于缺少空气净化装置而污染大气，有的露天焚烧炉排出的粉尘在接近地面处的浓度达到$0.56g/m^3$。特别是最近发现焚烧垃圾可以产生致癌物质二噁英，因此，对固体废物进行处置时要注意二次污染问题。

(四)对人体健康及生态的影响

20世纪30～70年代，国内外发生了不少因固体废弃物处置不当而引起的人群大面积中毒的公害事件。例如，美国的罗芙运河事件，1930～1953年美国胡克化学工业公司，在纽约州尼亚加拉瀑布附近的罗芙运河废河谷填埋了2800多吨桶装有害废物，1953年填平覆土后兴建了学校和住宅。1978年，由于大雨和融化的雪水造成有害废物外溢，之后，就陆续发现该地区井水变臭，婴儿畸形，居民身患怪异疾病，大气中有害物质浓度超标500多倍，测出有毒物质82种，致癌物质11种，其中包括致癌物质二噁英。1978年，美国总统颁布了一项紧急法令，封锁住宅，关闭学校，710多户居民迁出避难，并拨款2700万元补救治理。又如，日本富山县含镉废渣排入土壤引起的痛痛病事件。不难看出，这些公害事件已经给人类带来灾难性后果。尽管近几年来，严重的污染事件发生较少，但固体废物污染环境对人类健康将会遭受的潜在危害和影响是难以估计的。

固体废物中的有毒有害物质可以通过各种不同的途径进入大气、水，进而进入生物圈和食物链，进入人体，危害健康。

第二节　固体废弃物收集

在城市垃圾收集操作方法、收集车辆类型、收集劳力、收集次数和作业时间确定以后，就可着手设计收运路线，以便有效使用车辆和劳力。在城市生活垃圾收运系统中，研究最多的就是卡车由住户到住户的运动路线问题。收集清运工作安排的科学性、经济性关键就是合理的收运路线。

生活垃圾收集并非单一阶段操作过程，通常需包括三个阶段：

第一阶段是从垃圾发生源到垃圾桶的过程，即搬运与贮存(简称运贮)；

第二阶段是垃圾的清除(简称清运),通常指垃圾的近距离运输,清运车辆沿一定路线收集清除贮存设施(容器)中的垃圾,并运至垃圾转运站,有时也可就近直接送至垃圾处理处置场;

第三阶段为转运,特指垃圾的远距离运输,即在转运站将垃圾转载至大容量运输工具上,运往远处的处理处置场。

后两个阶段需应用最优化技术,将垃圾源分配到不同处置场,使成本降到最低。

一、生活垃圾收集方式

随着城市居民生活水平的提高,社会经济的发展,生活节奏的加快,对生活垃圾收集方式的要求也越来越高,既要求收集设施的环境优美,又要求收集方式方便、清洁、高效。对生活垃圾的短途运输要求做到封闭化、无污水渗漏运输、低噪音作业,外形清洁、美观,提高车辆的装载量,以实现满载、清洁、无污染的垃圾收集运输(图 4－1)。

图 4－1　垃圾收集车

现行的生活垃圾收集方式主要分为混合收集和分类收集两种类型。

(1)混合收集　指收集未经任何处理的原生固体废物混杂在一起的收集方式,应用广泛,历史悠久。它的优点是比较简单易行,运行费用低。但这种收集方式将全部生活垃圾混合在一起收集运输,增大了生活垃圾资源化、无害化的难度:首先垃圾混合收集,容易混入危险废物如废电池、日光灯管和废油等,不利于我国对危险废物的特别环境管理,并增大了垃圾无害化处理的难度。其次,垃圾混合收集造成极大的资源浪费和能源浪费,各种废物相互混杂、黏结,降低了废物中有用物质的纯度和再利用价值,降低了可用于生化处理和焚烧的有机物资源化和能源化价值,混合收集后再利用(分选)又浪费人、财、物力。因此,混合收集被分类收集所取代是收运方式发展的趋势。

(2)分类收集　是指按城市生活垃圾的组成成分进行分类的收集方式。这种方式可以提高回收物资的纯度和数量，减少需要处理的垃圾量，有利于生活垃圾的资源化和减量化，并能够较大幅度地降低废物的运输及处理费用。

在现阶段，各国采用的废物分类收集方法主要是将可直接回收的有用物质和其他废物分类存放(产生源分类收集法)。分类回收的废金属、废纸、废塑料、废玻璃等可以直接出售给有关厂家作为二次利用的原料，然后再把其他有机垃圾和无机垃圾分类收集，使其经过不同的工艺处理后得到综合利用。除分类收集有用废物之外，还要单独收集电池、废药品、废漆、染料等特殊废物，严禁这类废物进入混合收集过程。

推行分类收集，是一个相当复杂艰难的工作，要在具有一定经济实力的前提下，依靠有效的宣传教育、立法以及提供必要的垃圾分类收集的条件，积极鼓励城市居民主动将垃圾分类存放，仔细地组织分类收集工作，才能使垃圾分类收集的推广能坚持发展下去。

(一)生活垃圾收集方法

不管是混合收集还是分类收集方式都要通过不同的收集方法来实现。

1.按包装方式分为散装收集和封闭化收集

由于散装收集过程带来撒、漏、扬尘等严重污染问题，因此，散装收集方式逐步被淘汰，取而代之的是封闭化收集，其中封闭化收集方式中尤以袋装收集最为普遍。提倡使用塑料袋和纸袋，对于使用者来说一次性使用的垃圾袋比较理想，卫生清洁，搬运轻便，纸袋可用从垃圾中回收的废纸来制造。其缺点是比较易燃，且输送、处理成本较高。纸袋也有大小不同的容量(家用的为60～70L，商业和单位用的常为110～120L)，为装料方便需设置不同规格专门的纸袋架，装满垃圾后用夹子封口连袋送去处理。

2.按收集过程又可分为上门收集、定点收集和定时收集方式

(1)上门收集　分居民家上门收集和管道收集两种。

①居民家上门收集　由小区保洁人员在楼层和单元口进行收集，或作业单位沿街店铺上门收集，采用标准的人力封闭收集车，送至垃圾房或小型压缩收集站(或居民区小型综合处理站)。

②管道收集　指应用于多层或高层建筑中的垃圾排放管道收集生活垃圾。管道收集分两种类型：a.气力抽吸式管道收集；b.普通管道收集。

a.气力抽吸式管道收集　是一种以真空涡轮机和垃圾输送管道为基本设备的密闭化垃圾收集系统。该系统的主要组成部分包括倾倒垃圾的管道、垃圾投入孔通道阀、垃圾输送管道、机械中心和垃圾站。

b.普通管道收集　我国以前的大多数多层或高层建筑采用该种方式，居民将产生的生活垃圾由通道口倾入后集中在垃圾道底部的储存间内，然后装车外运。

(2)定点收集　包括垃圾房收集、集装箱垃圾收集站收集。

①垃圾房收集　生活垃圾袋装后由居民直接送入垃圾箱房中的垃圾桶内，然后由垃圾收集车运往垃圾转运站或垃圾处理场，是一种袋装化、密闭化、容器化和不定时的收集方式。垃圾箱房设置在住宅楼外居民进出通道附近的情况。

垃圾箱房内的垃圾桶内的垃圾主要由后装压缩式收集车和自装自卸式(侧装)垃圾收集车收集，部分后装压缩式收集车的后部设置提升垃圾桶机构，将桶内垃圾倒入收集车的料斗内。侧装式收集车，配有门架式提升机构或机械手，能自动将垃圾桶提升，并倒入车箱。

②集装箱垃圾收集站收集　生活垃圾袋装后由居民送入放置于住宅楼下或进出通道两侧的指定地点或容器，保洁人员将垃圾用人力车送至集装箱垃圾收集站，装入集装箱内，然后由垃圾收集车运往垃圾转运站或垃圾处理场。

集装箱垃圾收集站收集方式是一种袋装化、密闭化、容器化和不定时的收集系统。这种收集系统的优点是方便居民投放垃圾，适用于采用集装箱收运生活垃圾的情况。当垃圾装入集装箱，应用压缩机时，则可提高集装箱内垃圾装载量，改善垃圾运输的经济性。

垃圾收集站内配置的和直接放在居民区的垃圾集装箱由车箱可卸式垃圾车收集，该垃圾车的吊钩能直接将集装箱拉上车架，并锁定。

(3)定时收集　这是一种以垃圾定时收集为基本特征的垃圾收集方式。作业单位定时到垃圾产生源收集，采用标准的人力封闭收集车，送至标准的小型压缩收集站(或居民区小型综合处理站)，或采用标准的封闭收集车送至转运站或处理厂。

这种方式主要存在于早期建成的住宅区。其特点是取消固定式垃圾箱，在一定程度上消除了垃圾收集过程中的二次污染。但由于垃圾必须在指定时间收集并装入垃圾收集车内。在实际操作过程中，常出现垃圾排队等待装车的现象。

(二)居民住宅区垃圾搬运

1. 低层居民住宅区垃圾搬运

低层居民住宅区垃圾一般有两种搬运方式：

(1)由居民自行负责将产生的生活垃圾自备容器搬运至公共贮存容器、垃圾集装点或垃圾收集车内。前者对居民较为方便，可随时进行，但若管理不善或收集不及时会影响公共卫生。后两者有利于环境卫生与市容管理，但常有时间限制，对居民不便。

(2)由收集工人负责从家门口或后院搬运垃圾至集装点或收集车。这种方法对居民来说是极为方便的，居民只需支付一定的费用即可将家中的垃圾清运出去，但环卫部门却要耗费大量的人力和作业时间。因此该法目前在国内尚难推广，一般在发达国家的单户住宅区使用较多。

2. 中高层公寓垃圾搬运

一些老式中层公寓或无垃圾通道的公寓楼房的垃圾搬运方式类似于低层住宅区，对于居民来说搬运垃圾很是不便。

近年来，国外正逐步推广使用小型家用垃圾磨碎机(国内少数大城市也已试点介绍应用)，专门适合处理厨余物，可将其卫生而迅速地磨碎后随水流排入下水道系统，减少了家庭垃圾的搬运量(约可减少15%)。家庭压实器通常放在厨房灶台下面，能将大约9kg的废物压到一个专用袋内，成为很方便的块体，然后再把袋子放到路边。

为方便中高层建筑居民搬运生活垃圾，这些建筑内常设垃圾通道。垃圾通道由投入口(倒口)、通道(圆形或矩形截面)、垃圾间(或大型接受容器)等组成。

(1)投入口通常设置在楼房每层楼梯平台，不能设置在生活用房内。投入口应能自动封闭，注意密封，并便于使用与维修。有的在投入口设仓斗，拉出后便把投入口与垃圾道切断，可防止臭气外溢。仓斗的尺寸远小于通道断面，使通道不易堵塞。

(2)通道内壁应光滑无死角，尽量避免垃圾在下滑的过程中堵塞通道。通道截面大小应按楼房层数和居住人数而定，应符合下列要求：

多层建筑　　　　　610～800mm

高层建筑（≤20层时）800～1000mm

高层建筑（>20层时）>1000mm

通道上端为出气管，需高出屋面1m以上，并设置风帽，以挡灰及防雨水侵入。

(3)专门垃圾间（或大型垃圾间）设于通道底层，需注意密封，平时加盖加锁，宽大进深，安装照明灯、水嘴、排水沟、通风窗等，便于清除垃圾死角及通风（北方地区垃圾间应有防冻措施），底部放料口的离地高度和开口尺寸应与垃圾收集车的车箱匹配。

(4)垃圾管道应有防火措施，其设计和建造应符合有关防火规定。

垃圾通道的设置方便了居民搬运垃圾，住户只需将垃圾搬运至通道投入口内，垃圾靠重力落入通道低层的垃圾间。粗大垃圾需由居民自行送入底层垃圾间或附近的垃圾集装点。但同时带来了一系列隐患：①通道易发生起拱、堵塞现象，当截面积设计较小、住户不慎倒入粗大废物时，容易发生这种情况，影响了正常使用；②由于清除不及时、天气炎热、食物垃圾易腐败、倒口的腐蚀及密封不好、顶部通风不良等因素，常造成臭气外溢影响环境卫生；③居民图方便，自觉性差，往往不利于生活垃圾的就地分类贮存收集。

为了解决上述①、②不利因素，国外不少城市采用管道化风力输送或水力输送来解决高层建筑垃圾的搬运与贮存问题。最早是瑞典开始用于医院垃圾的风力输送，进而推广到解决高层住宅，并有逐步推广到整个城市区垃圾的管道化收运系统的发展趋势。气动垃圾输送装置主要由垃圾倾斜道下的底阀、垃圾输送的管道和带有分离器、高压鼓风机、消声器的机械中心组成。风力吸送装置的每天运转次数由住宅区各户抛弃垃圾的数量而定，并根据垃圾量决定出料次数，由水准报警器报告每次出料时间。生活垃圾的管道收运方法确实是一种清洁卫生的收运方式。鉴于③的不利因素，不少专家及环卫行业专业人士建议今后在新建中高层建筑时，不再设垃圾通道，并做好居民的工作，配合开展生活垃圾的就地分类搬运贮存方式。这方面有待于达到共识，并用于实践。

二、商业区与企业单位垃圾搬运

商业区与单位垃圾一般由产生者自行负责搬运，环境卫生管理部门进行监督管理。当委托环卫部门收运时，各垃圾产生单位使用的搬运容器应与环卫部门的收运车辆相配套，搬运地点和时间也应和环卫部门协商而定。表4－1为不同垃圾的收集方法。

表4－1　不同垃圾收集方法

垃圾产生方式和种类	收集方法
家庭、单位、行人产生的垃圾	容器收集
抛弃在路面的垃圾	清扫收集
低层建筑居民区产生的垃圾	小型收集车收集或容器收集
中、高层建筑产生的垃圾	垃圾通道收集或容器收集
水面漂浮垃圾	打捞收集
建筑垃圾、粗大垃圾、危险垃圾	单独容器或车辆收集
家庭厨房垃圾和可裂解垃圾	水送系统收集或容器收集

这些废物收集方法是根据生活垃圾的产生方式和种类制定的。它们既可以单独使用，又可以串联或并联使用，有的收集方法需与特定的清运和处理方法配备使用。

第三节　生活垃圾的贮存

由于生活垃圾产生量的不均性及随意性，以及对环境部门收集清除的适应性，需要配备生活垃圾贮存容器。垃圾产生者或收集者应根据垃圾的数量、特性及环卫主管部门要求，确定贮存方式，选择合适的垃圾贮存容器，规划容器的放置地点和足够的数目。贮存方式大致可分为家庭贮存、街道贮存、单位贮存和公共贮存。

一、贮存容器

垃圾收集容器可分成垃圾箱(桶)和垃圾集装箱两类。

1. 垃圾箱(桶)可以按不同特点进行分类

(1)按容积划分，垃圾箱和桶可分为大、中、小三种类型。容积大于 1.1m^3 的垃圾箱和桶称为大型垃圾箱容器；容积 0.1～1.1m^3 的垃圾箱和桶称为中型垃圾容器；容积低于 0.1m^3 的垃圾桶和箱被称为小型垃圾容器。

(2)按材质区分，分为金属、塑料和复合材料类型。塑制垃圾桶(箱)重量轻、比较经济但不耐热，而且使用寿命短。在塑制垃圾桶(箱)上一般都印有不准倒热灰的标记。与塑制容器相比，钢制容器重量较重，不耐腐蚀。但不怕热。为了防腐，钢制容器内部都进行镀锌、装衬里和涂防腐漆等防腐处理。复合材料容器性能最优。

(3)按颜色区分，在实行生活垃圾分类收集后，分类袋装垃圾收集要采用不同颜色的标准塑料箱。表 4－2 列出了一些设想的颜色分类塑料收集箱。

表 4－2　分类收集容器设置一览表

垃圾种类	颜色	垃圾组成
厨余垃圾	黄色	厨余垃圾等有机易腐物
有机垃圾	黑色	纸张、橡胶、塑料
无机垃圾	绿色	金属、玻璃
有害和危险垃圾	红色	废灯管、过期药品、有机溶剂等

垃圾桶有圆形的、方形的和倒梯形的等，容器的底部应配有活动滚轮。容器的上口应有盖，其上部配有吊钩或翻盖装置。(如图 4－2 所示)

(a) 塑料垃圾桶

(b) 靠墙式座地烟灰盅

(c) 户外圆形喷塑垃圾桶

(d) 户外环保分类垃圾桶

图 4－2　我国生产的部分垃圾桶

表 4－3 所示为我国生产的部分垃圾桶的主要参数。

表 4－3　国产部分垃圾桶的主要参数

材质	规格(L)	长度(mm)	上部宽度(mm)	底部宽度(mm)	高度(mm)	深度(mm)	自重(kg)	载重(kg)	形状
塑料	90	550	485	417	855	770	7.8	35	倒梯形
	120	550	485	420	985	905	11.0	50	
	140	550	485	420	1090	1010	12.1	60	
	180	720	480	425	1100	1010	13.1	75	
	240	752	610	620	940	900	16.8	100	
钢	300		φ690	φ600	910	800	45	120	圆形
	280	960	460	460	885	685	79	110	长方形
	340	760	760	620	1000	800	63	130	方形

2. 垃圾集装箱一般可分为标准集装箱和专用垃圾集装箱两大类

标准集装箱是指符合国际标准尺寸的集装箱，一般应用于环卫作业的大都是 20 标准集装箱。为了适应垃圾收集作业的要求，在其基本机构尺寸不变情况下，作一些局部的改动，如开设进垃圾的口(及门)和增加与装垃圾装置结合的连接锁定的结构等。

专用集装箱是指专为环卫垃圾收集运输作业设计的集装箱。此时其结构、尺寸、容量将根据其使用条件和运输方式而有各种规格和型式。

还有用车箱可卸式运输车作短途运输，将集装箱送到码头上转运上船，进行长途运输的集装箱，则其结构中除了应有与车箱可卸式运输车匹配的结构外，还应设置有与码头上装、卸船和搬运、堆码设备匹配的结构——即集装箱应是一个长方体，在八个角上设置标准角件，集装箱底架上设有标准叉槽等结构。

用于地坑式收集垃圾的集装箱一般是敞口的，四个上角设有起吊结构，四个下角设有角件用于在运输车上定位之用等。

表 4－4 所示是部分国内外各类集装箱主要参数。

表 4－4　国内外部分垃圾集装箱主要参数

类　型	容积(m^3)	最大外形尺寸(m)(长×宽×高)	备　注	应用场合
开口式集装箱	9.0～38.0	6.0×2.5×1.8	与车箱可卸式运输车配合	国外
压缩式集装箱	15.0～30.0	6.0×2.5×1.8	集装箱自备压缩装置，用车箱可卸式运输车运输	
拖车式集装箱	15.0～30.0	6.0×2.3×2.3	与牵引车配合	
地坑式集装箱	7.7	3.3×2.2×1.4	与 5t 级载货车配合	国内
专用集装箱	7.5	3.4×2.3×1.66	与 5t 级车箱可卸式运输车配合	
	4.0	3.0×1.95×1.3	与 2t 级车箱可卸式运输车配合	
	7.0	3.4×2.0×1.57	用于上海城市生活垃圾水陆联运集装化运输系统	

二、贮存设施

垃圾收集设施可分为垃圾房和垃圾收集站两类。垃圾房设置多个垃圾桶，占地面积不小于 $40m^2$，屋外设垃圾收集站标志，其服务半径一般不大于 70m，四周设置通向污水井的排水沟和绿化隔离带，与周围建筑物的距离不小于 5m。

垃圾收集站的服务半径一般不超过 600m，直线距离不超过 1000m，一般是由清洁工上门收集居民生活垃圾，用人力车（手推车或三轮脚踏车）送到收集站，人力车应做到外形整洁、封闭、无污水滴漏、运动轻便安全。如图 4－3 所示。

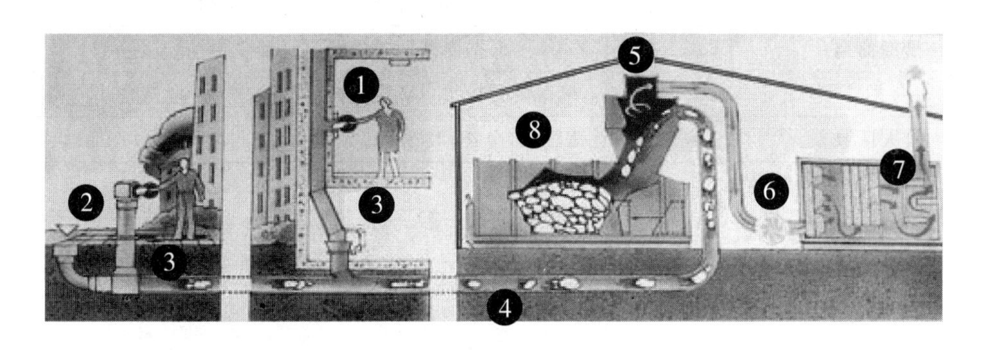

图 4－3　广东省封闭式垃圾自动收集系统运作示意图

1、2 是指从户外或大楼投放垃圾，5 是指垃圾中央收集站。

垃圾收集站可以是配置有垃圾集装箱和垃圾压缩装置的压缩式生活垃圾收集站，此时清洁工送来的垃圾经垃圾压缩机推压入集装箱内，以提高箱内垃圾的容重，改善垃圾运输的经济性，同时集装箱是密封结构，避免了垃圾在运输过程中的飞扬散落和污水滴漏，保护了环境。也有仅设置集装箱的收集站（又称作为清洁楼、清运楼等），此时集装箱一般位于站内地坪下，清洁工将人力车上的垃圾翻倒进集装箱内，由于集装箱内垃圾未经压实，集装箱又是敞口的，所以垃圾运输经济性和环保性差，现已逐步被淘汰。也有部分地区将各种型式的集装箱放置在一个固定的场所（大部分是露天的），由居民将垃圾袋装投入箱内，此时因投入口少，箱内垃圾既不能够均匀盛于箱内，箱内垃圾又未压实，所以箱内垃圾装载量少，影响垃圾运输经济性，但居民投入垃圾很方便，集装箱的容积较大，一次可容纳的垃圾量相对较多，设施简单，所以只要管理到位，这种收集方式还是可应用的。

废物贮存对容器的基本要求是：

（1）容积适度，既要满足日常收集附近用户垃圾的需要，又不要超过 1～3 日的贮留期，以防止垃圾发酵、腐败、孳生蚊蝇、散发臭味；

（2）密封性好，要能防蝇防鼠、防恶臭和防风雪，既要配备带盖容器，又要加强宣传，使城市居民在倾倒垃圾后及时盖上收集容器，而且要防止收集过程中容器的满溢；

（3）内部光滑，易于保洁、便于倒空、易于冲刷、不残留黏附物质；

（4）操作方便，布点合理。住宅区贮存家庭垃圾的垃圾箱或大型容器应设置在固定位置，该处应靠近住宅、方便居民，又要靠近马路，便于分类收集和机械化装车，同时要注意隐蔽，不妨碍交通路线和影响市容观瞻；

（5）耐腐，防火，坚固耐用，外形美观，价格便宜。

三、贮存设施设置地点

居民区、公共场所根据不同的居住类型设置投放点，见表4—5。

表4—5　生活垃圾投放点设置

场所分类	投放点设置
居民高层和小高层	在每一楼层设置(分类)收集桶
别墅区和多层小区	在单元门口设置(分类)收集桶
老式公寓、平房区	在垃圾房内设置(分类)收集桶
沿街商铺	根据商铺性质设置(分类)收集桶
商务楼	根据情况在每一楼层或楼口设置(分类)收集桶
较大区域	垃圾房设置(分类)收集桶，小型转运站设置(分类)收集桶

容器最好集中于收集点，收集点的服务半径一般不应超过70m。在规划建造新住宅区时，未设垃圾通道的多层公寓一般每四幢应设置一个容器收集点，并建造垃圾容器间，以利于安置垃圾容器。

四、分类贮存

分类贮存是指根据对生活垃圾回收利用或处理工艺的要求，由垃圾产生者自行将垃圾分为不同种类进行贮存，即就地分类贮存。生活垃圾的分类贮存与收集很复杂，在国外有不同的分类方式：

(1)分二类，按可燃垃圾(主要是纸类)和不可燃垃圾分开贮存。其中塑料通常作为不可燃垃圾，有时也作为可燃垃圾贮存。

(2)分三类，按塑料除外的可燃物；塑料；玻璃、陶瓷、金属等不燃物三类分开贮存。

(3)分四类，按塑料除外的可燃物；金属类；玻璃类、塑料、陶瓷及其他不燃物四类分开贮存。金属类和玻璃类作为有用物质分别加以回收利用。

(4)分五类，在上述四类基础上，再挑出含重金属的干电池、日光灯管、水银温度计等危险废物作为第五类单独贮存收集。

开展城市废物的就地分类，不仅能减少投资，而且还能提高回收物料的纯度。生活垃圾中的纸、玻璃、铁、有色金属、塑料、纤维材料等成分适合于分类贮存收集。

我国在过去就有传统的废品回收公司(下设各废品收购站)来回收生活垃圾的有用物质，实践证明这种做法对垃圾分类收集与贮存是非常行之有效的。国外很重视生活垃圾的分类贮存与回收利用。有的城市强调纸类的单独分离回收，大多数城市则是与玻璃等有用物质一起合并回收。纸类贮存收集形式可用袋、容器或直接用绳捆绑成"捆"。收集到的旧纸主要送去造纸厂，但也有的将旧纸团成小球，作为发电厂辅助燃料使用。部分国家则重视玻璃的分类贮存与回收利用，主要强调可重复使用的玻璃容器的回收利用，对其他玻璃还细分为透明玻璃和有色玻璃分开收集。

要做到就地分离贮存，需设置(或配给)不同容器(如不同颜色的纸袋、塑料袋或塑胶容器)以便存放不同废物。在美国大多数城市已规定住户必须放置二个垃圾容器，一个贮存厨房垃圾，一个贮存其他废物。相应的垃圾收集车辆也有两分类或三分类车(即同一收集车上将槽分为两格或三格，分别收集废纸、塑料及堆积空瓶)。

我国少数城市正在试行分类贮存的方法，我国生活垃圾在垃圾品质以及居民住宅条件等各方面与发达国家比较都有一定的差距，目前还处于摸索阶段，认识尚不统一。传统的生活垃圾分类主要在处理厂或转运站进行，家庭分类存放需增加容器数量、收集工人数及车辆。

就地分类贮存的推广工作是长期艰巨的系统工程，牵涉到技术、社会以及居民意识等多方面的因素，这三者都不可偏废。因此在重视技术的同时，更需要统一思想，大力开展宣传，提高全民意识。另外环卫主管部门先行制定规章及其他社会性强制手段也是不可缺少的，并有相应的切实可行的技术措施，这才能使工程得到顺利发展。

除上述分类贮存中所提到的各种垃圾外，对于集贸市场废物和医院垃圾等特种垃圾，通常都不进行分类，前者可直接送到堆肥厂进行堆肥化，后者则必须立即送专用焚烧炉焚化。

第四节 城市生活垃圾清运收集路线设计

一、实际路线的设计

收运路线设计的主要问题是卡车如何通过一系列的单行线或双行线街道行驶，以使得整个行驶距离最小。换句话说，其目的就是使空载行程最小，这样整个收集过程就最有效、最经济。如果能制定出一条空载行程最小的路线，那么这条路线就是最有效的收集路线。

消除空载行程的设计问题，实际上国外早在1736年便着手了。经过多年的研究工作及多名数学家的归纳总结，提出了一整套用于确定实际路线的法则，其中有些是普通的见解，有些则是确定整个网络策略的指南：

(1)行驶路线不应重叠，而应紧凑和不零散。

(2)起点应尽可能靠近汽车库。

(3)交通量大的街道应避开高峰时间。

(4)在一条线上不能横穿的单行街道应在街道的上端连成回路。

(5)一头不通的街道在街道右侧时应予以收集。

(6)小山上废物应在下坡时收集，便于卡车下滑。

(7)环绕街区尽可能采用顺时针方向。

(8)长而笔直的路应在形成顺时针回路之前确定为行驶路线。

(9)绝不要用一条双行街道作为结点惟一的进出通路，这样可以避免180°的大转弯。

根据如上所述的这些法则，在研究探索较合理的实际路线时，需考虑以下几点：每个作业日每条路线限制在一个地区，尽可能紧凑，没有断续或重复的线路；平衡工作量，使每个作业、每条路线的收集和运输时间都合理地大致相等；收集路线的出发点从车库开始，要考虑交通繁忙和单行街道的因素；在交通拥挤时间。避免在繁忙的街道上收集垃圾。

二、区域最优路线模型的建立

对于一个小型的独立的居民区，确定区域路线的问题就是去寻找一条从路线的终端到处置地点之间最直接的道路。而对于区域系统或面积较大的城区，通常可以使用分配模型来拟制区域路线，从而获得最佳的处置与运输方案。所谓的分配模型，其基本概念是在一定的约束条件下，使目标函数达到最小。在区域路线设计工作中使用该模型可以将其优点极大的发挥出来。该技术中使用的最普通的是线性规划。

最简单的分配问题是对于有多个处置地点的固体废物的处置最优化。显然最常用的办法是将最近处的废物源首先分配，然后是下一个最靠近的，依次类推。而对于较复杂的系统，有必要应用最优化技术。运输规则系统是最适宜的最优化方案，它是一种线性规划。

假定有一个简单的系统，如图 4－4 所示。在四个废物源地区产生的垃圾(用收集区的矩心表示)分配到两个处置场所。目标是达到成本最低。

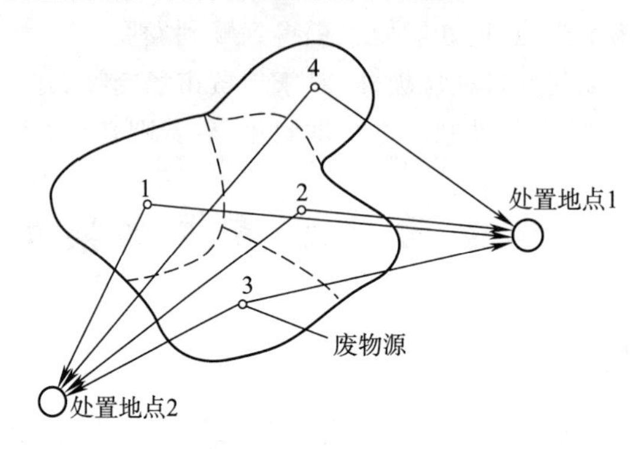

图 4－4　废物分配方案

第五节　固体废弃物的处理

一、固体废弃物的预处理技术

1. 固体废物破碎

固体废物破碎过程是减少其颗粒尺寸、使之质地均匀，从而可降低空隙率、增大容重的过程。据有关研究表明，经破碎后的城市垃圾比未经破碎时其容重增加 25％～50％，且易于压实，同时还带来其他好处，如减少臭味、防止鼠类繁殖、破坏蚊、蝇滋生条件，减少火灾发生机会等。这一处理技术对大规模城市垃圾的运输、物料回收、最终处置以及对提高城市垃圾管理水平，无疑具有特殊意义。

2. 风力分选技术

风力分选是重力分选常用的一种方法。重力分选是利用不同物质的密度差异(在一定流速的介质中沉降速度的不同，由重颗粒到轻颗粒的沉降有一分布)，达到轻、重颗粒分选的目的。风力分选是利用空气流动作用携带介质实现上述目的。

3. 磁选技术

磁选是利用固体废物中组分磁性的差异，在不均匀磁场中实现分离的一种分选技术。

4. 筛分技术

筛分是根据固体废物颗粒尺寸大小进行分选的一种方法。

二、卫生填埋

卫生填埋又称卫生土地填埋，是土地填埋处理的一种。土地填埋是从传统的堆放和填地处理发展起来的一项城市生活垃圾最终处理技术。同其他环境技术一样，它是一个涉及多种学科领域的处理技术。从城市生活垃圾（以下简称生活垃圾或垃圾）全面管理的角度来看，土地填埋处理是为了保护环境，按照工程理论和土工标准，对生活垃圾进行有控管理的一种科学工程方法。

（一）填埋场的分类

土地填埋是城市生活垃圾最终处理的一种方法，其实质是将垃圾铺成一定厚度的薄层，加以压实，并覆盖土壤。在我国，根据填埋场的技术水平，主要是填埋作业操作工艺和对有害物质控制水平，可以分为以下三类。

1. 卫生填埋

卫生填埋是处理城市生活垃圾，而不会对公众健康及环境安全造成危害的一种方法，其主要内容包括：①场地防渗处理；②铺平、压实、覆盖填埋操作工艺；③渗滤液治理；④填埋气体治理；⑤其他如防治鸟类、灭蝇、除臭等措施；⑥封场与封场后土地的合理利用。

2. 准卫生填埋

准卫生填埋一般只采用了卫生填埋 5 条环保措施中的一部分，且至少采用了 3 条或 3 条以上。通常是对填埋垃圾进行铺平、压实，并覆盖土壤或渣土以减少臭气的干扰和蚊、蝇的滋生，对场地防渗、渗滤液和填埋气体的污染只部分采取了控制手段。

3. 堆放

堆放是土地填埋处理的一种最简单的方法，它把生活垃圾简单堆积，没有按卫生填埋要求进行铺平、压实、覆盖，更没有采取任何污染控制措施。

（二）卫生填埋的定义

21 世纪 30 年代初，美国开始对传统填埋法进行改良，提出一套系统化、机械化的科学填埋法，称卫生填埋法。卫生填埋是："利用工程手段，采取有效技术措施，防止渗滤液及有害气体对水体和大气的污染，并将垃圾压实减容至最小，填埋占地面积也最小。在每天操作结束或每隔一定时间用土覆盖。使整个过程对公共卫生安全及环境污染均无危害的一种土地处理垃圾方法"。

卫生填埋通常是每天把运到填埋场的垃圾在限定的区域内铺散成 40～75cm 的薄层，然后压实以减少垃圾的体积，并在每天操作之后用一层厚 15～30cm 的黏土或粉煤灰覆盖、压实。垃圾层和土壤覆盖层共同构成一个单元，即填埋单元。具有同样高度的一系列相互衔接的填埋单元构成一个填埋层。完成的卫生填埋场是由一个或多个填埋层组成的。当土地填埋达到最终的设计高度之后，再在该填埋层之上覆盖一层 90～120cm 的土壤，压实后就得到一个完整的封场了的卫生填埋场。卫生填埋场剖面图示见图 4－5 所示。

与堆放相比，卫生填埋具有以下优点：

（1）土地利用率高；

（2）蚊、蝇、鼠等无法生存，可避免疫病传播的可能；

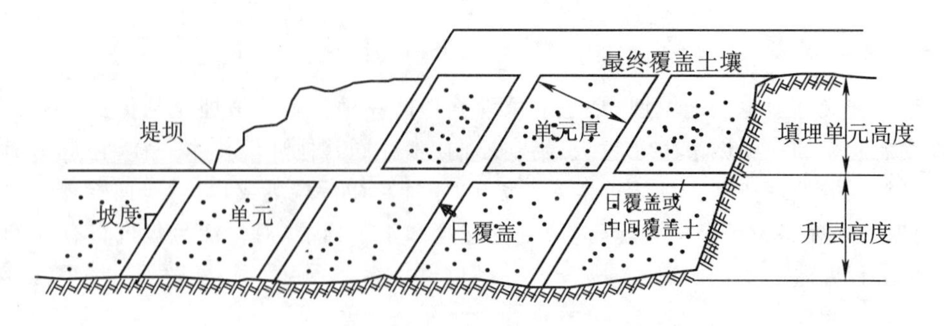

图 4—5　卫生填埋场剖面图

(3)可收集填埋气体能源进行利用,并防止对大气、土壤、地下水的环境污染;

(4)填埋结束后,土地可重新再利用。

因此,卫生填埋是较为理想的城市生活垃圾大规模最终处理方法。

(三)卫生填埋场的分类

根据不同的填埋方式,卫生填埋场可分为不同种类。

依其填埋区所利用自然地形条件的不同,填埋场可大致分为以下 3 种类型:山谷型填埋场、坑洼型填埋场、滩涂型填埋场。

山谷型填埋场通常地处重丘山地。垃圾填埋区一般为三面环山,一面开口,地势较为开阔的良好的山谷地形,山谷比降大约在 10%以下。此类填埋场填埋区库容量大,单位用地处理垃圾量最多,通常可达 $25m^3/m^2$ 以上,经济效益、环境效益较好,资源化建设明显,符合国家卫生填埋场建设的总目标要求。典型山谷型填埋场包括杭州市天子岭垃圾卫生填埋场、深圳市下坪垃圾卫生填埋场等。山谷型填埋场的填埋区工程设施由垃圾坝、库区防渗系统、渗滤液收集系统、防排洪系统、覆土备料场、活动房和分层作业道路支线等组成。垃圾填埋采用斜坡作业法,由低往高按单元进行垃圾填埋、分层压实、单元覆土、中间覆土和终场覆土。

坑洼型填埋场一般地处低丘洼地,利用自然或人工坑洼地形改造成垃圾填埋区。填埋区工程设施由引流、防导渗、导气等系统组成。垃圾填埋通常采用坑填作业法,按单元进行垃圾填埋,分层压实、单元覆土、终场覆土。此类填埋场库容量不太大,单位用地处理垃圾量居中,场地排水、导渗不易解决,较多用于降雨量较少的地区。

滩涂型填埋场地处海边或江边滩涂地形,采用围堤筑路,排水清基,将滩涂废地辟建为填埋场填埋区。填埋区工程设施由排水、防渗、导气、覆土场等组成。垃圾填埋通常采用平面作业法,按单元填埋垃圾,分层夯实、单元覆土、终场覆土。此类填埋场填埋区库容量较大,土地复垦效果明显,经济效益、环境效益较好。

根据填埋场中垃圾降解的机理,填埋场可分为好氧、准好氧、厌氧三种类型。

好氧填埋场是在垃圾体内布设通风管网,用鼓风机向垃圾体内送入空气。垃圾有充足的氧气,使好氧分解加速,垃圾性质较快稳定,堆体迅速沉降,反应过程中产生较高温度(60℃左右),使垃圾中大肠杆菌等得以消灭。由于通风加大了垃圾体的蒸发量,可部分甚至完全消除垃圾渗滤液。因此,填埋场底部只须作简单的防渗处理,不需布设收集渗滤液的管网系统。好氧填埋适应于干旱少雨地区的中小型城市;适应于填埋有机物含量高,含水率低的生活垃圾。该类型的填埋场，通风阻力不宜太大，故填埋体高度一般都较低。好氧填埋场结构较复杂，施工要求较高，单位造价高，有一定的局限性，故其采用不是很普遍。我国包头市有一填埋场属于该类型。

准好氧填埋场类似好氧填埋，仅相对氧量较少，其机理、结构、特点等与好氧填埋类似。

厌氧填埋场在垃圾填埋体内无须供氧，基本上处于厌氧分解状态。由于无须强制鼓风供氧，简化结构，降低了电耗，使投资和运营费大为减少，管理变得简单，同时，不受气候条件、垃圾成分和填埋高度限制，适应性广。该法在实际应用中，不断完善发展成改良型厌氧卫生填埋，是目前世界上应用最广泛的类型。我国上海老港、杭州天子岭、广州大田山、北京阿苏卫、深圳下坪等填埋场属于该类型。

改良型厌氧垃圾卫生填埋场除选择合理的场址外，通常还应有下列配套设施：

(1)阻止垃圾外泄，使垃圾能按一定要求堆高的垃圾坝或堤等设施；

(2)排除场外地表径流及垃圾体覆盖面雨水的排洪、截洪、场外排水等沟渠；

(3)为防止垃圾渗滤对地下水、地表水系的污染而采用场底及周边的防渗设施，渗滤液的导出、收集和处理设施；

(4)为防止厌氧分解产生的沼气而引发的安全事故和沼气作为能源回收利用而设置沼气的导出系统和收集利用系统；

(5)为使垃圾按工艺要求填埋，配有垃圾摊平、碾压、灭蝇、覆土设备，包括运输车、挖掘机、装载机、推土机、压实机、喷药设备等。

此外，还应有进场道路、计量、环境监测等到管理设施相配套。

(四)卫生填埋场的特点

生活垃圾卫生填埋要求采取各种预防措施，尽量减少填埋场地对周围环境的污染，同时该法处理生活垃圾量大，从而为城市化的社会发展提供了垃圾出路的保证，而且填埋场中的开发利用(如填埋气体的有效利用)也可带来巨大的经济效益，所以无论从环境还是从社会与经济角度进行考察，卫生填埋场的建立都是必须和必要的。它主要有以下优点：

(1)如有适当的土地资源可利用，一般以此法处理垃圾最为经济；

(2)与其他的处理法比较，其一次性投资额较低；

(3)与需要对残渣和无机杂质等进行附加处理的焚烧法和堆肥法相比较，卫生填埋是一种完全的、最终的处理方法；

(4)此法可接受各种类型的城市生活垃圾而不需要对其进行分类收集；

(5)此法有充分的适应性，能处理因人口和卫生设施增多而加大产量的生活垃圾。

(6)边缘土地可重新用作停车处、游乐场，高尔夫球场，航空站等。

卫生填埋主要缺点是占地面积较大，场址选择困难。不是所有城市近郊都能找到合适的填埋场地，远离城市的填埋场将增加更多的运输费用。而随着环卫标准的提高，卫生填埋法的处理成本也会越来越高。此外，与其他垃圾处理方法相比，其减量化和资源化程度较低。

目前，在世界范围内处于运转状态的卫生填埋场，为数众多，建设规模不等，可以直接接纳垃圾车辆收运的城市生活垃圾，也可以销除焚烧残渣，堆肥残料和处置污泥。世界部分国家生活垃圾处理方法选用见表4－6。

表 4－6　1993 年世界部分国家生活垃圾处理方法比例(%)

处理方法 / 国家	填埋	焚烧	堆肥	回收
奥地利	48	24	8	20
比利时	43	54	0	3
加拿大	80	8	2	10
丹　麦	16	71	4	20
芬　兰	65	4	15	16
法　国	45	42	10	3
德　国	61	36	3	0
意大利	74	16	7	3
日本	20	75	5	—
卢森堡	22	75	1	2
荷　兰	45	35	5	15
挪　威	67	22	5	6
西班牙	64	6	17	13
瑞　典	30	60	0	10
瑞　士	11	76	13	0
英　国	83	13	0	4
美　国	67	19	2	12
新加坡	15	85	0	0

注：资料来源于世界能源基金会杂志《WarmerBulletin》第 44 期(1995 年 2 月出版)及《中国城市环境卫生协会会刊》第 17 期(1997 年 10 月出版)。

由表 4－6 可以看出，卫生填埋是世界上生活垃圾处理的最主要方式。即使如日本土地紧张，又以综合利用资源、能源为主的国家，填埋仍占 20%左右，而美国则占 70%以上。由于卫生填埋场投资低、经营费用较低的优点，较适合于目前我国城市生活垃圾发热值偏低，待处理的垃圾数量大以及经济实力较弱的现状，已成为国内普遍采用的生活垃圾处理处置方法。

(五)卫生填埋场生物降解产物

堆积在填埋区中的生活垃圾经历着各种生物、物理和化学变化，随着时间的推移会逐渐腐烂和生物降解，产生有严重危害的渗滤液，有爆炸可能性的沼气，不均匀的垃圾表面沉降以及成分在不断变化的垃圾分解物。了解填埋后垃圾本身的运行规律对有效地规划、设计和管理卫生填埋场(以下简称填埋场)是十分重要的。

生活垃圾在倾倒入填埋场后，主要是在微生物作用下，进行有机垃圾的生物降解，并释放出填埋气体和大量含有机物的渗滤液。微生物对垃圾的降解作用由微生物对水中污染物的降解和微生物对固体物质的降解两部分组成，两种降解同时进行。

微生物对垃圾的降解自填埋后依次经历好氧分解阶段、兼氧分解阶段和完全厌氧分解阶段。详见图 4—6 所示。

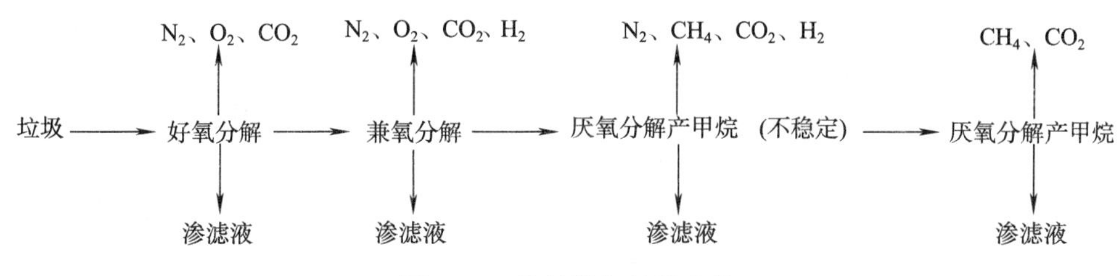

图 4—6 垃圾降解过程示意

第一阶段:开始的几个星期为好氧分解或产酸阶段。酸性条件为后续厌氧分解创造了条件。此阶段所产生的渗滤液有机物质浓度高,$BOD_5/COD>0.4$,$pH<6.5$。

第二阶段:好氧分解后的 11~14 天为兼氧分解阶段。随着兼氧分解的进行,pH 值和填埋气体产量都开始上升,此时也产生高浓度有机渗滤液,$BOD_5/COD>0.4$。

第三阶段:持续一年左右的不稳定产气阶段。此时 pH 值上升到最大,渗滤液的污染物浓度逐渐下降,$BOD_5/COD<0.4$,填埋气体产量和产气中甲烷浓度逐步升高。

第四阶段:7 年左右的厌氧分解半衰期或稳定阶段。此时,可降解的有机物质逐渐减少,pH 值保持不变,渗滤液的有机物浓度下降,$BOD_5/COD\leqslant0.1$,填埋气体产量下降,填埋气体中甲烷浓度也逐渐下降。

填埋垃圾的分解作用受多种因素的影响,例如垃圾的组成,压实的紧密度,含有的水分量,抑制物的存在,水的迁移速度和温度等都可影响垃圾的分解。有机垃圾厌氧分解的最终产物主要是稳定的有机物、挥发性有机酸和不同种类的气体。有机垃圾分解的总速率与垃圾的组成、温度及含水量有关。在正常情况下,用气态产物衡量的降解数量在头两年内可达到峰值,然后就逐渐缓慢地衰减下来,延续期大多长达 25 年甚至更久。在充分压实的填埋场里,如果垃圾中不加入水分,经过年复一年的埋置将很难找到它们的原形。

1. 填埋气体(LFG)的产生

生活垃圾填埋几周后,填埋场内部的氧气消耗殆尽,为厌氧发酵提供了厌氧条件,于是生活垃圾中的有机可降解垃圾便开始了厌氧发酵过程,这一过程可简单地归纳为二个基本阶段,如图 4—7 所示。

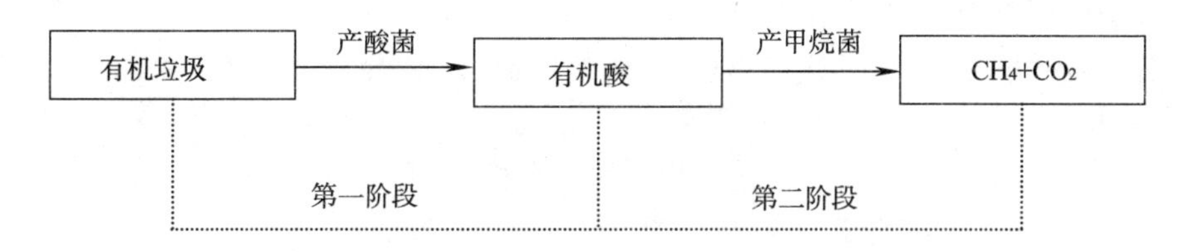

图 4—7 有机垃圾厌氧分解过程示意

必须指出,这些微生物的实际生化过程是极为复杂的。第一步是产酸阶段。倾倒的垃圾中的复杂有机物被产酸菌降解成简单的有机物,典型的有醋酸盐(CH_3COOH)、丙酸盐(C_2H_5COOH)、丙酮酸盐($CH_3COCOOH$)或其他的简单的有机酸及乙醇。这些细菌从这些化学反应获取自身生长所需的能量,其中,部分有机垃圾转化成细菌的细胞及细胞外物质。厌氧分解的第二步是产甲烷阶段,产甲烷菌利用厌氧分解第一阶段的产物产生 CH_4 和

CO_2。形成二氧化碳的氧来自有机基质或者可能来自无机离子例如硫酸盐。甲烷菌喜欢中性 pH 条件,而不喜欢酸性条件。第一阶段产生的酸往往降低了环境的 pH 值,如果产酸过量,甲烷菌的活性就会受抑制。如果要求产气,那就可在填埋场中加入碱性或中性缓冲剂从而维持填埋场中液体的 pH 在 7 左右。在这个过程中,产甲烷菌的产生要求绝对厌氧,即使是少量的氧气对它来说也是有害的。

产气速率是单位质量垃圾在单位时间内的产气量。在整个填埋年限内,填埋场中产气量的大小主要决定于垃圾中所含有机可降解成分的量和质,而产气速率的大小主要与填埋时间有关,另外还受垃圾的大小和成分、垃圾量、垃圾的压实密度、填埋层空隙中的气体压力含水率、pH 值、温度等因素的影响。

随着填埋场内部厌氧过程的进行,垃圾的大小和成分都会改变。垃圾的体积减小,增加了比表面积,从而提高了厌氧生化反应的速度,使甲烷的产率增加;垃圾的填埋时间越长,可降解有机物质含量越低,相同条件下的产气速率也就越低;垃圾的含水量是影响产气速率的重要因素,一般情况下,含水量越高则产气速度越大;甲烷的形成对 pH 值要求严格,当 pH 介于 6.5～8.0 时,甲烷才能形成,甲烷发酵的最佳值是 7.0～7.2;填埋场的压实密度直接涉及空隙率的大小,从而进一步影响到填埋气体体的迁移规律,并对产气速率产生间接影响,垃圾填埋层内的气体压力与厌氧反应的速度有关,及时将填埋气体体导出,减少生成物浓度及压力,有利于反应向正方向进行,从而提高了产气速率。

2. 渗滤液的产生

填埋场的一个主要问题是渗滤液的污染控制。垃圾填埋场在填埋开始以后,由于地表水和地下水的入流,雨水的渗入以及垃圾本身的分解而产生了大量的污水,这部分污水称为渗滤液。垃圾渗滤液中污染物含量高,且成分复杂,其污染物主要产生于以下三个方面:

(1)垃圾本身含有水分及通过垃圾的雨水溶解了大量的可溶性有机物和无机物;

(2)垃圾由于生物、化学、物理作用产生的可溶性生成物;

(3)覆土和周围土壤中进入渗滤液的可溶性物质。

垃圾渗滤液的性质随着填埋场的使用年限不同而发生变化,这是由于填埋场的垃圾在稳定化过程中不同阶段的特点而决定的,大体上可以分为五个阶段:

(1)最初的调节:水分在固体垃圾中积累,为微生物的生存、活动提供条件。

(2)转化:垃圾中水分超过其持水能力,开始渗滤,同时由于大量微生物的活动,系统从有氧状态转化为无氧状态。

(3)酸性发酵阶段:此阶段碳氢化合物分解成有机酸,有机酸分解成低级脂肪酸,低级脂肪酸占主要地位,pH 值随之下降。

(4)填埋气体产生:在酸化段中,由于产氨细菌和活动,使氨态氮浓度增高,氧化还原电位降低,pH 值上升,为产甲烷菌的活动适宜的条件,专性产甲烷菌将酸化段代谢产物分解成以甲烷和二氧化碳为主的填埋气体。

(5)稳定化:垃圾及渗滤液中有机物得到稳定,氧化还原电位上升,系统缓慢转为有氧状态。研究表明,渗滤液污染物浓度随填埋场使用年限的增长而呈下降趋势。渗滤液的产量受多种因素的影响,如降雨量、蒸发量、地面流失、地下水渗入、垃圾的特性和地下层结构、表层覆土和下层排水设施设置情况等,其中降水量和蒸发量是影响渗滤液产量的重要因素。水质则随垃圾组分、当地气候、水文地质、填埋时间和填埋方式等因素的影响而显著变化。由于影响因素多，造成不同填埋场、不同填埋时期的渗滤液水质和水量的变化幅度很大。

3. 生活垃圾沉降

在垃圾填埋处理过程中，垃圾堆体的滑坡是一个值得重视的问题。因此，已完工的填埋场，在决定使用它们之前，必须研究其沉降特性。影响填埋场地沉降性能的因素有：(1)最初的压实程度；(2)垃圾的性质和降解情况；(3)压实的垃圾产生渗滤液和填埋气体后发生的固结作用；(4)作业终了的填埋高度对垃圾堆积和固结度的影响。

填埋场的均匀沉降问题不大，主要是不均匀沉降将产生一系列问题。例如，由于不均匀沉降造成的覆盖层断裂就可能在废物相变边界、填埋单元边缘和填埋场边界处出现。填埋场的总沉降量取决于废物种类、载荷和填埋技术因素，通常是废物填埋高度的10%～20%。还有研究表明：在填埋后的前五年发生的沉降大约要占总沉降量的90%。关于已完工的填埋场地集中荷载的分布，目前尚无这方面的可供参考的资料。如果需要进行有关工作，考虑到各地情况的差别很大，建议分别进行现场的荷载试验。

三、焚烧

焚烧法是一种高温热处理技术，即以一定的过剩空气量与被处理的有机废物在焚烧炉内进行氧化燃烧反应，废物中的有害有毒物质在800～1200℃的高温下氧化、热解而被破坏，是一种可同时实现废物无害化、减量化、资源化的处理技术。

焚烧的目的是尽可能焚毁废物，使被焚烧的物质变为无害和最大限度地减容，并尽可能减少新的污染物质产生，避免造成二次污染。对于大、中型的废物焚烧厂，能同时实现使废物减量、彻底焚毁废物中的毒性物质，以及回收利用焚烧产生的废热这三个目的。目前在工业发达国家已被作为城市垃圾处理的主要方法之一，得到广泛应用。垃圾焚烧、回收能源，被认为是今后处理城市垃圾的重要发展方向。我国也正在加快开发研究的速度，以推进城市垃圾的综合利用。

焚烧法不但可以处理固体废物，还可以处理液体废物和气体废物；不但可以处理城市垃圾和一般工业废物，而且可以用于处理危险废物。危险废物中的有机固态、液态和气态废物，常常采用焚烧来处理。在焚烧处理城市生活垃圾时，也常常将垃圾焚烧处理前暂时储存过程中产生的渗滤液和臭气引入焚烧炉焚烧处理。如图4－8所示。

焚烧适宜处理有机成分多、热值高的废物。当处理可燃有机物组分很少的废物时，需补加大量的燃料，这会使运行费用增高。但如果有条件辅以适当的废热回收装置，则可弥补上述缺点，降低废物焚烧成本，从而使焚烧法获得较好的经济效益。

(一)垃圾焚烧技术的发展应用现状

现代城市垃圾的焚烧历史可以追溯到19世纪中期的英国，最早垃圾焚烧炉是1874年建造在英国Nottingham市的平炉，次之为1885年的美国纽约市，1896年的德国汉堡市以及1898年的法国巴黎市。然而，由于早期的城市垃圾热值不高和焚烧炉本身比较简陋，操作时烟气惊人，因此直到20世纪60年代垃圾焚烧并没有成为主要的垃圾处理方法。但在此期间，垃圾焚烧技术却得到了相当的改变，其炉排、炉膛等方面的技术逐渐有了现在的

图 4—8　垃圾焚烧处理设备装置图

形式。

初期的垃圾焚烧炉结构上和砖瓦窑基本一样，之后逐渐改良为间歇式机械炉排焚烧炉。巴黎市是在 1926 年，汉堡是 1929 年便已采用机械炉排焚烧炉进行垃圾焚烧了。

20 世纪五六十年代间，资本主义世界经济发展迅速，城市垃圾的数量也迅速增加，这时西欧国家注意到垃圾焚烧处理所具有的卓越的废弃物减量化效益，体积和重量分别可缩减 70%～90%和 50%～80%，因此从 20 世纪 60 年代开始，焚烧处理城市垃圾加快了发展速度。到 20 世纪 70 年代，能源危机引起人们对垃圾能量的兴趣，由于焚烧具有回收垃圾中能量的可能，于是垃圾焚烧得到了进一步的广泛使用，而且气体污染净化技术的应用也使焚烧气产生的二次污染大大减轻。进入 20 世纪 90 年代以来，由于全球经济的飞速发展和城市生活垃圾处理技术的不断提高，各国城市生活垃圾处理方式的比例也发生了明显的变化，传统的填埋法所占的比例开始下降，堆肥法所占的比例基本不变，而焚烧法的应用则出现了较大趋势的提高。表 4—7 给出了最近世界各国和地区使用焚烧法处理城市垃圾的情况数据统计。

表 4—7　世界各国和地区使用焚烧法处理城市垃圾的情况数据统计表

国家和地区	填埋(%)	焚烧(%)	堆肥(%)
美国(1996)	62	26	2
英国(1993)	83	16	1
法国(1994)	40	38	22
荷兰(1982)	50	30	20
比利时(1982)	62	29	9
德国(1995)	60	37	3
瑞士(1978)	15	70	14

续表

国家和地区	填埋(%)	焚烧(%)	堆肥(%)
丹麦(1979)	18	70	12
奥地利(1979)	65	24	11
瑞典(1979)	75	23	2
日本(1993)	25	74	1
中国台湾(1996)	59	40	1

注:括号内为材料统计年限。

表4—7中显示出日本及北欧一些国家的垃圾焚烧处理比例比较高。根据最新资料,上述国家还有更进一步地积极推进垃圾焚烧的趋势。

目前垃圾焚烧技术开发研究做得较好的国家有德国、法国、美国和日本等。

德国已有50余座从垃圾焚烧回收能量的装置及10多座垃圾发电厂,并且用于热电联产,有效地对城市提供供暖或工业用汽。1965年联邦德国垃圾焚烧炉只有7台,年处理量71.8万吨,可供总人口4.1%的居民用电。至1985年,焚烧炉已增至46台,年处理垃圾800万吨以上,占垃圾年产生总量的30%,可供全国总人口34%的居民用电。柏林、汉堡、慕尼黑等大型城市中,民用电的10%～17%来自垃圾焚烧。1995年德国垃圾焚烧炉已达67台,受益人口的比率从34%增加到50%。

法国到1996年,共有垃圾焚烧炉约300台,可处理掉城市垃圾的40%以上。巴黎有4个垃圾焚烧厂,年处理量170万吨,占全市垃圾总量的90%,回收的能量相当于20万吨石油,供蒸汽量占巴黎市供热公司总量的1/3。

美国国土辽阔,以前主要采取卫生填埋法处理垃圾,近年来发现垃圾填埋对环境的不利影响很大,不得不花费200亿美元重金,将填埋场垃圾挖出重新处理,转向采用焚烧法。已建大中型垃圾焚烧制能厂402座,到2000年全美垃圾的焚烧处理量达40%以上。目前最大的垃圾发电厂已经在底特律市建造,日处理垃圾量4000吨,发电量65MW。另外,美国国内34个州的地方政府从1985年起,在15年内投资150亿美元兴建城市垃圾能源化工厂,并可望从中受益40亿美元。

日本目前为世界上拥有垃圾焚烧厂最多的国家,全国到1996年有垃圾焚烧厂1854座,大城市的垃圾焚烧厂规模都在600t/d以上,并带有发电设备,全国垃圾焚烧处理总量为每日5.2万吨,占垃圾总量的73%。如东京都市有13座垃圾焚烧厂1984年共发电3亿多度,收入11亿日元以上,同时还为小区供热提供蒸汽及居民福利设施提供热水。

新加坡、中国香港、中国澳门等国家与地区近年也已改变传统垃圾处理方式,大规模修建垃圾焚烧厂。

瑞典、瑞士和丹麦等国类似的焚烧发电厂也早已比较普及。

在我国,城市生活垃圾焚烧技术应用起步较晚。据环卫史家称,20世纪30年代上海租界内已运转过德国造的焚烧炉,但新中国正规的城市垃圾焚烧是从20世纪80年代末开始的。在探索、研究、开发适合中国国情的垃圾焚烧处理技术的大趋势下,目前国内有两种走向:一种是借鉴国外已有的焚烧炉技术和市场经验,引进或仿制国外20世纪80年代的炉型与设备系统；另一种是以一般燃煤或工业炉窑为参照，借鉴国内已较为成熟的燃煤电厂锅炉燃烧技术，把燃煤技术和工艺移植过来进行垃圾焚烧处理，由国内自制的简单的焚烧炉。前者是以深圳引进焚烧炉为代表，后者是从四川乐山起步(图 4－9)。

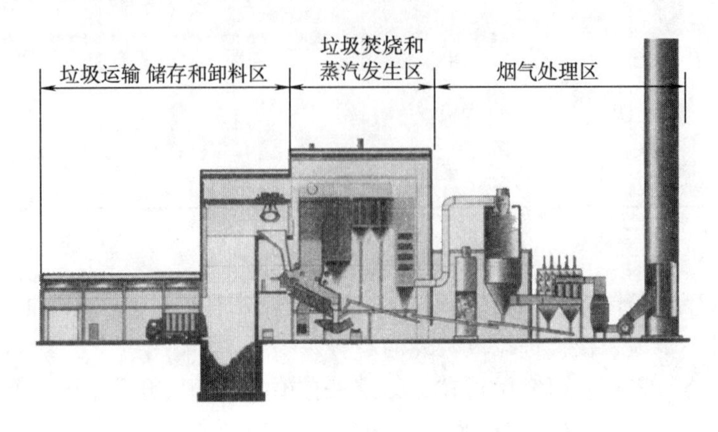

图 4－9　垃圾焚烧工艺流程图

(二)垃圾焚烧技术的特点和发展前景

焚烧技术在处理城市垃圾方面得到如此广泛的应用，是因为它有许多独特的优点：

(1)垃圾经焚烧处理后，垃圾中的病原体被彻底消灭，燃烧过程中产生的有害气体和烟尘经处理后达到排放要求，无害化程度高；

(2)经过焚烧，垃圾中的可燃成分被高温分解后，一般可减重 80％和减容 90％以上，减量效果好，可节约大量填埋场占地；

(3)垃圾焚烧所产生的高温烟气，其热能被废热锅炉吸收转变为蒸汽，用来供热或发电，垃圾被作为能源来利用，还可回收铁磁性金属等资源，可以充分实现垃圾处理的资源化；

(4)垃圾焚烧厂占地面积小，尾气经净化处理后污染较小，可以靠近市区建厂。既节约用地又缩短了垃圾的运输距离，对于经济发达的城市，尤为重要；

(5)焚烧处理可全天候操作，不易受天气影响；

(6)随着对城市垃圾填埋的环境措施要求的提高，焚烧法的操作费用可望低于填埋。

当然，焚烧方法也并非完美。首先，焚烧法投资大，占用资金周期长；其次，焚烧对垃圾的热值有一定要求，一般不能低于 3360kJ/kg(800kcal/kg)，限制了它的应用范围；最后，焚烧过程中也可能产生较为严重的“二噁英”问题，必须要对烟气投入很大的资金进行处理。

从 20 世纪 70 年代到 90 年代中期的 20 多年间，是垃圾焚烧发展最快的时期，几乎所有的工业发达国家、中等发达国家都建有不同规模、不同数量的垃圾焚烧设施。而且，在部分发展中国家也已经建成或正在积极筹备建设垃圾焚烧厂，垃圾焚烧事业发展方兴未艾。在中国国内沿海一带一些经济比较发达的地区，由于城市垃圾产生量逐年迅猛增加和土地资源的日益紧张，采用传统的堆填法处理垃圾的矛盾日益尖锐，所以转向焚烧法处理城市垃圾的需求也开始变得紧迫起来。

目前国外运用较多、比较成熟、完善的垃圾焚烧处理技术主要有马丁炉排炉，滚筒炉和旋转窑炉焚烧处理技术等。它们对于国外热值较高，含水率较低的垃圾而言，焚烧处理效果较好。但根据实际运行经验，照搬过来进行焚烧处理没有经过预先分捡、成分复杂、热值较低、含水率较高且变化范围较大的中国城市垃圾时，焚烧处理效果却并不理想，垃圾焚烧厂也很难正常运行。深圳垃圾焚烧厂引进的日本焚烧炉就遇到了这样的问题。同时，从经济投资的角度来看，深圳引进一套（两台）日处理量 600 吨垃圾（2×3MW）的焚烧发电处理技术和设备，初期投资就已达 4.5 亿元人民币，这种情况对于目前尚处于社会主义发展初级阶段、经济实力还不够充分强大的中国来说是难以接受的。因此，鉴于我国的实际情况，大规模引进国外垃圾焚烧处理设备在技术和经济上均存在一定问题。推进我国城市垃圾焚烧技术实施的主要途径应该是在学习、借鉴国外先进经验和技术的基础上，根据我国城市垃圾的特点、现有的经济实力，开发符合我国国情的、有中国特色的科学、经济、实用、有效的城市垃圾焚烧处理技术与装置。只有这样，才能适应我国当前城市生活垃圾焚烧技术应用和发展的需要，满足各类不同城市的需求，这也是我国发展和应用垃圾焚烧技术的根本。

(三)焚烧的基本概念

1. 燃烧

通常把具有强烈放热效应、有基态和电子激发态的自由基出现并伴有光辐射的化学反应称为燃烧。燃烧可以产生火焰，而火焰又能在合适的可燃介质中自行传播。火焰能否自行传播，是区分燃烧与其他化学反应的特征。其他化学反应都只局限在反应开始的那个局部地方进行，而燃烧反应的火焰一旦出现，就会不断向四周传播，直到能够反应的整个系统完全反应完毕为止。燃烧过程，伴随着化学反应、流动、传热和传质等化学过程及物理过程，这些过程是相互影响，相互制约的。因此，燃烧过程是一个极为复杂的综合过程。

2. 着火与熄火

着火是燃料与氧化剂由缓慢放热反应，发展到由量变到质变的临界现象。从无反应向稳定的强烈放热反应状态的过渡过程即为着火过程；相反，从强烈的放热反应向无反应状况的过渡就是熄火过程。

工业应用的燃烧设备，尽管它们的特点和要求不同，但它们的启动过程都有共同的要求，即要求启动时迅速、可靠地点燃燃料并形成正常的燃烧工况。当燃烧工况一旦建立后，要求在工作条件改变时火焰保持稳定而不熄火。但是，在某些情况下要防止燃烧的发生，或在燃烧一旦发生后要设法使之快速熄灭，例如矿井中的防爆和消防灭火就是如此。

影响燃料着火与熄火的因素很多，例如燃料性质、燃料与氧化剂的成分、过剩空气系数、环境压力及温度、气流速度、燃烧室尺寸等，这些因素可分为两类，即化学反应动力学因素和流体力学因素，或叫化学因素和物理因素。着火与熄火过程就是这两类因素相互作用的结果。

在日常生活和工业应用中，最常见到的燃料着火方式为化学自燃、热自燃和强迫点燃。

(1)化学自燃　这类着火通常不需要外界加热，而是在常温下依靠自身的化学反应发生的。例如金属钠在空气中的自燃，烟煤因长期堆积通风不好而自燃等。

(2)热自燃　将一定体积的可燃气体混合物放在热环境中使其温度升高。由于热生成速率是温度的指数函数，而热损失只是一个简单的线性函数，因此只要稍微增加反应混合物的温度，其温度上升率就会大大增加。这样当热量生成速率超过损失速率，着火就会在整个容器内瞬间发生，燃烧反应就能自行继续下去，而不需要进一步的外部加热，这就是热自燃着火机理。

(3)强迫自燃　工程上所用的点火方法常为强迫点燃，这就是用炽热物体、电火花及热气流等使可燃混合物着火。强迫点燃过程可设想成一炽热物体向气体散热，在边界层中可燃混合物由于温度较高而进行化学反应，反应产生的热量又使气体温度不断升高而着火。

3. 着火条件与着火温度

如果在一定的初始条件(闭口系统)或边界条件(闭口系统)之下，由于化学反应的剧烈加速，使反应系统在某个瞬间或空间的某部分达到高温反应态(即燃烧态)，那么，实现这个过渡的初始条件或边界条件便称为“着火条件”。着火条件不是一个简单的初温条件，而是化学动力参数和流体力学参数的综合函数。

4. 热值

生活垃圾的热值是指单位质量的生活垃圾燃烧释放出来的热量，以 kJ/kg(或 kcal/kg)计。

要使生活垃圾维持燃烧，就要求其燃烧释放出来的热量足以提供加热垃圾到达燃烧温度所需要的热量和发生燃烧反应所必须的活化能。否则，便要添加辅助燃料才能维持燃烧。

热值有两种表示法，高位热值和低位热值。高位热值是指化合物在一定温度下反应到达最终产物的焓的变化。低位热值与高位热值的意义相同，只是产物的状态不同，前者水是液态，后者水是气态。所以，二者之差就是水的汽化潜热。用氧弹量热计测量的是高位热值。将高位热值转变成低位热值可以通过下式计算：

$$\mathrm{LHV}=\mathrm{HHV}-2420\left[\mathrm{H_2O}+9\left(\mathrm{H}-\frac{\mathrm{Cl}}{35.5}-\frac{\mathrm{F}}{19}\right)\right] \tag{4-1}$$

式中，LHV——低位热值，kJ/kg；

HHV——高位热值，kJ/kg；

H_2O——焚烧产物中水的质量百分率，%；

H、Cl、F——分别为废物中氢、氯、氟含量的质量百分率，%。

若废物的元素组成已知，则可利用 Dulong 方程式近似计算出低位热值：

$$\mathrm{LHV}=2.32\left[14000m_{\mathrm{C}}+45000\left(m_{\mathrm{H}}-\frac{1}{3}m_{\mathrm{O}}\right)-760m_{\mathrm{d}}+4500m_{\mathrm{S}}\right] \tag{4-2}$$

式中，LHV——低位热值，kJ/kg；

m_C、m_O、m_H、m_{Cl}、m_S——分别代表碳、氧、氢、氯和硫的摩尔质量。

5. 理论燃烧温度

燃烧反应是由许多单个反应组成的复杂的化学过程。它包括氧化反应、气化反应、离解反应等，在这些单个反应中有放热反应，也有吸热反应。当燃烧系统处于绝热状态时，反应物在经化学反应生成产物的过程中所释放的热量全部用来提高系统的温度，系统最终所达到的温度称为理论燃烧温度，即绝热火焰温度。这个温度与反应产物的成分有关，也与反应物的初温和压力有关。

(四)焚烧过程

焚烧是通过燃烧处理废物的一种热力技术。燃烧是一种剧烈的氧化反应，常伴有光与热的现象，即辐射热，也常伴有火焰现象，会导致周围温度的升高。燃烧系统中有三种主要成分:燃料或可燃物质、氧化物及惰性物质。燃料是含有碳碳、碳氢及氢氢等高能量化学键的有机物质,这些化学键经氧化后,会放出热能。氧化物是燃烧反应中不可缺少的物质,最普通的氧化物为含有21%氧气的空气,空气量的多少及与多少燃烧的混合程度直接影响燃烧的效率。惰性物质虽然不直接参与燃烧过程或焚烧系统中,这三种主要成分相互影响,必须小心控制其成分及速率,才能达到燃烧或焚烧的最终目的。

1. 焚烧的产物

在废物焚烧时既发生了物料分子转化的化学过程,也发生了以各种传递为主的物理过程。大部分废物及辅助燃料的成分非常复杂,分析所有的化合物成分不仅困难而且没有必要,一般仅要求提供主要元素分析的结果,也就是碳、氢、氧、氮、硫、氯等元素和水分及灰分的含量。它们的化学方程式虽然复杂,但是从燃烧的观点而论,它们可用 $C_xH_yO_zN_uS_vCl_w$ 表示,一个完全燃烧的氧化反应可表示为:

$$C_xH_yO_zN_uS_vCl_w+\left(x+v+\frac{y-w}{4}-\frac{z}{2}\right)O_2 \longrightarrow$$

$$xCO_2+wHCl+\frac{u}{2}N_2+vSO_2+\left(\frac{y-w}{2}\right)H_2O \qquad (4-3)$$

(1)有机碳的焚烧产物是二氧化碳气体。

(2)有机物中的氢的焚烧产物是水。若有氟或氧存在,也可能有它们的氢化物生成。

(3)生活垃圾中的有机硫和有机磷,在焚烧过程中生成二氧化硫或三氧化硫以及五氧化二磷。

(4)有机氮化物的焚烧产物主要是气态的氮,也有少量的氮氧化物生成。由于高温时空气中氧和氮也可结合生成一氧化氮,相对空气中氮来说,生活垃圾中的氮元素含量很少,一般可以忽略不计。

(5)有机氟化物的焚烧产物是氟化氢。若体系中氢的量不足以与所有的氟结合生成氟化氢,可能出现四氟化碳或二氟氧碳(COF_2),除非有其他元素存在,例如金属元素,它可与氟结合生成金属氟化物。添加辅助燃料(CH_4、油品)增加氢元素,可以防止四氟化碳或二氟氧碳的生成。

(6)有机氯化物的焚烧产物是氯化氢。由于氧和氯的电负性相近,存在下列可逆反应:

$$4HCl+O_2 \Leftrightarrow 2Cl_2+2H_2O \qquad (4-4)$$

当体系中氢量不足时,有游离的氯气产生。添加辅助燃料(天然气或石油)或较高温度的水蒸气(1100℃)可以使上述反应向左进行,减少废气中游离氯气的含量。

(7)有机溴化物和碘化物焚烧后生成溴化氢及少量溴气以及元素碘。

(8)根据焚烧元素的种类和焚烧温度,金属在焚烧以后可生成卤化物、硫酸盐、磷酸盐、碳酸盐、氢氧化物和氧化物等。

上述有机物在燃烧过程中有成千上万种反应途径,最终的反应产物未必是上述的 CO_2、HCl、N_2、SO_2 与 H_2O,但事实上完全燃烧反应只是一种理论上的假说。在实际燃烧过程中、要考虑废物与氧气混合的传质问题、燃烧温度与热传导问题等,包括流场及扩散现象。通过加入足够的氧气、保持适当温度和反应停留时间,控制燃烧反应使之接近理论燃烧,不致产生有毒气体。若燃烧控制不良可能产生有毒气体,包括二噁英、多环碳氢化合物(PAH)和醛类等。

2. 固体废物的燃烧过程

固体可燃性物质的燃烧过程比较复杂,通常由热分解、熔融、蒸发和化学反应等传热、传质过程所组成。一般根据不同可燃物质的种类，有三种不同的燃烧方式：①蒸发燃烧。垃圾受热熔化成液体，继而化成蒸气，与空气扩散混合而燃烧，蜡的燃烧属这一类；②分解燃烧，垃圾受热后首先分解，轻的碳氢化合物挥发，留下固定碳及惰性物，挥发分与空气扩散混合而燃烧，固定碳的表面与空气接触进行表面燃烧，木材和纸的燃烧属这一类；③表面燃烧，如木炭、焦炭等固体受热后不发生融化、蒸发和分解等过程，而是在固体表面与空气反应进行燃烧。

生活垃圾中含有多种有机成分，其燃烧过程是蒸发燃烧、分解燃烧和表面燃烧的综合过程。同时，生活垃圾的含水率高于其他固体燃料，为了更好地认识生活垃圾的焚烧过程，我们在这里将其依次分为干燥、热分解和燃烧三个过程。然而在垃圾的实际焚烧过程中，这三个阶段没有明显的界限，只不过在总体上有时间上的先后差别而已。

(1)干燥　生活垃圾的干燥是利用热能使水分气化，并排出生成的水蒸气的过程。按热量传递的方式，可将干燥分为传导干燥、对流干燥和辐射干燥三种方式。生活垃圾的含水率较高，在送入焚烧炉前其含水率一般为30%～40%甚至更高，因此干燥过程中需要消耗较多的热能。生活垃圾的含水率越大，干燥阶段也就越长，从而使炉内温度降低，影响焚烧阶段，最后影响垃圾的整个焚烧过程。如果生活垃圾的水分过高，会导致炉温降低太大，着火燃烧就困难，此时需添加辅助燃料，以提高炉温，改善干燥着火条件。

(2)热分解　生活垃圾的热分解是垃圾中多种有机可燃物在高温作用下的分解或聚合化学反应过程，反应的产物包括各种烃类、固定碳及不完全燃烧物等。生活垃圾中的可燃固体物质通常由C、H、O、Cl、N、S等元素组成。这些物质的热分解过程包括多种反应，这些反应可能是吸热的，也可能是放热的。

生活垃圾中有机可燃物的热分解速度可以用Arrnenius公式表示为：

$$K=Ae^{-E/RT} \tag{4-5}$$

式中，K——热分解速度；

A——频率系数；

E——活化能；

R——气体常数；

T——热力学温度。

生活垃圾中有机可燃物活化能越小，热分解温度越高，则其热分解速度越快。同时，热分解速度还与传热及传质速度有关，由于生活垃圾中的有机固体物粒度比较大，传热及传质速率对热分解速度的影响是明显的。有理论研究表明，传热速度对热分解速度的影响远大于传质速度。所以，在实际操作中应保持良好的传热性能，使热分解能在较短的时间内彻底完成，这是保证生活垃圾燃烧完全的基础。

(3)燃烧　生活垃圾的燃烧是在氧气存在条件下有机物质的快速、高温氧化。生活垃圾的实际焚烧过程是十分复杂的，经过干燥和热分解后产生许多不同种类的气、固态可燃物，这些物质有空气混合，达到着火所需的必要条件时就会形成火焰而燃烧。因此，生活垃圾的焚烧是气相燃烧和非均相燃烧的混合过程，它比气态燃料和液态燃料的燃烧过程更复杂。同时，生活垃圾的燃烧还可以分为完全燃烧和不完全燃烧。最终产物为CO_2和H_2O的燃烧过程为完全燃烧；当反应产物为CO或其他可燃有机物(由于氧气不足、温度较低等引起)时，则称为不完全燃烧。燃烧过程中要尽量避免不完全燃烧现象，尽可能使垃圾燃烧完全。

(五)燃烧过程污染物的产生

焚烧过程会产生大量的酸性气体、未完全燃烧的有机组分、粉尘、灰渣等物质,如将其直接排入环境,必然会导致二次污染,因此需对其进行适当的处理。如图 4－10 所示。

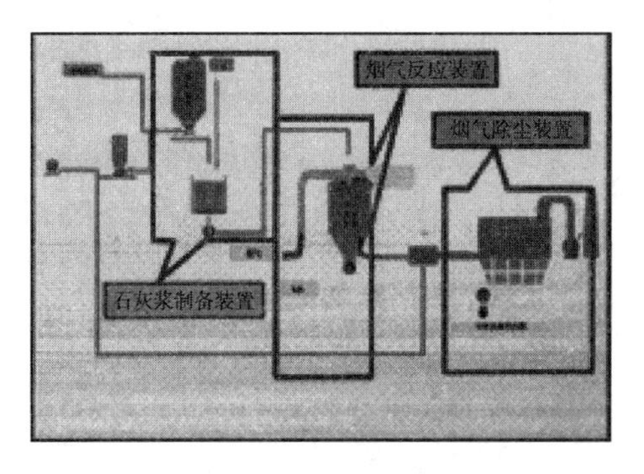

图 4－10　垃圾焚烧尾气处理流程图

1. 粉尘产生和特性

焚烧烟气中的粉尘(颗粒物)是垃圾焚烧过程中产生的微小无机颗粒物质,可以分为由于物理原因产生的粉尘和由于热化学反应产生的粉尘。表 4－8 列出了粉尘产生的机理。物理原因产生的粉尘是指燃烧空气卷起的微小不燃物、可燃物的灰分等。流化床垃圾焚烧炉由于构造上的原因该部分粉尘量特别大。另外,发生不完全燃烧时,未燃碳分、纸灰等也会成为粉尘的一部分。热化学反应产生的粉尘是指高温燃烧室内氮化的盐类,在烟气冷却后凝结成盐颗粒。

表 4－8　粉尘产生机理

	炉室	燃烧室	锅炉室、烟道	除尘器	烟囱
无机烟尘	①由燃烧空气卷起的不燃物、可燃灰分; ②高温燃烧区域中低沸点物质气化; ③有害气体(HCl、SO_x)去除时,投入的 $CaCO_3$ 粉末引起的反应生成物和未反应物	气－固、气－气反应引起的粉尘	①烟气冷却引起的盐分; ②为去除有害气体(HCl、SO_x)而投入的 $Ca(OH)_2$,反应生成物和未反应物	—	微小粉尘($<1\mu m$),碱性盐占多数
有机烟尘	①纸屑等的卷起; ②不完全燃烧引起的未燃碳分	不完全燃烧引起的纸灰	—	再度飞散的粉灰	—
粉尘浓度/(g/Nm^3)	—	1～6	1～4	—	0.01～0.04(使用除尘器的场合)

粉尘的产生量与垃圾性质和燃烧方法有关。机械炉排焚烧炉膛出口粉尘含量一般为 1～6g/Nm^3,除尘器入口 1～4g/Nm^3,换算成垃圾燃烧量一般为 5.5～22kg/t(湿垃圾)。

粉尘粒径的分布十分广。微小粒径的粉尘比较多，30μm 以下的粉尘占 50%～60%。粉尘的真密度为 2.2～2.3g/cm³，表观密度为 0.3～0.5g/cm³。垃圾焚烧设施的粉尘比较轻。而且，由于碱性成分多有一定的粘性，微小粒径的粉尘含有重金属。

2. 炉渣、飞灰的产生和特性

焚烧过程产生的灰渣（包括炉渣和飞灰），一般为无机物质，它们主要是金属的氧化物、氢氧化物和碳酸盐、硫酸盐、磷酸盐以及硅酸盐。大量的灰渣特别是其中含有重金属化合物的灰渣，对环境会造成很大危害。

垃圾焚烧设施灰渣的产量，与垃圾种类、焚烧炉型式、焚烧条件有关。一般焚烧 1t 垃圾会产生 100～150kg 炉渣，除尘器飞灰为 10kg 左右，余热锅炉室飞灰的量与除尘器飞灰差不多。表 4－9 为炉渣、飞灰的产生机理和特性。

表 4－9　炉渣、飞灰的产生和特性

项目	产生机理与性状	产生量（干重）	重金属浓度	溶出特性
炉渣	Cd、Hg 等低沸点金属都成为粉尘，其他金属、碱性成分也有一部分气化，冷却凝结成为炉渣。炉渣由不燃物、可燃物灰分和未燃分组成	混合收集时湿垃圾量的 10%～15%；不可燃物分类收集时湿垃圾量的 5%～10%	除尘器飞灰浓度的 1/2～1/100	分类收集或燃烧不充分时，Pb、Cr^{6+} 可能会溶出，成为 COD、BOD
除尘器飞灰	除尘器飞灰以 Na 盐、K 盐、磷酸盐、重金属为多	湿垃圾质量的 0.5%～1%	Pb、Zn：0.3%～3%；Cd：20～40mg/kg；Cr：200～500mg/kg；Hg：110mg/kg	Pb、Zn、Cd 挥发性重金属含量高。pH 高时，Pb 溶出；中性时，Cd 溶出
锅炉飞灰	锅炉飞灰的粒径比较大（主要是砂土），锅炉室内用重力或惯性力可以去除	与除尘器飞灰量相当	浓度介于炉渣与除尘器飞灰之间	

3. 烟气的产生与特性

烟囱部位的烟气成分含量与垃圾组成、燃烧方式、烟气处理设备有关，垃圾焚烧产生的烟气与其他燃料燃烧所产生的烟气在组成上相差较大。同其他烟气相比，垃圾焚烧烟气的特点是 HCl 和 O_2 浓度特别高，粉尘中的盐分（氯化物和硫酸盐）特别高，表 4－10 为城市生活垃圾与其他燃料燃烧产生的烟气组成对比。

表 4－10　垃圾与其他燃料燃烧产生的烟气组成对比

燃料＼成分		颗粒物/(mg/Nm³)	NO_x/(mg/l)	SO_x/(mg/l)	HCL/(mg/l)	H_2O/(mg/l)	温度/℃
LNG、LPG		～10	50～100	0	0	5～10	250～400
低硫磺重油原油		50～100	约 100	100～300	0	5～10	270～400
高硫磺重油		100～500	100～500	500～1500	0	5～10	270～400
炭		100～25000	100～1000	500～3000	～30	5～10	270～400
城市垃圾	除尘器前	2000～5000	90～150	20～80	200～800	15～30	250～400
	除尘器后	2～100					200～250

焚烧过程中一些物质会产生有害气体，有害气体也会和粉尘反应，成为粉尘的一部分。垃圾中挥发性氯元素转化为 HCl 的转化率为 100%，燃烧性硫转化为 SO_x 的转化率为 100%，氯元素转化为 NO_x 的转化率为 10%。

800℃以上，NO 和 SO_2 是稳定的化学形态；300℃以下时，NO_2、SO_3 或 H_2SO_4 是稳定的化学状态。但是，300℃以下的烟气实测数据显示，SO_x 和 NO_x 的 95%以上为 SO_2 和 NO。在高温条件下，通过平衡计算的结果与实测值比较接近；而低温条件下由于停留时间短，计算结果与实测值差异较大。300℃以下，$HgCl_2$ 是稳定的化学状态。大型焚烧炉的烟气温度在 300℃以下，气体中的汞几乎都以 $HgCl_2$ 形式存在，90%是水溶性的。

烟气中 HCl 来源于含氯的塑料，SO_x 来源于纸张和厨房垃圾，NO_x 来源于厨房垃圾。烟气中的 HCl 与粉尘中的碱性成分易发生反应，SO_x 易与粉尘中的碱性成分和氯化物发生反应。烟气中汞(Hg)的化学形态在炉内基本上是汞蒸气，经燃烧室、静电除尘器后基本转变为氯化汞($HgCl_2$)。重金属、盐分在高温炉内部分气化，但在烟气冷却过程中凝聚，成为粉尘。表 4－11 为烟气中污染物的来源、产生原因及存在形态。

4. 恶臭的产生

在垃圾燃烧过程中，常会产生恶臭。恶臭物质也是未完全燃烧的有机物，多为有机硫化物或氮化物，它们刺激人的嗅觉器官，引起人们厌恶或不愉快，有些物质亦可损害人体健康。

恶臭物质浓度与臭气强度密切相关，它们之间的关系为：

$$Y = A\lg X + B \tag{4-6}$$

式中，Y——臭气强度；

X——恶臭物质浓度，mg/l；

A、B——常数。

臭气强度划分如表 4－12 所示。

表 4－11　烟气中污染物来源、产生原因及存在形态

污染物		来源	产生原因	存在形态
酸性气体	HCl	PVC、其他氯代碳氢化合物	—	气态
	HF	氟代碳氢化合物	—	气态
	SO_2	橡胶及其他含硫组分	—	气态
	HBr	火焰延缓剂	—	气态
	NO_x	丙烯腈、胺	热 NO_x	气态
CO与碳氢化合物	CO	—	不完全燃烧	气态
	未燃烧的碳氢化合物	溶剂	不完全燃烧	气、固态
	二噁英、呋喃	多种来源	化合物的离解及重新合成	气、固态
颗粒物		粉末、沙	挥发性物质的凝结	固态
重金属	Hg	温度计、电子元件、电池	—	气态
	Cd	涂料、电池、稳定剂/软化剂	—	气、固态
	Pb	多种来源	—	气、固态
	Zn	镀锌原料	—	固态
	Cr	不锈钢	—	固态
	Ni	不锈钢 Ni－Cd 电池	—	固态
	其他	—	—	气、固态

表 4-12 臭气强度划分

臭气强度	1	2	2.5	3	3.5	4	5
特征	勉强能感觉到的气味	稍能感觉到的气味	—	易感觉到的气味	—	很强的气味	强烈的气体

5. 白烟的形成

垃圾焚烧过程中，如果燃烧非常完全，烟囱冒出的烟应该是肉眼看不见的。但是，由于水蒸气、粉尘等原因会形成白烟。

烟囱出口燃烧烟气中含粉尘 0.1g/Nm^3 以上，可以用肉眼看见有色烟尘。0.1～0.01 g/Nm^3 能隐约看到烟尘，0.1g/Nm^3 以下肉眼看不出有灰尘。同样浓度的烟尘，烟尘粒径越小，肉眼越难看见。微小烟尘会成为白烟的核，理论上 0.1g/Nm^3 以下也能看到有色烟尘。

烟气中一般水蒸气含量为 23%左右(洗烟处理后，含量为 30%左右)。水蒸气从烟囱排出数米内，由于透过率大，看不出有烟尘。随后，由于大气冷却作用，烟气中的水分进入饱和状态，水分凝聚后形成白烟，微小颗粒和离子会使白烟更浓。

焚烧过程中的垃圾、烟气和焚烧灰渣分析：

(1)垃圾分析

垃圾组成是决定焚烧炉状况的重要因素。因此，对垃圾组成进行分析，可以预测焚烧炉的发热量、烟气中二氧化硫浓度，也可以计算焚烧垃圾量与空气需求量。

(2)烟气分析

焚烧炉的烟气温度、一氧化碳浓度、二氧化碳浓度、氧浓度是跟踪测定的参数，利用这些参数对焚烧炉进行反馈控制。为了使垃圾完全燃烧，减少恶臭，炉出口的温度必须达到 750～950℃。为了防止高温腐蚀，余热锅炉出口的温度必须控制在 200～300℃。为了减少氮氧化物生成，在氧化条件下，炉内温度不能升得太高。为了控制炉内不同部位达到不同温度，在炉内适当的部分进行温度测定是非常必要的。

(3)焚烧灰渣分析

焚烧灰渣是判定焚烧炉运行正常与否的最有力的数据。通过测定焚烧灰渣热灼减量，可以推算焚烧的完成状况。炉内热损失计算在热量管理上十分重要。定期测定热灼减量可以检知焚烧炉的异常和老化程度。

(六)废物焚烧炉的燃烧方式

废物在焚烧炉内的燃烧方式，按照燃烧气体的流动方向，大致可分为反向流、同向流及旋涡流等几类；按照助燃空气加入阶段数分类，可分为单段燃烧和多段燃烧；按照助燃空气供应量，可分为过氧燃烧、缺氧燃烧(控气式)和热解燃烧等方式。

1. 按燃烧气体流动方式分类

(1)反向流　焚烧炉的燃烧气体与废物流动方向相反，适合难燃性、闪火点高的废物燃烧。

(2)同向流　焚烧炉的燃烧气体与废物流动方向相同，适用于易燃性、闪火点低的废物燃烧。

(3)旋涡流　燃烧气体由炉周围方向切线加入，造成炉内燃烧气流的旋涡性，可使炉内气流扰动性增大，不易发生短流，废气流经路径和停留时间长，而且气流中间温度非常高，周围温度并不高，燃烧较为完全。

2. 按助燃空气加入段数分类

(1)单段燃烧　废物燃烧过程见图 4－11。由于废物在燃烧过程中，开始是先将水分蒸发，这必须克服水分潜热后，温度才开始上升，故反应时间长；其次是废物中的挥发分开始热分解，成为挥发性碳氢化合物，迅速进行挥发燃烧；最后才是碳颗粒的表面燃烧，需要较长燃烧反应时间，约需数秒至数十秒，才能完全燃烧完毕。因此单段燃烧时，一般必须送入大量的空气，且需较长停留时间才能将未燃烧的碳颗粒完全燃烧。

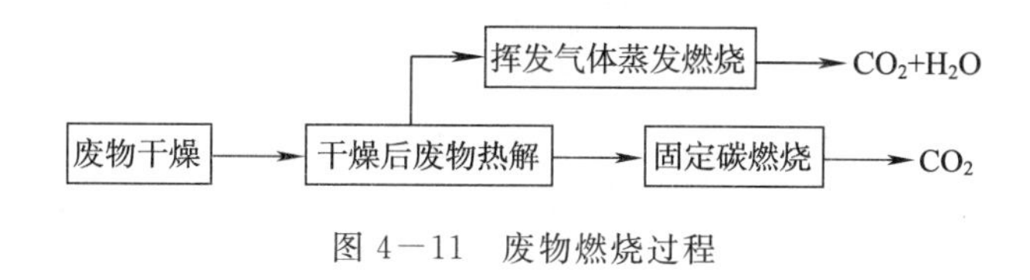

图 4－11　废物燃烧过程

(2)多段燃烧　在多段燃烧中，首先在一次燃烧过程中提供未充足的空气量，使废物进行蒸发和热解燃烧，产生大量的 CO、碳氢化合物气体和微细的碳颗粒；然后在第二次、第三次燃烧过程中，再供给充足空气使其逐次氧化成稳定的气体。多段燃烧的优点是燃烧所必须提供的气体量不需要太大，因此在第一燃烧室内送风量小，不易将底灰带出，产生颗粒物的可能性较少。目前最常用的是两段燃烧。

3. 按燃烧室空气供给量分类

依照第一燃烧室的供给空气量，大致可分为以下三种类型：

(1)过氧燃烧　即第一燃烧室供给充足的空气量(即超过理论空气量)。

(2)缺氧燃烧　即第一燃烧室供给的空气量约是理论空气量的 70%～80%，处于缺氧状态，使分为在此室内裂解成较小分子的碳氢化合物气体、CO 与少量微细的碳颗粒，到第二燃烧室再供给充足空气使其氧化成稳定的气体。由于经过阶段性的空气供给，可使燃烧反应较为稳定，相对产生的污染物较少，且在第一燃烧室供给的空气量少，所带出的粒状物质也相对较少，为目前焚烧炉设计与操作较常使用的模式。

(3)热解燃烧　第一燃烧室与热解炉相似，利用部分燃烧炉体升温，向燃烧室加入少量的空气(约为理论空气量的 20%～30%)，加速分为裂解反应的进行，产生部分可回收利用的裂解油，裂解后的烟气中仅有微量的粉尘与大量的 CO 和碳氢化合物气体，加入充足的空气使其迅速燃烧放热。此种燃烧型适合处理高热值废物，但目前技术尚未十分成熟。

(七)影响焚烧的主要因素

焚烧温度、搅拌混合程度、气体停留时间(一般称为 3T)及过剩空气率合称为焚烧四大控制参数。

1. 焚烧温度

废物的焚烧温度是指废物中有害组分在高温下氧化、分解直至破坏所须达到的温度。它比废物的着火温度高得多。

一般说提高焚烧温度有利于废物中有机毒物的分解和破坏，并可抑制黑烟的产生。但过高的焚烧温度不仅增加了燃料消耗量，而且会增加废物中金属的挥发量及氧化氮数量，引起二次污染。因此不宜随意确定较高的焚烧温度。

合适的焚烧温度是在一定的停留时间下由实验确定的。大多数有机物的焚烧温度范围在800～1100℃之间，通常在800～900℃左右。通过生产实践，提供以下经验数可供参考。

(1)对于废气的脱臭处理，采用800～950℃的焚烧温度可取得良好的效果。

(2)当废物粒子在0.01～0.51 μm之间，并且供氧浓度与停留时间适当时，焚烧温度在900～1100℃即可避免产生黑烟。

(3)含氯化物的废物焚烧，温度在800～850℃以上时，氯气可以转化为氯化氢，回收利用或以水洗涤除去；低于800℃会形成氯气，难以除去。

(4)含有碱土金属的废物焚烧，一般控制在750～800℃以下。因为碱土金属及其盐类一般为低熔点化合物。当废物中灰分较少不能形成高熔点炉渣时，这些熔融物容易与焚烧炉的耐火材料和金属零件发生腐蚀而损坏炉衬和设备。

(5)焚烧含氰化物的废物时，若温度达850～900℃，氰化物几乎全部分解。

(6)焚烧可能产生氧化氮(NO_x)的废物时，温度控制在1500℃以下，过高的温度会使NO_x急骤产生。

(7)高温焚烧是防治PCDD与PCDF的最好方法，估计在925℃以上这些毒性有机物即开始被破坏，足够的空气与废气在高温区的停留时间可以再降低破坏性。

2. 停留时间

废物中有害组分在焚烧炉内处于焚烧条件下，该组分发生氧化、燃烧，使有害物质变成无害物质所需的时间称之为焚烧停留时间。

停留时间的长短直接影响焚烧的完善程度，停留时间也是决定炉体容积尺寸的重要依据。

废物在炉内焚烧所需停留时间是由许多因素决定的，如废物进入炉内的形态(固体废物颗粒大小，液体雾化后液滴的大小以及粘度等)对焚烧所需停留时间影响甚大。当废物的颗粒粒径较小时，与空气接触表面积大，则氧化、燃烧条件就好，停留时间就可短些。因此，尽可能做生产性模拟试验来获得数据。对缺少试验手段或难以确定废物焚烧所需时间的情况，可参阅以下几个经验数据。

(1)对于垃圾焚烧，如温度维持在850～1000℃之间，有良好搅拌与混合，使垃圾的水气易于蒸发，燃烧气体在燃烧室的停留时间约为1～2s。

(2)对于一般有机废液，在较好的雾化条件及正常的焚烧温度条件下，焚烧所需的停留时间在0.3～2s左右，而较多的实际操作表明停留时间大约为0.6～1s；含氰化合物的废液较难焚烧，一般需较长时间，约3s。

(3)对于废气，为了除去恶臭的焚烧温度并不高，其所需的停留时间不需太长，一般在1s以下。例如在油脂精制过程中产生的恶臭气体，在650℃焚烧温度下只需0.3s的停留时间，即可达到除臭效果。

3. 混合强度

要使废物燃烧完全，减少污染物形成，必须要使废物与助燃空气充分接触、燃烧气体与助燃空气充分混合。

为增大固体与助燃空气的接触和混合程度，扰动方式是关键所在。焚烧炉所采用的扰动方式有空气流扰动、机械炉排扰动、流态化扰动及旋转扰动等，其中以流态化扰动方式效果最好。中小型焚烧炉多数属固定炉床式，扰动多由空气流动产生，包括：

(1)炉床下送风　助燃空气自炉床下送风，由废物层空隙中窜出，这种扰动方式易将不可燃的底灰或未燃碳颗粒随气流带出，形成颗粒物污染，废物与空气接触机会大，废物燃烧较完全，焚烧残渣热灼减量较小；

(2)炉床上送风　助燃空气由炉床上方送风，废物进入炉内时从表面开始燃烧，优点是形成的粒状物较少，缺点是焚烧残渣热灼减量较高；

二次燃烧室内氧气与可燃性有机蒸汽的混合程度取决于二次助燃空气与燃烧气体的相互流动方式和气体的湍流程度。湍流程度可由气体的雷诺数决定，雷诺数低于10000时，湍流与层流同时存在，混合程度仅靠气体的扩散达成，效果不佳。雷诺数越高，湍流程度越高，混合越理想。一般来说，二次燃烧室气体速度在3～7m/s即可满足要求。如果气体流速过大，混合度虽大，但气体在二次燃烧室的停留时间会降低，反应反而不易完全。

4. 过剩空气

在实际的燃烧系统中，氧气与可燃物质无法完全达到理想程度的混合及反应。为使燃烧完全，仅供给理论空气量很难使其完全燃烧，需要加上比理论空气量更多的助燃空气量，以使废物与空气能完全混合燃烧。其相关参数可定义如下。

(1)过剩空气系数

过剩空气系数(m)用于表示实际空气与理论空气的比值，定义为：

$$m=\frac{A}{A_0} \qquad (4-7)$$

式中，A_0 为理论空气量；A 为实际供应空气量。

(2)过剩空气率

过剩空气率由下式求出：

$$过剩空气率=(m-1)\times 100\%$$

废气中含氧量是间接反应过剩空气多少的指标。由于过剩氧气可由烟囱排气测出，工程上可以根据过剩氧气量估计燃烧系统中的过剩空气系数。废气中含氧量通常以氧气在干燥排气中的体积百分比表示，假设空气中氧含量为21%，则过剩空气比可粗略表示为：

$$过剩空气比=\frac{21}{21-过剩氧百分比} \qquad (4-8)$$

燃烧或焚烧排气的污染物排放标准是以50%过剩空气为基准，由于过剩空气无法直接测量，因此以7%过剩氧气为基准，再根据实际过剩氧气量加以调整。

废物焚烧所需空气量是由废物燃烧所需的理论空气量和为了供氧充分而加入的过剩空气量两部分所组成的。空气量供应是否足够，将直接影响焚烧的完善程度。过剩空气率过低会使燃烧不完全，甚至冒黑烟，有害物质焚烧不彻底；但过高时则会使燃烧温度降低，影响燃烧效率，造成燃烧系统的排气量和热损失增加。因此控制适当的过剩空气量是很必要的。

理论空气量可根据废物组分的氧化反应方程式计算求得，过剩空气量则可根据经验或实验选取适当的过剩空气系数后求出。如果废物内所含的有机组分复杂，难以对各组分一一进行理论计算，则须通过试验予以确定。

工业锅炉和窑炉与焚烧炉所要求的过剩空气系数有较大不同。前者首要考虑燃料使用效率，过剩空气系数尽量维持在1.5以下；焚烧的首要目的则是完全摧毁废物中的可燃物质，过剩空气系数一般大于1.5。表4－13列出一般窑炉及焚烧炉的过剩空气系数。

表4－13　一般工业炉及焚烧炉的过剩空气系数/%

燃烧系统	过剩空气系数	燃烧系统	过剩空气系数
小型锅炉及工业炉（天然气）	1.2	大型工业窑炉（燃油）	1.3～1.5
小型锅炉及工业炉（燃料油）	1.3	废气焚烧炉	1.3～1.5
大型工业锅炉（天然气）	1.05～1.10	液体焚烧炉	1.4～1.7
大型工业锅炉（燃料油）	1.05～1.15	流动床焚烧炉	1.31～1.5
大型工业锅炉（燃煤）	1.2～1.4	固体焚烧炉（旋窑，多层炉）	1.8～2.5
流动床锅炉（燃煤）	1.2～1.3		

根据经验选取过剩空气量时，应视所焚烧废物种类选取不同数据。焚烧废液、废气时过剩空气量一般取20%～30%的理论空气量；但焚烧固体废物时则要取较高的数值，通常占理论需氧量的50%～90%，过剩空气系数为1.5～1.9，有时甚至要在2以上，才能达到较完全的焚烧。

5.燃烧四个控制参数的互动关系

在焚烧系统中，焚烧温度、搅拌混合程度、气体停留时间和过剩空气率是四个重要的设计及操作参数。过剩空气率由进料速率及助燃空气供应速率即可决定。气体停留时间由燃烧室几何形状、供应助燃空气速率及废气产率决定。而助燃空气供应量亦将直接影响到燃烧室中的温度和流场混合（紊流）程度，燃烧温度则影响垃圾焚烧的效率。这四个焚烧控制参数相互影响，其互动关系如表4－14所示。

表4－14　焚烧四个控制参数的互动关系

参数变化	垃圾搅拌混合程度	气体停留时间	燃烧室温度	燃烧室负荷
燃烧温度上升	可减少	可减少	/	会增加
过剩空气率增加	会增加	会减少	会降低	会增加
气体停留时间增加	可减少	/	会降低	会降低

焚烧温度和废物在炉内的停留时间有密切关系。若停留时间短，则要求较高的焚烧温度；停留时间长，则可采用略低的焚烧温度。因此，设计时不宜采用提高焚烧温度的办法来缩短停留时间，而应从技术经济角度确定焚烧温度，并通过试验确定所需的停留时间。同样，也不宜片面地以延长停留时间而达到降低焚烧温度的目的。因为这不仅使炉体结构设计得庞大，增加炉子占地面积和建造费用，甚至会使炉温不够，使废物焚烧不完全。

废物焚烧时如能保证供给充分的空气，维持适宜的温度，使空气与废物在炉内均匀混合，且炉内气流有一定扰动作用，保持较好的焚烧条件，所需停留时间就可小一点。

四、堆肥

自然界的许多微生物具有氧化、分解有机物的能力。利用微生物的这种能力，处理可降解的有机固体废物，达到无害化和资源化，是有机固体废物处理利用的一条重要途径。

(一)堆肥化定义

堆肥化(composting)就是在控制条件下,利用自然界广泛分布的细菌、放线菌、真菌等微生物,促进来源于生物的有机废物发生生物稳定作用,使可被生物降解的有机物转化为稳定的腐殖质的生物化学过程。

这个定义强调,作为堆肥化的原料是来自生物的固体废物;堆肥过程是在人工控制条件下进行,不同于卫生填埋、废物的自然腐烂与腐化;堆肥化的实质是生物化学过程,堆肥产品对环境无害,即废物达到相对稳定。

堆肥化的产物称为堆肥(compost)。它是一种深褐色、质地疏松、有泥土气味的物质,类似于腐殖质土壤,故也称为“腐殖土”。是一种具有一定肥效的土壤改良剂和调节剂。如图 4－12 所示。

10 米发酵机

图 4－12　料槽式堆肥结构(百度)

(二)堆肥化分类

堆肥化系统有 3 种分类方法。按需氧程度分,有好氧堆肥和厌氧堆肥;按温度分,有中温堆肥和高温堆肥;按技术分,有露天堆肥和机械密封堆肥。习惯上都按好氧堆肥与厌氧堆肥区分。现代化堆肥工艺,基本上都是好氧堆肥,这是因为好氧堆肥具有温度高、基质分解比较彻底、堆制周期短、异味小、可以大规模采用机械处理等优点。厌氧堆肥是利用厌氧微生物完成分解反应,空气与堆肥相隔绝,温度低,工艺比较简单,产品中氮保存量比较多,但堆制周期太长、异味浓烈、产品中杂有分解不充分的物质。

(三)堆肥原料

堆肥的原料有城市垃圾、由纸浆厂食品厂等排水处理设施排出的污泥和下水污泥、粪尿消化污泥、家畜粪尿、树皮、锯末、糠壳、秸秆等。在我国以前堆肥的主要原料是生活垃圾和粪便的混合物,后来城市水厕的应用取代了旱厕,粪便随水进入生活污水下水道,由污水处理厂进行处理。现在我国禁止厨房剩余物(泔脚)和食品废物直接喂养禽畜,因此,泔脚和食品废物将成为堆肥原料的很大来源。

1. 城市垃圾

城市垃圾是指城市居民日常生活、商业活动、机关办公、市政维护过程产生的固体废物，其中包括厨房废物、废纸、废织物、废旧家具、玻璃陶瓷碎物、废旧塑料制品、废交通工具、煤灰渣、脏土及粪便等。各成分的比例随时间和场合而异。城市垃圾中能用作堆肥原料的是有机物质，其余的不可堆腐物必须经过分选回收等手段去除后，垃圾才用于生产堆肥。随着垃圾中有机组分含量和比例的增大，垃圾资源的优越性也会进一步增加。

2. 禽畜粪便

随着禽畜场规模化和数量的增加，禽畜粪便的数量很可观。禽畜粪便中有机质、N、P、K及微量元素含量丰富，C/N 比也比较低，是微生物的良好营养物质，非常适合作堆肥原料。但有臭味，需进行除臭处理。

3. 污泥

污泥是指来自城市生活污水及某些工业废水处理过程产生的污泥。来自城市污水处理后的污泥含有机物 30%～50%，含氮 2%～6%，含磷 1%～4%，含钾 0.2%～0.4%，来自食品、制革、造纸、炼油等行业的工业废水处理污泥中也含有大量的有机物，都适于用来堆肥。但污泥一般含有较高的重金属，尤其是排水系统接纳不加控制的工业污水时，问题更加严重。要注意限制含重金属工业废水的排放，并从配方添加剂、农艺措施等方面采取相应对策。

4. 农林废物

农林废物是指农、林、牧、渔各业生产及农民日常生活过程产生的植物秸秆、牲畜粪便等，都是微生物的良好营养物质，是很好的肥源。我国是个农业大国，各种农业废物不但种类繁多，而且数量巨大。这类废物分布广泛、廉价易得，是进行堆肥和沼气发酵的理想材料。

5. 泔脚和食品废物

厨余等食品废物的特点是有机质含量非常高，含水率也相当高，不可堆腐的惰性物质和其他杂质量很少，有害物质含量甚微，无须像处理城市垃圾那样经过复杂的前处理和后处理，投入的技术力量较少，就可生产出高质量的堆肥，是很有前途的堆肥原料。

(四)堆肥的原则

对于任何一种堆肥工艺，都应当研究如何能充分地利用微生物的分解效果，以保证将有机废弃物转化为有用的物质。工艺控制的目的在于分解过程尽量充分、完善、减少臭味；避免昆虫繁殖；破坏垃圾中的病原有机体和垃圾中的植物种子(以使作物纯净)；保留氮、磷和钾这些营养物的最大含量；减少完成整个堆肥工艺所需的时间和堆肥工艺的占地面积。

(五)堆肥的效用

将堆肥施加到土壤中，会产生下列效果：使黏重土壤变轻，改变含沙少的土壤结构；提高土壤的蓄水能力；扩大作物的根系。

堆肥以下列三种方式向生物提供营养：它向植物提供氮、磷和钾三种元素，这三者在堆肥中最典型的比例为 1.2%∶0.7%∶1.2%，但这个百分比变化很大；堆肥与化肥共同使用时，能使肥料中的磷元素变得更易被植物吸收，肥料中的氮元素的有效期也延长了，从而提高了作物所吸收的营养量；堆肥中含有一切植物所需要的其他微量元素。

(六)堆肥化存在的问题

目前在我国,高温堆肥从严格意义上可分为两种:(1)将垃圾破碎筛分,将筛出的可腐有机物尽心生物发酵以制成肥料,肥料中含有垃圾中的大部分灰粉,其余物质则另行处理;(2)考虑中国燃料结构的特点,在前分选阶段,将垃圾中煤灰粉经过粗筛分去除,再将粗筛分后的筛上物中的无机物和有机物尽可能分开,有机物用来堆肥,无机物进行压缩填埋或焚烧。两者的区别在于:前者堆肥产量大,可占垃圾重量的50%以上,而肥料中还混有大量的碎塑料和重金属,肥料质量明显不高,肥料用后对土地所产生的负面影响不可忽视;后者堆肥产量只占垃圾重量的10%～15%,但其对农作物的作用却是积极的,此种产品具有一定的市场前景。

在欧美发达国家,堆肥是受到严格限制的。由庭院修剪物、果品蔬菜加工废弃物、养殖场动物粪便和酿造厂废弃物作为原料而获得的有机肥料方可用于农业生产;垃圾混合堆肥只能用于城市园林、沙漠、盐碱地、海边滩涂绿化和森林植被保护。此外,欧美发达国家的垃圾收集大多是分类进行的,垃圾中极少含有灰粉和大量无机质,所以其堆肥中的有机质含量是很高的。如加拿大埃德蒙顿垃圾堆肥厂堆肥的有机质含量高达51%,如此高有机质含量的堆肥,其施用仍受到严格的限制。

目前堆肥所能达到的效果仅是利用土地消纳了大量的灰粉和有机质,在一定程度上实现了垃圾的无害化和减量化,所实现的资源化较为有限。近一个时期以来,垃圾堆肥渐成燎原之势,有些地区不从本地实际出发,盲目推广堆肥技术,应引起足够重视。因为有机固体废物堆肥化处理无论是方法本身,还是产品都存在一些问题。在我国垃圾还未实现分类收集,人们对垃圾堆肥对土地和农作物的影响缺乏正确认识和了解的情况下,其后果是令人担忧的。

首先,堆肥处理的效率低,操作过程中易产生恶臭,影响周围的环境,其工艺条件也较难控制,设备投资大、处理量小。据估算,建设一座机械化堆肥厂,投资额与处理能力之比为1万元/(t/d)。堆肥的生产设施一般都按照就近的原则建在市内,操作过程会产生恶臭,对环境卫生不利,必须投入较多资金装配排臭设施;生产过程中原料的运入和产品的输出,都要花费大量资金。

更重要的是堆肥的质量和市场问题。我国的堆肥目前主要以粗堆肥为主,其有效肥料成分含量低,杂质多。堆肥中的N、P、K混合含量通常都很低,很少有达到3%的。我国垃圾堆肥中的N、P、K含量低于发展中国家的平均含量,比发达国家的肥效更低(见表4—15)。虽然,采用城市垃圾和下水污泥为原料生产堆肥时,产品的N、P、K含量可能会高些,但并不理想。即使经过精细分选的颗粒肥料,也仍然含有一定的碎玻璃、金属、废塑料、陶瓷等不易腐化物质,它们的存在降低了产品的应用价值和产品的减容率,施用于农田,会造成地表粗糙,破坏表土性能,造成土壤污染。

表4—15　我国与国外堆肥肥效比较

	发达国家	发展中国家	中国
氮	1.37	0.99	0.66
磷	0.51	0.49	0.18
钾	0.71	0.97	0.83

(七)垃圾堆肥化的前景

城市垃圾堆肥化作为垃圾处理的三种主要方法之一受到多数国家重视。从国内外发展形势看,卫生化填埋因初期投资和运行成本较低,目前仍为许多不发达的国家和地区采用。但垃圾填埋对水环境和大气的不利影响已完全显现出来。填埋场渗滤液造成的污染地下水、地表水环境的事件和填埋场沼气爆炸事故不胜枚举。填埋垃圾释放的甲烷是一种导致全球温室效应的气体,其影响受到世界各国的重视。垃圾渗滤液的治理难度很大,难以达到预期的目标。而且,随着环保标准的不断提高,其初期投资和填埋运行费用越来越高,合适的场地的选择越来越困难,甚至找不到。因此,国外正逐步减少垃圾直接填埋量。尤其是在欧盟及发达国家,已强调垃圾填埋只能是最终处理手段,而且填埋对象只能是无机垃圾,有机物含量大于5%的垃圾不能进入填埋场。由此可见,垃圾填埋的适应性有限。垃圾焚烧以其减量化最大、无害化程度最高而受到人们的推崇。但由于初期投资和运行成本过高、焚烧尾气的二次污染和二噁英问题,又让人们望而却步。此外,我国垃圾热值低、含水率高、可燃成分少也是难以采用焚烧法的一个重要原因。

从我国农业增产的形式来看,要求逐年提供大量有机肥料作为土壤改良剂,因而需要生产出优质堆肥,特别是肥效高的放线菌堆肥以满足这种要求。对于农业大国而言,城市生活垃圾堆肥化综合处理,以生产高效系列有机复混肥,这将逐渐成为生活垃圾农用资源化的重要方式。长期以来,我国各地果园,也多坚持施用堆肥,因此可以说,果园将成为我国今后堆肥的一个潜在用户。但应注意的是堆肥的质量一定要满足农用标准。堆肥还可以用来填埋由于平原采掘而出现的地面塌陷,实行覆土还田,这种用途对堆肥的数量要求更大。

生产高质量的精堆肥和多用途的复混肥将是我国堆肥产品发展的趋势。以前盛行的粗堆肥应摈弃。粗堆肥只能用于沙漠地区,用于防止土地继续沙化、培植植被或用于绿化目的。精堆肥用于农作物也应慎重,首先应考虑农产品对人体的影响,其次还应对使用堆肥后土地的重金属含量进行跟踪监测。为尽可能的是堆肥产品不含杂质和有害物质,应该尽量使用仅由有机物组成的原料。单一有机废物进行堆肥,投入的技术量少,产出的堆肥质量高。混合垃圾因成分复杂,堆肥产品杂质和有害物质多、质量差。实践证明,提高垃圾堆肥质量的关键是实施有机垃圾的分类收集和提高堆肥技术水平。在我国垃圾还未分类收集的情况下,应积极研究开发垃圾机械筛分、堆肥新工艺、重金属去除、提高堆肥有机质含量等技术,把堆肥的危害降至最低。进一步完善国产化有机复合肥成套生产技术与设备,生活垃圾堆肥厂中生产有机复合肥和颗粒肥的比例将逐步提高。进一步拓宽堆肥市场,使其有稳定的市场需求。

使用优质的有机肥,发展有机农业,生产绿色食品,将成为世界农业的主流。西方农业曾单纯依靠化肥农药大面积大幅度地提高了作物产量,经济效益十分可观。但这是以消耗大量能源、牺牲环境生态、降低土壤肥力和农产品品质为代价的。早已经暴露出来的西方现代农业的种种弊端,在能源危机、生态危机和资源危机不断加剧的今天特别引人注目。现在西方国家纷纷提提倡发展有机农业、生态农业、生物农业等,即尽可能不用人工合成的化学药品包括化肥、农药、植物激素等;提倡依靠轮作、施用作物残体、人畜粪尿等有机废物供给作物养分,保持土壤肥力和可耕作性;采用生物防治技术控制病虫杂草。用这种方式生产出的农产品被称为绿色食品或无公害食品,在西方已经大量上市,备受消费者的青睐,在市场上极具竞争力。我国传统农业是以大量施用有机肥料为主要特色，发展有机农业，生产绿色食品具有很大的优势。中国加入WTO后，面对竞争日益加剧的国际市场，中国的农产品的绿色生态优势是其与西方国家农产品竞争的资本。发展优质的复混肥将具有广阔的应用前景。

堆肥的使用带有很浓厚的地域特点。我国南方属于多山地区，很适于各类水果的栽培和种植。福建、广东、广西等省正在大力利用荒地和山区地带发展果树种植，非常需要有机肥。果农的实践经验和研究均表明，对果树实用有机肥，与化肥相比，可以明显提高水果的质量。荔枝、龙眼、苹果、柿子等果树在实用有机肥后，产量和口感均明显提高和改善。因此，在我国果树种植地区，有机肥相当受欢迎。这是堆肥的曙光和新的增长点。

五、堆肥原理

(一)堆肥化原理

根据堆肥化过程中微生物对氧气不同的需求情况，可以把堆肥化方法分成好氧堆肥和厌氧堆肥两种。好氧堆肥是在通气条件好，氧气充足的条件下借助好氧微生物的生命活动降解有机物，通常好氧堆肥堆温高，一般在55～60℃，极限可达80～90℃，所以好氧堆肥也称为高温堆肥；厌氧堆肥则是在通气条件差、氧气不足的条件下借助厌氧微生物发酵堆肥。

1. 好氧堆肥原理

有机废物好氧堆肥化过程实际上就是基质的微生物发酵过程，可用下式表示：

[C、H、O、N、S、P]$+O_2 \longrightarrow CO_2+NO_3+SO_4+$简单有机物+更多的微生物+热量

好氧堆肥过程中，有机废物中的可溶性小分子有机物质透过微生物的细胞壁和细胞膜而为微生物吸收利用。不溶性大分子有机物则先附着在微生物的体外，由微生物所分泌的胞外酶分解为可溶性小分子物质，再输送入细胞内为微生物利用。通过微生物的生命活动——合成及分解过程，把一部分被吸收的有机物氧化成简单的无机物，并提供生命活动所需要的能量，把另一部分有机物转化合成新的细胞物质，使微生物增殖。

好氧堆肥过程可大致分成三个阶段：

(1)中温阶段

这是指堆肥化过程的初期，堆层基本呈15～45℃的中温，嗜温性微生物较为活跃并利用堆肥中可溶性有机物进行旺盛的生命活动。这些嗜温性微生物包括真菌、细菌和放线菌，主要以糖类和淀粉类为基质。真菌菌丝体能够延伸到堆肥原料的所有部分，并会出现中温真菌的子实体。同时螨、千足虫等将摄取有机废物。腐烂植物的纤维素将维持线虫和线蚁的生长，而更高一级的消费者中弹尾目昆虫以真菌为食，缨甲科昆虫以真菌孢子为食，线虫摄食细菌，原生动物以细菌为食。

(2)高温阶段

当堆温升至45℃以上时即进入高温阶段，在这一阶段，嗜温微生物受到抑制甚至死亡，取而代之的是嗜热微生物。堆肥中残留的和新形成的可溶性有机物质继续被氧化分解，堆肥中复杂的有机物如半纤维素、纤维素和蛋白质也开始被强烈分解，在高温阶段中，各种嗜热性的微生物的最适宜的温度也是不相同的，在温度的上升过程中，嗜热微生物的类群和种群是互相接替的。通常在50℃左右最活跃的是嗜热性真菌和放线菌；当温度上升到60℃

时，真菌则几乎完全停止活动，仅为嗜热性放线菌和细菌的活动；温度升到70℃以上时，对大多数嗜热性微生物已不再适应，从而大批进入死亡和休眠状态。现代化堆肥生产的最佳温度一般为55℃，这是因为大多数微生物在45～80℃范围内最活跃，最易分解有机物，其中的病原菌和寄生虫大多数可被杀死(表4－16)。

不过，加拿大已经开发出一种能够在85℃以上生存的微生物。这种微生物可以在含固率仅8%的有机废液中分解有机物，使之转化为高效液体有机肥。这应该是一个重要的发展方向。目前这方面的资料不多(可参考本书“泔脚”有关章节)。

表4－16　几种常见病菌与寄生虫的死亡温度

名称	死亡情况
沙门氏伤寒菌	46℃以上不生长;55～60℃,30分钟内死亡
沙门氏菌属	56℃,1小时内死亡;60℃,15～20分钟内死亡
志贺氏杆菌	55℃,1小时内死亡
大肠杆菌	绝大部分:55℃,1小时内死亡 60℃,15～20分钟内死亡
阿米巴属	68℃死亡
无钩涤虫	71℃,5分钟内死亡
美洲钩虫	45℃,50分钟内死亡
流产布鲁士菌	61℃,3分钟内死亡
化脓性细球菌	50℃,10分钟内死亡
酿浓链球菌	54℃,10分钟内死亡
结核分枝杆菌	66℃,15～20分钟内死亡,有时在67℃死亡
牛结核杆菌	55℃,45分钟内死亡

(3)降温阶段

在内源呼吸后期，剩下部分较难分解的有机物和新形成的腐殖质。此时微生物的活性下降，发热量减少，温度下降，嗜温性微生物又占优势，对残余较难分解的有机物作进一步分解，腐殖质不断增多且稳定化，堆肥进入腐熟阶段，需氧量大大减少，含水率也降低。

2. 厌氧堆肥原理

厌氧堆肥是在缺氧条件下利用厌氧微生物进行的一种腐败发酵分解，其终产物除CO_2和水外，还有氨、硫化氢、甲烷和其他有机酸等还原性终产物，其中氨、硫化氢及其他还原性终产物有令人讨厌的异臭，而且厌氧堆肥需要的时间也很长，完全腐熟往往需要几个月的时间。传统的农家堆肥就是厌氧堆肥。

厌氧堆肥过程主要分成两个阶段：

第一阶段是产酸阶段，产酸菌将大分子有机物降解为小分子的有机酸和乙醇、丙醇等物质，并提供部分能量因子ATP，以乳酸菌分解有机物为例：

$$C_6H_{12}O_6 \xrightarrow{\text{乳酸菌}} 2C_3H_6O_3(\text{乳酸}) + 2ATP$$

第二阶段为产甲烷阶段。甲烷菌把有机酸继续分解为甲烷气体。

$$2C_3H_6O_3 \xrightarrow{\text{甲烷菌}} 3CH_4 + 3CO_2 + \text{能量}$$

厌氧过程没有氧分子参加，酸化过程中产生的能量较少，许多能量保留在有机酸分子中，在甲烷菌作用下以甲烷气体的形式释放出来，厌氧堆肥的特点是反应步骤多，速度慢，周期长。

3. 堆肥微生物

堆肥化是微生物作用于有机废物的生化降解过程，说明微生物是堆肥过程的主体。堆肥微生物的来源主要有两个方面。一方面是来自有机废物里面固有的大量的微生物种群，如在城市垃圾中一般的细菌数量在1014～1016个/kg；另一方面是人工加入的特殊菌种。这些菌种在一定条件下对某些有机物废物具有较强的分解能力，具有活性强、繁殖快、分解有机物迅速等特点，能加速堆肥反应的进程，缩短堆肥反应的时间。

堆肥中发挥作用的微生物主要是细菌和放线菌，还有真菌和原生动物等。随着堆肥化过程有机物的逐步降解，堆肥微生物的种群和数量也随之发生变化。

细菌是堆肥中形体最小数量最多的微生物，它们分解了大部分的有机物并产生热量。细菌是单细胞生物，形状有杆状、球状和螺旋状，有些还能运动。在堆肥初期温度低于40℃时，嗜温性的细菌占优势。当堆肥温度升至40℃以上时，嗜热性细菌逐步占优势。这阶段微生物多数是杆菌。杆菌种群的差异在50～55℃时是相当大的，而在温度超过60℃时差异又变得很小。当环境改变不利于微生物生长时，杆菌通过形成孢子壁而幸存下来。厚壁孢子对热、冷、干燥及食物不足都有很强的耐受力，一旦周围环境改善，它们又将恢复活性。

成品堆肥散发的泥土气息是由放线菌引起的。在堆肥化的过程中它们在分解诸如纤维素、本质素、角素和蛋白质这些复杂有机物时发挥着重要的作用。它们的酶能够帮助分解诸如树皮、报纸一类坚硬的有机物。

真菌在堆肥后期当水分逐步减少时发挥着重要的作用。它与细菌竞争食物，与细菌相比，它们更能够忍受低温的环境，并且部分真菌对氮的需求比细菌低，因此能够分解本质素，而细菌则不能。人们很关注真菌在堆肥中的种群，因为有些属于曲霉种类的真菌对人类健康有潜在的危胁。

微型生物在堆肥过程中也发挥着重要的作用。轮虫、线虫、跳虫、潮虫、甲虫和蚯蚓通过在堆肥中移动和吞食作用，不仅能消纳部分有机废物，而且还能增大表面积，并促进微生物的生命活动。

(二)影响堆肥化的因素分析

1. 化学因素

C/N比

在微生物分解所需的各种元素中，碳和氮是最重要的。C提供能源和组成微生物细胞50%的物质，N则是构成蛋白质、核酸、氨基酸、酶等细胞生长必须物质的重要元素。通常用C/N比来反映这两种关键元素。理想的C/N比在30∶1左右。当C/N比小于30∶1时，N将过剩，并发氨气的形式释放，发出难闻的气味；而在高C/N比的条件下，将导致N的不足，影响微生物的增长，使堆肥温度下降，有机物分解代谢的速度减慢。

随着堆肥化过程的发展，C/N比逐步从30∶1降至15∶1这是因为有机物被微生物消耗，有2/3的C变成CO_2释放，只有1/3的C与N合成细胞物质，并在微生物死后被进一步释放。

虽然C/N的控制目标为30∶1,但这个比例对不同的堆肥原料要进行相应的调整。大部分堆肥原料中的N是容易利用的,然而在某些有机物中的C很难降解,因为它们是由套装在木质素内的纤维素组成,这种存在于木材中的物质很难降解,正因为它们所含的C中不是所有的都易于被微生物利用,所以在使用这些原料进行堆肥时就要考虑较高的C/N,另外颗粒的大小也是一个影响因素,对于同一种物质,比表面积越大越容易被微生物所利用。

氧气 O_2

堆肥的另外一个基本物质是 O_2,因为微生物氧化C产生能量,所以 O_2 被消耗而生成 CO_2,若没有足够的氧,堆肥化过程将变成厌氧,并产生难闻的臭味。虽然好氧微生物能在氧浓度低于5%时生存,但通常认为氧浓度超过10%是好氧堆肥的最优浓度。

从理论上讲,堆肥过程中的需氧量取决于碳被氧化的量。然而堆肥过程中,只是易分解的物质被微生物利用合成新的细胞和为合成新的细胞质提供能量,而一部分纤维素和木质素并不能全部被微生物分解,仍然保留在堆肥成品中。

营养平衡

足够的P、K和微量元素对于微生物的新陈代谢是必须的,一般这些营养元素不是限制条件,因为在堆肥原料中这些物质是充足的。

pH

对于堆肥微生物来说最佳的pH=5.5～8.5。当细菌和真菌消化有机物质时,他们释放出有机酸,在堆肥的最初阶段,这些酸性物质会积累。pH的下降刺激真菌的生长,并分解木质素和纤维素,通常有机酸在堆肥过程中进一步分解。如果系统变成厌氧,将使pH降至4.5,将严重限制微生物的活性。通过曝气就能够使pH回升到正常的区域。

2. 物理因素

堆肥速度除了受化学因素的影响外还受物理因素影响,主要包括温度、颗粒尺寸、含水率等。

温度

温度在堆肥过程中扮演着一个重要角色,它是堆肥时间的函数,对微生物的种群有着重要的影响,而且影响堆肥过程的其他因素也会随着温度的变化而改变。对于一个管理良好的堆肥系统,温度可以根据需要进行控制,例如,如果废物含有致病的病原菌,那么杀灭这些病菌将是堆肥工艺过程中的一项重要内容。对于那些不含致病菌的堆肥原料诸如牲畜的粪便等,对温度的控制只要求杀灭植物的致病微生物和杂草的种子。

不同的堆肥工艺可能达到不同的堆温。在静态或动态的封闭堆肥系统中堆肥过程达到的温度最高,静态垛系统能够达到的温度最低,且温度分布不均匀,堆层中心高而表层的温度较低。

关于最佳的堆肥温度还有一些不同的意见,一般认为最佳温度在50～60℃之间。如果要考虑杀灭堆肥中的病菌和虫卵,当温度超过55℃时还必需保持几天的时间。

颗粒尺寸

因为微生物通常在有机颗粒的表面活动,所以降低颗粒物尺寸,增加表面积,将促进微生物的活动并加快堆肥速度,而另一方面若颗粒太细,又会阻碍堆层中空气的流动,将减少堆层中可利用的氧气量,反过来又会减缓微生物活动的速度。

含水率

堆肥原料的最佳含水率通常是在50%～60%，当含水率太低（<30%）时将影响微生物的生命活动，太高也会降低堆肥速度，导致厌氧分解并产生臭气以及营养物质的沥出。不同的有机废物的含水率相差很大，通常要把不同种类的堆肥物质混合在一起。堆肥物质的含水率还与设备的通风能力和堆肥物质的结构强度密切相关，若含水率超过60%水就会挤走空气，堆肥物质便呈致密状态，堆肥就会向厌氧方向发展，此时应加强通风。反之，堆肥物质中的含水率低于12%，微生物将停止活动，一般说来，含水率低于40%时，应加水调节。

对于含水率，李国建等提出了极限含水率概念，试验证明极限含水率60%～80%是堆肥物料发酵的适宜含水率。

六、堆肥工艺的分类

由于分类所依据的角度不同，按照目前堆肥工艺的特点可分为如下的四种基本类型。

（一）按微生物对氧的需求

根据堆肥微生物对氧的需求情况可将其分为有好氧堆肥和厌氧堆肥两类，即：

1. 好氧堆肥

好氧堆肥是依靠专性和兼性好氧细菌的作用使有机物得以降解的生化过程。好氧堆肥具有对有机物分解速度快、降解彻底、堆肥周期短的特点。一般一次发酵在4～12d，二次发酵在10～30d便可完成。由于好氧堆肥温度高，可以灭活病原体、虫卵和垃圾中的植物种子，使堆肥达到无害化。此外，好氧堆肥的环境条件好，不会产生难闻的臭气。

目前采用的堆肥工艺一般均为好氧堆肥。但由于好氧堆肥必须维持一定的氧浓度，因此运转费用较高。

2. 厌氧堆肥

厌氧堆肥是依赖专性和兼性厌氧细菌的作用降解有机物的过程。厌氧堆肥的特点是工艺简单。通过堆肥自然发酵分解有机物，不必由外界提供能量，因而运转费用低。若对于所产生的甲烷处理得当，还有加以利用的可能。但是，厌氧堆肥具有周期长（一般需3～6个月）、易产生恶臭、且占地面积大等缺点，因此，厌氧堆肥不适合大面积推广应用。

（二）按要求的温度范围

若按堆肥工艺所要求的温度范围分类，则有中温堆肥和高温堆肥两种。即：

1. 中温堆肥

一般系指中温好氧堆肥，所需温度为15～45℃。由于温度不高，不能有效地杀灭病原菌，因此，目前中温堆肥较少采用。

2. 高温堆肥

好氧堆肥所产生的高温一般在50～65℃，极限可达80～90℃，能有效地杀灭病菌，且温度越高，令人讨厌的臭气产生就会减少，因此高温堆肥已为各国公认，采用较多。高温堆肥最适宜的温度为55～60℃。

（三）按堆肥过程中物料运动形式

若按堆肥物料运动形式分类，则有静态堆肥、连续或间歇式动态堆肥两种。即：

1. 静态堆肥

静态堆肥是把收集的新鲜有机废物一批一批地堆制。堆肥物一旦堆积以后,不再添加新的有机废物和翻倒,待其在微生物生化反应完成之后,成为腐殖土后运出。静态堆肥适合于中、小城市厨余垃圾、下水污泥的处理。

2. 动态(连续或间歇式)堆肥

动态堆肥采用连续或间歇进、出料的动态机械堆肥装置,具有堆肥周期短(3～7d),物料混合均匀,供氧均匀充足,机械化程度高,便于大规模机械化连续操作运行等特点。因此,动态堆肥适用于大中城市固体有机废物的处理。但是,动态堆肥要求高度机械化,并需要复杂的设计、施工技术和高度熟练的操作人员。并且,动态堆肥一次性投资和运转成本较高。目前,动态堆肥工艺在发达国家已得到普遍的应用。

(四)按堆肥堆制方式

若按堆肥堆制方式分类,则有露天式堆肥和装置式堆肥两种。

1. 露天式堆肥

露天式堆肥即露天堆积,物料在开放的场地上堆成条垛或条堆进行发酵。通过自然通风、翻堆或强制通风方式,以供给有机物降解所需的氧气。这种堆肥所需设备简单,成本投资较低。其缺点是发酵周期长,占地面积大,受气候的影响大,有恶臭,易招致蚊蝇、老鼠的孳生。这种堆肥仅宜在农村或偏远的郊区应用,而城市是不合适的。

2. 装置式堆肥

装置式堆肥也称为封闭式堆肥或密闭型堆肥,是将堆肥物密闭在堆肥发酵设备中,如发酵塔、发酵筒、发酵仓等,通过风机强制通风,提供氧源,或不通风厌氧堆肥。装置式堆肥的机械化程度高,堆肥时间短,占地面积小,环境条件好,堆肥质量可控可调等。因此适用于大规模工业化生产。

(五)按发酵历程

按发酵历程分类,有一次发酵和二次发酵两种工艺。

1. 一次发酵

好氧堆肥的中温与高温两个阶段的微生物代谢过程称为一次发酵或主发酵。它是指从发酵初期开始,经中温、高温然后到达温度开始下降的整个过程,一般需 10～12d,以高温阶段持续时间较长。

2. 二次发酵

经过一次发酵后,堆肥物料中的大部分易降解的有机物质已经被微生物降解了,但还有一部分易降解和大量难降解的有机物存在,需将其送到后发酵仓进行二次发酵,也称后发酵,使其腐熟。在此阶段温度持续下降,当温度稳定在 40℃左右时即达到腐熟,一般需 20～30d。

此外,根据堆肥过程中所采用的机械设备的复杂程度,有简易堆肥和机械堆肥之分。

以上为堆肥工艺的基本类型,仅按其中某一种分类方式难以全面地描述实际采用的堆肥工艺,因此,常采用多种分类方式同时并用的形式描述堆肥工艺,如高温好氧静态堆肥、高温好氧连续式动态堆肥、高温好氧间歇式动态堆肥等。国外有一种较为直观简便的分类方法,也为国内研究人员所接受,即按照堆肥技术的复杂程度,将堆肥系统分为条垛式堆肥系统、通风静态垛系统、反应器系统(或发酵仓系统)等。实际上,条垛式和静态通风垛式堆肥属于露天式好氧堆肥,反应器式堆肥即为装置式堆肥,有的属于连续式或间歇式好氧动态堆肥,有的属于静态堆肥。

七、农村地区的简易堆肥方法

我国农民从古到今就有积肥制肥的传统,非常重视有机肥对土壤的培肥作用。农民们将人粪尿、不能食用的烂叶子、动物粪便、杂草、秸梗、废物垃圾等,混合堆积起来,糊泥密封,然后在自然条件下通过微生物的发酵作用,使堆料中的有机物腐熟,达到土壤可接受的稳定程度,成为一种含氮丰富的腐殖质。这种过程一般没有或少有人为控制,在农村常称为沤肥。随着人们对堆肥过程的控制和改进,堆肥技术得以不断发展。

(一)简易堆肥方法

堆肥方法基本上可分为需氧堆肥和厌氧堆肥两类。需氧性堆肥主要是利用需氧性微生物的活动,有机物分解迅速,能产生大量的热能使堆内的温度不断上升,一般可达到50～70℃,并可维持一定时间,从而将堆料的病菌、蠕虫卵、蝇蛆等杀死,达到无害化的目的。厌氧性堆肥主要是利用厌氧性微生物的活动,有机物分解缓慢,产生的热量少,堆温低,堆腐时间长。下面介绍几种农村地区常用的堆肥方法。

1. 沤制堆肥法

所谓沤制堆肥法,就是一般人们所说的"压绿肥"。具体方法是,将人粪尿(或牲畜粪)、垃圾、绿肥、灰肥和草皮子等混合在一起,放入污水坑中沤制。沤肥时可加入0.5%～1%的生石灰,这样既可加速寄生虫卵的死亡,又易于使绿肥腐熟。为了防止蚊虫孳生,应尽量保持坑内湿润但又不能积水,如有积水,最好是每隔十天左右翻坑倒肥一次,这样既能提高沤肥的速度,又能杀灭蚊卵而防止蚊虫孳生。

2. 平地式需氧性堆肥法

此法是将堆料分层堆积于地面上,堆后于表面加以泥封,堆料的配合比例,可采用人粪尿和牲畜粪30%～40%,垃圾(包括秸秆、杂草、树叶、生活垃圾)60%～70%。堆肥前应将堆料中的稿杆(麦秆、玉米秆和稻草等)切碎,长度1寸左右为宜,并用水浸湿。堆料水分宜保持在50%～60%。

具体做法是:选择干燥结实地面铲平夯实,周围开排水沟,一般长2～2.5m,宽1.5～2m,挖纵向通气沟两条,横沟三条,沟的深宽各15cm左右,沟上面铺一层树枝或荆条,在交叉处,竖立六根木棍或粗竹竿,然后在底层铺30～40cm厚的一层垃圾,再加入一定量的牛马粪,适量加洒一层水粪尿和水,这样逐层上堆,也可将混合均匀的堆料直接往上堆,直到堆高1.5～2m时为止,堆成梯形,上窄下宽。堆成后要用湿泥密封,2～3天泥封稍干后,将木棍或竹竿拔出,形成通风道。如堆内条件适宜,3～5天温度即可上升到50℃以上,在向阳的地方堆料15天左右即可腐熟。此法适用于气温较高的夏季和地下水位较高的地区。

3. 半坑式需氧性堆肥法

先在平地挖坑,坑的大小依据堆料的数量而定。但一般多采用挖一个深3尺[①],长、宽各

---

① 1尺=1/3m。

6尺的方形或圆形坑。把挖出的土堆在四周筑成高2尺的土围墙，同时在坑底和四面坑壁中间挖一条十字形通气沟，一直沿坑壁通至地面上开口，沟深、宽各6寸[①]。堆肥时先用稿杆或树枝架于沟上。在十字沟交叉处竖立直径约3寸，长约7寸的木棍或稿杆把，然后将配好的堆料填入坑内(配料方法与上法相同)，每堆一层，加水一次，总加水量约45%～55%，以不流出为度，以利于有机物的分解腐熟和微生物的活动。堆满后，不宜踏实，只在顶上再糊一层1～2寸限厚的粘泥或稀泥，2～3天后将中间插的木棍或稿杆拔出，形成一个通气道。这种方法在南方一年四季均可进行，在北方适宜于春、夏、秋三季，堆温上升快而稳定。堆内湿度均匀，腐熟时间一般20天左右。堆料腐熟之后，颜色呈现黑色或棕色，没有臭味，不招引苍蝇，质地松软，一捏就成团，一搓就碎，这就表明已完全腐熟而达到无害化程度，即可作肥料使用。

4. 发酵室堆肥法

发酵室堆肥法属小型需氧性发酵，适用于粪便、垃圾的无害化处理。发酵室的大小依粪便、垃圾堆料配比成分而定。一般每个室按4～6天的粪便产量设计。发酵室宽为1～1.2m，高1.5m，总容积为1.5～2.0m^3。发酵室用砖或石块砌筑，室内四壁用水泥砂浆粉刷，室顶用竹筋水泥或砖拱，顶部中间留0.5m×0.5m或0.6m×0.6m的进料口，并加活动板。室前壁留宽0.8m，高0.5～0.6m的出料口，使用时把它封严，出料时打开。室底设十字形或米字形排水通气沟，沟宽和深0.15～0.20m，沟面盖砖(留适当砖缝)或钻有小孔的盖板，排水通气沟与室外总排水沟相通，管的下口与室底排水通气口相连通。用这种方法处理人粪、垃圾和稿杆灰，温度可达55℃以上，维持8～14天。灭菌、杀卵、防蝇效果较好。

5. 厌氧性堆肥法

厌氧性堆肥法堆内无通风道，有机物进行厌氧发酵，堆温低，腐熟及无害化的时间较长，但比较省工、省时和方便，因此在急需用肥或劳力紧张的地区，仍广为采用。此法适用于秋末春初、气温较低的季节。一般封堆20～30天后翻堆一次，以利于堆料腐熟。

(二)快速无害化处理

为加快堆肥无害化，使其卫生学性质符合要求，可人为地加入一些药剂，以杀灭堆肥中的病原菌和虫卵。具体做法有：

1. 加农药处理法

每百斤粪便加“敌百虫”或“西维因”粉剂半斤，经混匀后，一天便可杀灭90%的钩虫卵和大部分蛔虫卵。

2. 加生石灰法

每担粪(约50kg)加生石灰一斤，搅匀后，2～3天便可达到无害化。但粪肥应在加生石灰3～5天后就施用，否则，会因加碱引起氨挥发，导致肥效降低。

3. 加尿素法

每100kg粪便加1kg尿素，经2～4天后，就能杀灭大部分虫卵。这种肥施用时，要先兑水，稀释后再用。稀释比例一般按尿素与水之比为1∶100为宜。否则浓度大了会损害农作物或园林植物。

① 1寸=1/30m。

(三)堆肥效果的影响因素及其控制

1. 微生物的数量

堆肥是多种微生物综合作用的结果,其中高温纤维分解菌起着更为重要的作用。为了加速堆肥的腐熟,堆肥时应加入一些含高温纤维分解菌多的骡、马粪或已经腐熟的堆肥土,其加入量视堆料而定,一般的为10%～20%。

2. 堆料中的有机成分含量

为供给微生物以充分的养料,堆料中的有机物质应占25%以上,碳、氮应有适当的比例(约为25∶1)。据广州、北京、河北等地的经验,堆肥中人粪尿以20%～40%为宜。

3. 湿度

一般以30%～50%为适宜。水分过少可影响微生物繁殖,过多可造成厌氧环境,不利于发酵。含水量要根据原料质量、性质、季节而定。南方雨水多,新鲜草料、树叶等材料中含水量大,水分不宜多加,而北方却不同,加水量应大些。

4. pH 值

微生物适于在中性和弱碱性的环境中生长繁殖,为减少堆肥中产生有机酸的影响,可适当加入炉灰、石灰或草木灰调节,但盐碱地区不宜加石灰。

5. 空气供给情况

需氧性堆肥主要利用需氧菌的活动使有机物分解,因此,需要有良好的通风条件。但通气量太大会造成水分蒸发过快,不利于保温、保湿和保肥。一般要求在堆肥过程中,温度上升期通风量要大些,温度下降期应限制通风量;冬季为了保温,通风量要小些。

6. 堆面封泥

堆体表面封泥对保温、保肥、防蝇和减少臭味都有很大作用。泥的厚度一般以5～6cm为宜,冬季可适当加大厚度。

八、热解

热解(Pyrolysis)法是利用垃圾中有机物的热不稳定性,在无氧或缺氧条件下对之进行加热蒸馏,使有机物产生热裂解,经冷凝后形成各种新的气体、液体和固体,从中提取燃料油、油脂和燃料气的过程。如图4—13所示。

热解反应可以用通式表示如下:

城市生活垃圾 $\xrightarrow{\Delta}$ 气体(H_2、CH_4、CO、CO_2)+有机液体(有机酸、芳烃、焦油)+固体(炭黑、炉渣)

热解产物的产率取决于原料的化学结构、物理形态和热解的温度和速度。Shafizadeh 等人对纤维素的热解过程进行了较为详细的研究后,提出了用下图描述纤维素的热解和燃烧过程。

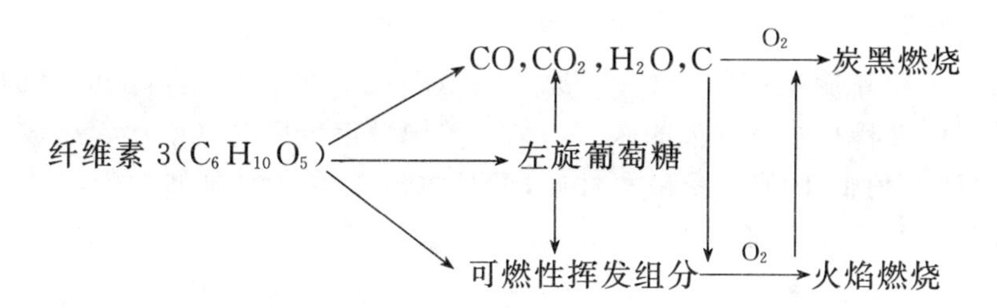

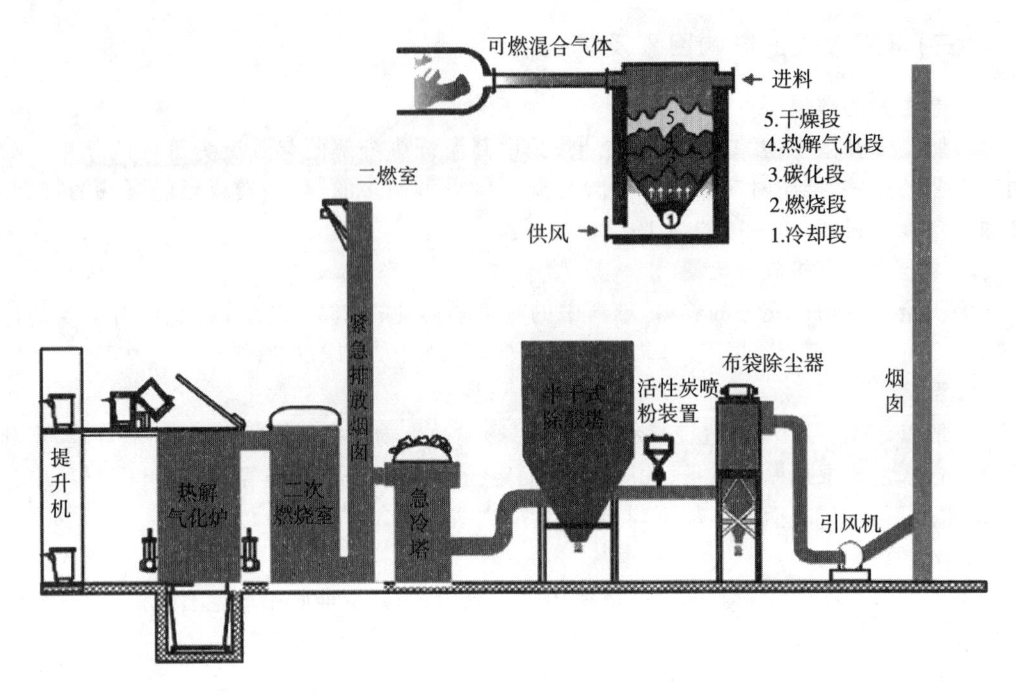

图 4－13　垃圾热解简易示意图

纤维素分子状态下迅速加热升温，随机生成氢、一氧化碳、二氧化碳、水、甲烷等可燃性挥发组分以及其他低分子有机物，这些热解组分与部分存在的氧发生燃烧反应，进一步生成二氧化碳和水。

热解法和焚烧法是两个完全不同的过程。首先，焚烧的产物主要是二氧化碳和水，而热解的产物主要是可燃的低分子化合物：气态的有氢气、甲烷、一氧化碳；液态的有甲醇、丙酮、醋酸、乙醛等有机物及焦油、溶剂油等；固态的主要是焦炭或碳黑。其次，焚烧是一个放热过程，而热解需要吸收大量热量。另外，焚烧产生的热能量大的可用于发电，量小的只可供加热水或产生蒸汽，适于就近利用，而热解的产物是燃料油及燃料气，便于贮藏和远距离输送。

热解反应所需的能量取决于各种产物的生成比，而生成比又与加热的速度、温度及原料的粒度有关。低温－低速加热条件下，有机物分子有足够时间在其最薄弱的接点处分解，重新结合为热稳定性固体，而难以进一步分解，固体产率增加；高温－高速加热条件下，有机物分子结构发生全面裂解，生成大范围的低分子有机物，产物中气体组分增加。对于粒度较大的原料有机物，要达到均匀的温度分布需要较长的传热时间，其中心附近的加热速度低于表面的加热速度，热解产生的气体和液体也要通过较长的传质过程，这期间将会发生许多二次反应。

固体废物热解能否得到高能量产物，取决于原料中氢转化为可燃气体与水的比例。表 4－17 对比了各种固体燃料和城市垃圾的碳、氢、氧。美国城市垃圾的典型化学组成为 $C_{30}H_{48}O_{19}N_{0.5}S_{0.05}$，其 H/C 值低于纤维素和木材质，而日本城市垃圾的典型化学组成为 $C_{30}H_{53}O_{14.6}N_{0.34}S_{0.02}Cl_{0.09}$，其 H/C 值高于纤维素。

表 4－17　各种固体燃料组成及以 $C_6H_xO_y$ 表示的固体废物组成

固体燃料	$C_6H_xO_y$	$H_2+1/2O_2 \rightarrow H_2O$ 完全反应后的 H/C	固体燃料	$C_6H_xO_y$	$H_2+1/2O_2 \rightarrow H_2O$ 完全反应后的 H/C
纤维素	$C_6H_{10}O_{5是}$	0.00/6＝0.00	无烟煤	$C_6H_{1.5}O_{0.07}$	1.4/6＝0.23
木材	$C_6H_{8.6}O_4$	0.6/6＝0.1	固体废物		
泥炭	$C_6H_{7.2}O_{2.6}$	2.0/6＝0.33	城市垃圾	$C_6H_{9.64}O_{3.75}$	2.14/6＝0.36
褐煤	$C_6H_{6.7}O_2$	2.7/6＝0.45	新闻纸	$C_6H_{9.12}O_{3.93}$	1.2/6＝0.20
半烟煤	$C_6H_{5.7}O_{1.1}$	3.0/6＝0.5	塑料薄膜	$C_6H_{10.4}O_{1.06}$	8.28/6＝1.4
烟煤	$C_6H_4O_{0.53}$	2.94/6＝0.49	厨余物	$C_6H_{9.93}O_{2.97}$	4.0/6＝0.67
半无烟煤	$C_6H_{2.3}O_{0.14}$	2.0/6＝0.33			

表 4－17 的最后一栏表示原料中所有的氧与氢结合成水后，所余氢元素与碳的比值，对于一般的固体燃料，该 H/C 值均在 0～0.5 之间。美国城市垃圾的 H/C 值位于泥煤和褐煤之间；而日本城市垃圾的 H/C 则高于所有固体燃料，但在实际的城市垃圾热解过程中，还同时发生一氧化碳、二氧化碳等其他产物的生成反应，因此，不能以此来简单地评价城市垃圾的热解效果。Kaiser 等人曾对城市垃圾中各种有机物进行过实验室的间歇试验，得到的气体产物组成如表 4－18 所示，这些组成随热解操作条件的变化而变化。

表 4－18　热解气体产物分析结果（干气基准）/%

有机物	CO_2	CO	O_2	H_2	$CH_4+C_nH_m$	N_2	高位热值
橡胶	25.9	45.1	0.2	2.8	20.9	5.1	3260
白松香	20.3	29.4	0.9	21.7	25.5	2.2	3760
香枞木	35.0	23.9	0.0	9.4	28.2	3.5	3510
新闻纸	22.9	30.1	1.3	15.9	21.5	8.3	3260
板纸	28.9	29.3	1.6	15.2	17.7	7.3	2870
杂志纸	30.0	27.0	0.9	17.8	16.9	7.4	2810
草	32.7	20.7	0.0	18.4	20.8	7.4	3000
蔬菜	36.7	20.9	1.0	14.0	21.0	6.4	2900

有机物的成分不同，整个热解过程开始的温度也不同。例如，纤维素开始解析的温度大致在 180～200℃，而煤的热解开始温度也随煤质的不同在 200～400℃不等。从热解开始到结束，有机物都处在一个复杂的热裂解过程中，不同的温度区间所进行的反应过程不同，产出物的组成也不同。总之，热解的实质是加热有机大分子使之裂解成小分子析出的过程。但热解过程也决非机械的由大变小的过程，它包含了许多复杂的物理化学过程。

九、热解工艺

热分解过程由于供热方式、产品状态、热解炉结构等方面的不同，热解方式也各异。按热解的温度不同，分为高温热解、中温热解和低温热解；按供热方式可分为直接加热和间接加热;按热解炉的结构可分为固定床、移动床、流化床和旋转炉等;按热解产物的聚集状态可分成气化方式、液化方式和炭化方式;按热分解与燃烧反应是否在同一设备中进行,热分解过程可分成单塔式和双塔式;还可按热解过程是否生成炉渣分为造渣型和非造渣型。下面简单叙述一下按热解温度和按供热方式的分类。

(一)按供热方式的分类

1. 直接加热法

供给被热解物的热量是被热解物(所处理的废物)部分直接燃烧或者向热解反应器提供补充燃料时所产生的热。由于燃烧需提供氧气,因而就会产生 CO_2、H_2O 等惰性气体混在热解可燃气中,稀释了可燃气,结果降低了热解产气的热值。如果采用空气作氧化剂,热解气体中不仅有 CO_2、H_2O,而且含有大量的 N_2,更稀释了可燃气,使热解气的热值大大降低。因此,采用的氧化剂是纯氧、富氧或空气,其热解可燃气的热质是不同的。如用空气作氧化剂,热解美国城市混合有机废弃物所得的可燃气,其热值一般只在 5500kJ/m^3(标准状态下)左右。采用纯氧作氧化剂热解,其热解气热值可达 11000kJ/m^3(标准状态下)。

2. 间接加热法

是将被热解的物料下直接供热介质在热解反应器(或热解炉)中分离开来的一种方法。可利用干墙式导热或一种中间介质来作传热(热砂料或熔化的某种金属床层)。墙式导热方式由于热阻大,熔渣可能会出现包覆传热壁面或者腐蚀等问题,以及不能采用更高的热解温度等而受限;采用中间介质传热,虽然可能出现固体传热或物料下中间介质的分离等问题,但二者综合比较起来后者较墙式导热方式要好一些。

直接加热法的设备简单,可采用高温,其处理量和产气率也较高,但所产气的热值不高,作为单一燃料直接利用还不行,而且采用高温热解,在 NO_x 产生的控制上,还需认真考虑。

间接加热法的主要优点在于其产品的品位较高,如前所述的用同样美国的城市有机混合垃圾作物料,其产气热值可达 18630kJ/m^3(标准状态下),相当于用空气作氧化剂的直接加热法产气热值的 3 倍多,完全可当成燃气直接燃烧利用。但间接加热法每千克物料所产生的燃气量一产气率大大低于直接法。除流化床技术外,间接加热一般而言,其物料被加热的性能较直接加热差,从而增长了物料在反应器里的停留时间,即间接加热法的生产率是低于直接加热法的,间接加热法不可能采用高温热解方式,这可减轻对 NO_x 产生的顾虑。

对于不同的反应器型式,在加热方法、运行繁简和加热速度大小方面的一般性能,可以由表 4—19 反映出来。

表 4—19 不同反应器的性能

	直接加热法		间接加热法			
			墙式		中间介质	
	运行简易	加热速度	运行简易	加热速度	运行简易	加热速度
竖井炉	+	0	+	−	−	+
卧式炉	/	/	−	−	+	+
旋转窑	+	0	+	−	−	+
流化床	−	+	/	/	−	+

注:"+"表示性能好;"−"表示不好;"0"表示不好不坏;"/"表示尚无发展。

(二)按热解温度的分类

1. 高温热解

热解温度一般都在1000℃以上，高温热解方案采用的加热方式几乎都是直接加热法，如果采用高温纯氧热解工艺，反应器中的氧化一熔渣区段的温度可高达1500℃，从而将热解残留的惰性固体(金属盐类及其氧化物和氧化硅等)熔化，以液态渣形式排出反应器，清水淬冷后粒化。这样可大大减少固态残余物的处理困难，而且这种粒化的玻璃态渣可作建筑材料的骨料。

2. 中温热解

热解温度一般在600～700℃之间，主要用在比较单一的物料作能源和资源回收的工艺上，像废轮胎、废塑料转换成类重油物质的工艺。所得到的类重油物质既可作能源，也可做化工初级原料。

3. 低温热解

热解温度一般在600℃以下。农业、林业和农业产品加工后的废物用来生产低硫低灰的炭就可采用这种方法，生产出的炭视其原料和加工的深度不同，可作不同等级的活性炭和水煤气原料。

(三)影响热解的主要参数

1. 温度

反应器的关键控制变量是热解温度。热解产品的产量和成分可由控制反应器的温度来有效地改变。为了说明这点，下面以柏林理工大学所作的一系列实验数据进行说明。实验用的是合成废物，以便每次实验输入物料条件基本不变。具体输入物料特性见表4－20。

表4－20　热解的物料特性及热解温度

		惰性物(%)	有机物(%)	水分(%)	干基的含碳(%)
800℃	Bln	43.4	35.4	21.2	17.5
900℃	Bln	45.4	34.8	19.8	17.3
1000℃	Bln	42.4	39.8	17.8	19.7
900℃	SA4%	41.7	54.1	4.2	26.4
900℃	SA30%	30.2	39.1	30.7	19.1
900℃	SA50%	21.7	28.2	50.1	13.8

表中Bln代表原西柏林的家庭废物，SA是合成家庭废物，其后的百分数表示物料不同的含水量百分数。实验的加热方式为竖井炉间接加热方式，准确地控制热解炉温在条件下，得到的相应热解产物特性见表4－21。

碳氢化合物C_2H_4、C_2H_6、C_3H_6、C_4H_{10}以及C_4H_6等合并在一起记为C_nH_m。从上述表格可以看出，温度在800℃以上范围内变化的条件下，H_2含量基本不变，而CO/CO_2的含量分配明显改变，即$t=800℃$、$900℃$、$1000℃$时，$CO/CO_2=13/23$、$20.5/18.5$、$29/12$。这就说明，在该条件下，进行着发生炉煤气的重要反应。根据物质平衡测定结果发现，随着温度提

表 4－21　热解产物特性

	热解气体容积(%)						焦炭成分的重量(%)					
	H_2	CO	CO_2	CH_4	C_nH_m	H_2S ppm	GR	C	H	N	S	100－(GR＋C)
800℃ Bln	52.5	13.0	23.0	9.5	2.0	1470	81.6	16.1	0.2	0.18	0.16	2.3
900℃ Bln	53.5	20.5	18.5	7.0	0.5	1300	84.5	14.0	0.2	0.1	0.12	1.5
1000℃ Bln	55.5	29.0	12.0	3.5	0.05	1200	86.2	13.0	0.2	0.1	0.11	0.8
900℃ SA4%	49.0	24.0	14.0	12.0	1.0	60	70.0	27.5	0.2	0.13	0.13	2.5
900℃ SA30%	52.5	21.5	16.5	9.0	0.5	280	78.5	19.5	0.1	0.09	0.13	2.0
900℃ SA50%	54.0	21.0	18.0	6.5	0.5	250	86.0	13.0	0.1	0.07	0.11	1.0

高，气体的产量也增加。对应于从 800℃升到 900℃、1000℃，气体产量分别增加了 30%和 80%。CH_4 的减少不是绝对产量的降低，而是由于总产气量的增加而被“稀释”了。同样，C_nH_m降低主要是由于温度升高，它进一步降解，另外也有稀释原因。

干的纯热解气含有 65%～80%的 H_2 和 CO。由于 H_2 和 CO 燃烧时的热值(kJ/m^3，标准状态下)实际相差无几，所以尽管热解温度发生了 200℃的变化，其热解气的热值变化并不明显。如果热解温度不变，只增加热解的含湿量，则每千克废物的热解产气量明显增加。尤其是 CH_4 和 C_nH_m的减少，更证明了是 CH_4 被氧化的结果，即

$$CH_4 + 2H_2O = CO_2 + 4H_2$$

上式左边为三个分子，而右边则成为 5 个分子。若温度上升，则气体量还将增加。此时 H_2 和 CO_2 的比例也将升高。但如前节所述此为吸热反应，要维持反应温度不变，必需提供更多的外热源。在每次试验中，H、C、N 的含量对温度和湿度都无显著的依从关系，NH_3 不稳定，随着温度升高，NH_3 含量降低。焦炭的碳成分分析表明，提高温度和湿度，C 含量均会降低。所列差值 100－(GR＋C)%在完全热解时，它将为零。此时可挥发物均已析出，只剩固定碳。

从上例可知，温度参数是热解过程最关键的参数。分析其产物的增减趋势，一定要将它可能发生的化学反应及能量提供结合起来。

2. 湿度

热解过程中湿度的影响的多方面的。主要表现为影响产气的产量和成分、热解的内部化学过程以及影响整个系统的能量平衡。

热解过程中的水分来自两方面，物料自身的含水量 W^y和外加的高温水蒸气。反应过程中生成的水分其作用更接近于外加的高温水蒸气。

物料中的含水量 W^y，对不同物料来讲其变化非常大，对单一物料而言就比较稳定。如制革污泥 W^y高达 95%，而废轮胎几乎不含水分。城市生活垃圾 W^y变化较大，像我国的城市生活垃圾含水量一般均可达 40%左右，有时超过 60%。这部分水在热解过程前期的干燥阶段(105℃以前)总是先失去，最后凝结在冷却系统中或随热解气一同排出。如果它以水蒸气的形式与可燃的热解气共存，则会严重降低热解气的热值和可用性。因此，在热解系统中要求将水分凝结下来，以提高热解气的可用性。物料中 W^y的含量增高，其可热解的干质比

例就减少，以应用基为基础计算的有用热解产物量就减少，同时要求的干燥热量增加。这就会带来两种结果：一是系统的外加热量增多，一是净产出能源减少。所以不是任何物质进行热解处理在技术与经济上都是可行的。

在热解进行的内部化学反应过程中，水分对产气量和成分都有明显影响。上面介绍的柏林理工大学试验研究的结果很清楚地表明，在900℃条件下，物料水分由4%(SA4%)到50%(SA50%)的热解气体产量和成分都发生了较大的变化。气体产生按重量百分比计从70%上升到86%；而热解气成分按去水后的容积百分比分别为：

H_2	49%～54%
CO_2	14%～18%
CO	24%～21%
CH_4	12%～6.5%

上述变化的原因是因为存在了如下反应：

$$CH_4+2H_2O\xrightarrow{900℃}CO_2+4H_2 \tag{4-9}$$

如果反应是在500～550℃的条件下，则呈现“甲烷化反应”，反应方向主要向左。因此，水分的影响一定要与反应条件联系在一起考察，不能只看一个参与反应的反应物的条件。

其次，水分对热解的影响还与热解的方式甚至具体的反应器结构相关。如直接热解方式在800℃以上供以水蒸气，则有水与碳的接触反应和“水煤气反应”。从实际反应效果来看，一般喷入水蒸气应在反应器内温度达900℃以上才好。进一步分析不难看出，即使是直接热解尚与物料和产气导出的流向有关，是逆向或同向流动情况都是有区别的。如果导出气与物料流动方向相同，即含水分的导出气将经过高温区，此时产气的成分组成与逆向流动产气的组成也是不同的。

被热解物料的水分高低与整个系统的能量平衡有直接关系。用能量的导出率R指标进行讨论

$$R=\frac{h_{out}-h_{in}}{Q} \tag{4-10}$$

式中，R——能量导出率；

h_{out}——热解产气的能量；

h_{in}——加入热解系统的能量。

能量导出率表明了一个事实，即寻求在输出与输入的能量关系上，找到最大的R，而不是只看系统产出了多少能量。

3. 反应时间

反应时间是指反应物料完成反应在炉内停留的时间。它与物料尺寸、物料分子结构特性、反应器内的温度水平、热解方式等因素有关，并且它又会影响热解产物的成分和总量。

一般而言，物料尺寸越小，反应时间越短；物料分子结构越复杂，反应时间越长；反应温度越高，反应物颗粒内外温度梯度越大，这就会加快物料被加热的速度，反应时间缩短。反应物的浓度对反应器的时间也有关系。如采用稀相和密相，就有一个最恰当的浓度问题。热解方式对反应时间的影响就更加明显，直接热解与间接热解相比热解时间要短得多。因为直接热解可理解为在反应器同一断面的物料基本上处于等温状态，而壁式间接加热，在反应器的同一断面上就不是等温状态，而存在一个温度梯度。反应器内径(或当量内径)越大，

温度差越大。所以间接热解的反应器内径尺寸都做得较小，炼焦炉每个门也做得很窄小也就是这个道理。日本日立公司的多管式热解方案就是采用较小的管径。如果采用中间介质的间接热解方式，热解反应时间直接与处理的量有关，处理的量大小与反应器的热平衡直接相关，与设备的尺寸相关。如采用间接加热的沸腾床，它的反应时间短，但单位时间的处理量不大，要加大处理量，相应的设备尺寸也很大。

反应时间与热解产物间的关系，从本质上讲是与热解温度和物料的分子结构特性相关。从煤矿的试验看出，反应时间与加热速度大、最终温度高使挥发分（即热解产物）产量正向相关。若其他反应条件都处相同状态，只考虑反应时间因素的话，则反应时间越长，热解的气态和液态产物越多；时间短，小分子的气态产物占热解气体积的百分比较大。

热解通常存在快分解和慢分解两步，快分解有实用意义，而慢分解实用意义不大。

另外，物料尺寸大，挥发分相对减少，这是因为在物料中心析出挥发分之后，在逸出表面的过程中有裂解，凝聚或聚合现象出现，在表面上出现碳的某些沉积物而使反应减缓。

第六节　冶金过程固体废弃物处置与利用

一、冶金过程固体废物来源、分类及特点

冶金过程固体废物是在各种金属冶炼过程中或冶炼后排出的所有残渣废物，主要包括两类：冶炼废渣和化工废渣。冶炼废渣是有色金属工业和钢铁工业生产过程中排放的废渣，化工废渣是指化工生产过程中产生的各种废渣。根据固体废物的不同来源，冶金过程固体废物可以分为重有色金属冶炼废物、铝工业固体废物、稀有金属冶金固体废物和钢铁工业固体废物，主要包括高炉渣、钢渣、各种有色金属渣、各种粉尘、污泥等。如图4—14所示。

（一）重有色金属冶炼固体废物

重有色金属冶炼固体废物是指重有色金属在冶炼和加工等生产过程及其环境保护设施中排出的固体或泥状的废弃物。根据冶炼金属的不同，具体有铜渣、铅渣、锌渣、镍渣、钴渣、锡渣、锑渣，汞渣等。在冶炼过程中，每生产1吨金属大约产生几吨至几十吨不等的炉渣，在我国，重有色金属的年产量约为360万吨，排放的炉渣以百万、千万吨计。

重有色金属冶炼固体废物具有种类多、数量大、具体成分复杂等特点，主要包括湿法渣和火法渣两大类。湿法渣可以细分为：焙砂（或精矿）浸出时产生的各种浸出渣、浸出液净化时产生的净化渣以及电解时产生阳极泥。火法渣则主要包括火法熔炼时产生的炉渣、粗炼时产生的粗炼渣、精炼时产生的精炼渣、电解精炼时产生的阳极泥和冶炼过程中产生烟气被除尘器收集产生的烟尘。如图4—15所示。

（二）铝工业固体废物

铝工业的生产主要包括氧化铝、金属铝和铝加工材料的生产。氧化铝的生产过程中产生的固体废物主要是赤泥。国外用拜尔法每生产1吨氧化铝产生赤泥0.3～2吨，国内烧结法每生产1吨氧化铝产生1.8吨赤泥，联合法为0.96吨/吨 Al_2O_3。全世界年产赤泥量约5000万吨以上。2003年，我国赤泥年排放500万吨以上。目前大多赤泥采取堆场湿法存放

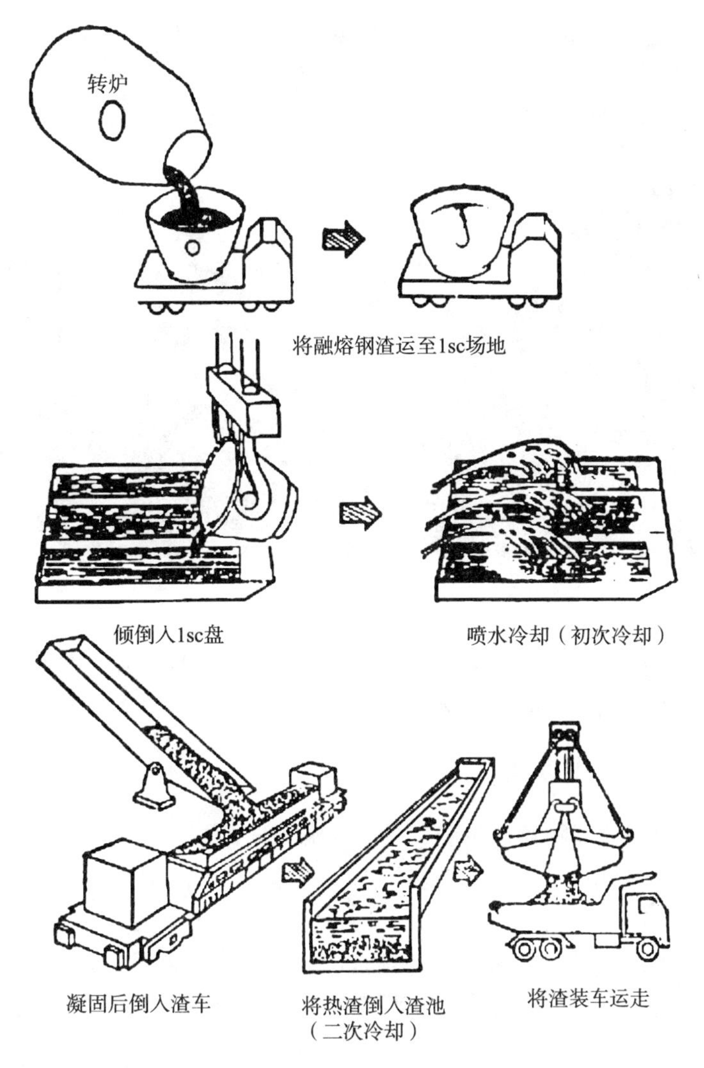

图 4－14 水淬转炉钢渣工艺示意图

或脱水干化进行简单处置，因而后果日趋严重。

金属铝的主要生产设备为电解槽，电解槽由钢壳内衬耐火砖和碳素材料组成，碳衬层为电解槽的阴极，阳极是碳素电极。在电解过程中碳阳极不断被消耗，需要连续或间断地进行更新，残留阳极还可以循环再生使用。铝电解槽内衬的寿命约 4～5 年，在阴极内衬大修时，要清理出大量的废碳块、被浸蚀的耐火砖和保温材料等，这些废渣是电解铝生产过程中产生的主要固体废物。如 130 千安的欧洲铝电解槽，废渣产量约为 30～50 公斤/吨铝，其中约 55％是耐火砖，45％是碳块，另外还含有氟，需要回收处理。

(三)稀有金属冶金固体废物

稀有金属，主要指在地壳上含量稀少、分散，不易富集成矿和难以冶炼提取的一类金属。1958 年我国正式对金属元素进行分类．有 64 种金属划为有色金属，其中稀有金属 40 多种。稀有金属是人民日常生活、国防工业、科学技术发展必不可少的基础材料和战略物资。

图 4－15　铜矿开采残留下的海绵金属废弃物

稀有金属工业固体废物是指稀有金属在采矿、选矿、冶炼和加工等生产过程及其环境保护设施中排出的固体或泥状的废弃物。

(四)钢铁工业固体废物

中国钢铁工业固体废物年产生量约为 1.7 亿吨，主要来源是铁矿开采时产生的剥离废石、选矿时产生的大量尾矿、高炉炉渣、转炉炉渣、电炉炉渣、铁合金炉渣、含铁尘泥、电镀金属污泥、六价铬渣等。

钢铁工业产生的固体废物的主要特点是：产生量很大，使处理的工作量加大；含有很多金属和非金属元素，可以二次利用；基本属于一般工业固体废物，少量废物（如铬渣、电炉粉尘等）属于危险废物。

二、冶金过程固体废物的危害

(一)冶金过程固体废物对环境的污染

随着人类社会生产活动的日益发展，冶金工业废渣数量逐年增大，为处理这些废物，花费了巨大的人力、物力、财力和土地，若处理不当，还会对环境造成严重污染。冶金过程固体废物对环境的污染主要表现在以下三个方面：

1. 对土壤和地下水的污染

由于废渣和垃圾是伴随生产和生活过程产生的，所以它们的堆放必然会占用大量的良田沃土，堆渣和农业争地的矛盾日益尖锐。大量的有毒废渣在自然界的风化作用下，到处流失，对土壤造成污染。大量的采矿废石堆积的结果，毁坏了农田和大片森林地带。

由于冶炼废渣含有多种有毒物质，因此对土壤的危害也是严重的。这些有毒废渣长期堆存，可溶成分随雨水从地表向下渗透，向土壤转移并富集，导致渣堆附近土质酸化、碱化、硬化，甚至发生重金属型污染。

有毒物质进入土壤后，不仅在土壤中积累造成土壤的污染，还可以通过雨水等渗流作用进入地下水，造成附近地区地下水体的污染，对人类健康造成潜在威胁。

2. 对地表水域的污染

冶金过程固体废物除了通过土壤渗入地下水以外，还可通过风吹、雨淋或人为因素进入地表水。冶金过程固体废物在雨水的作用下，很容易通过地表径流流入江河湖海，造成水体的严重污染与生态破坏。有些企业将工业废渣或垃圾直接倒入河流、湖泊或沿海海域中，造成更为严重的大面积水体污染。

从世界范围来看，原子能反应堆的废渣、核爆炸产生的散落物以及一些国家向深海投弃的放射性废物，已严重污染了海洋，海洋生物资源遭到极大破坏。

3. 对大气的污染

冶金过程固体废物在堆放过程中，在温度、水分的作用下，某些有机物质发生分解，产生有害气体；一些腐败的垃圾废物散发出腥臭味，造成对空气的污染。例如，堆积的煤矸石经常发生自燃，火势一旦蔓延，则难以救护，并放出大量 SO_2 气体，污染大气环境。

以微粒状态存在的废渣与垃圾，在大风吹动下，将随风飘扬，扩散至远处，不但污染环境，影响人体健康，还会玷污建筑物和花果树木，危害市容与卫生。

此外，在运输与处理冶金过程固体废物的过程中，产生的有害气体和粉尘也十分严重。

(二)冶金过程固体废物对人体的危害

冶金工业在生产过程中，广泛存在粉尘、工业毒物、高温、噪声、辐射等有害因素，危害职工身体健康。据冶金工业部安全监督办公室 1994 年的统计，冶金行业接触有害作业职工占冶金行业职工总数的 47.70%，职业性健康检查受检率为 21.87%，职业病检出率为 0.45%；职业病累计检出 53722 人，其中尘肺病占 89.29%，职业病累计死亡比例为 29.29%，人均年经济损失 1.84 万元，可见职业病危害十分严重。其固体废物对人体的危害，主要是指粉尘和冶炼过程中产生的工业毒物的危害。

1. 粉尘的危害

自然或人为产生的粉尘，在能对粉尘起扩散、稀释及容纳作用的空气、水体等环境容量，自然及人体的自净能力，人为控制能力，粉尘的性质及作用于人体的时间、数量等因素的相互影响和作用下，对人体所产生的有害效应，称为粉尘的危害。

粉尘危害是我国众多职业危害中最为严重的一种。随着冶金工业的迅速发展，有尘企业和接尘职工急剧增加。粉尘的治理工作没有跟上生产发展，产生恶劣的影响。主要包括：(1)尘点合格率低、超标严重；(2)尘肺患病率高，30 年间我国尘肺病患者以年均 13.3%的速度递增；(3)污染周边环境，影响人体健康。另外，还有一些放射性矿(如铀矿)在冶炼过程中产生的粉尘含有或吸附放射性核素而具有的电离辐射性能，照射人体会产生严重的危害。

2. 工业毒物的危害

工业毒物中含有某些能引起中毒的物质，包括急性中毒、亚急性中毒和慢性中毒。冶金固体有毒废物侵入人体的途径有直接和间接两种。直接途径为：废渣微尘被风扬起通过呼吸道吸入体内；废渣沾染于手上、食物上通过食道进入人体；沾染于皮肤产生刺激作用。间接途径往往是通过污染水体、土壤进入食物链，在人体内积蓄，当积累到一定程度时引起中毒症状。

综上所述,冶金过程固体废物会对环境造成严重污染,对人类的生产和生活造成较大危害,因此有必要对其采取措施,进行有效控制。

(三)危害控制对策

1. 加强职业卫生意识

冶金企业面临着在发展生产的同时必须同步做好职业卫生与职业病防治工作的客观问题。要做好生产岗位职工的职业卫生保障工作,强化职工的职业卫生意识。切实做到全面规划、统筹安排、超前管理、重点防范,从制度上、经营策略上做好职业卫生与职业病防治工作。

2. 强化管理,严格监督

企业生产部门要设立专门的卫生安全检查员,认真贯彻执行各项劳保条例、法规和标准并健全各项规章制度。职工上岗前要先进行培训,上岗后不断强化职业卫生和安全教育,普及职业病防治知识,定期开展现场环境监测与监护工作。

3. 预防与治疗并行,综合管理

预防要从根本上杜绝危害职工健康的有害因素,定期对职工进行身体普查,早发现、早治疗、早康复。治疗要经过正规的排毒治疗和在岗预防治疗,清楚职工体内过多的有害物质。

三、冶金过程固体废物治理现状及存在的问题

(一)废弃物概述

随着冶金工业的迅速发展,冶金过程中产生的固体废物日益增多,它不仅对城市环境造成巨大压力,而且限制了城市的发展。因此,从环保的角度考虑,这些固体废渣的处理显得尤为重要。对固体废渣实行管理与控制是一项复杂的系统工程。发达国家对固体废渣的污染控制和管理已经取得很大进展,并积累了丰富的经验,逐步形成对固体废渣全过程的管理模式,即对固体废渣从产生、收集、运输、存储、处理、处置等全过程的各个环节做到整体控制,使固体废渣从产生到处置的全过程达到管理标准化、规范化。进一步说,全过程管理首先是进行固体废渣最小量化,通过工艺流程的改造,使生产过程中排出尽可能少的废渣,然后对此废渣进行综合利用,尽可能使其资源化;在此基础上,对废渣进行最终的处理、处置。

目前,我国固体废渣处理技术水平低,资金缺乏,收费制度尚未建立,要建成一整套管理体系还需在实践中反复摸索、探讨。因此,开发适合我国特点的固体废渣处理技术体系十分必要。

固体废物的污染控制与其他环境问题一样,经历了从简单处理到全面管理的发展过程。在早期,世界各国都注重末端治理,提出了资源化、减量化和无害化的“三化”原则。在经历了许多教训之后,人们越来越意识到对其进行首端控制的重要性,于是出现了“从摇篮到坟墓”的新概念。目前,在世界范围内取得共识的基本对策是:避免产生(Clean)、综合作用(Cycle)、妥善处理(Control)的所谓“3C 原则”。

依据上述原则,固体废物从产生到处置的过程可以分为 5 个连续或不连续的环节。

(1)废物的产生:在这一环节应大力提倡清洁生产技术,通过改变原材料、改进生产工艺或更换产品,力求减少或避免废物的产生。

(2)系统内部的回收利用:对生产过程中产生的废物,应推行系统内的回收利用,尽量减少废物外排。

(3)系统外的综合利用:对于从生产过程中排出的废物,通过系统外的废物交换、物质转化、再加工等措施,实现其综合利用。

(4)无害化/稳定化处理:对于那些不可避免且难以实现综合利用的废物,则通过无害化、稳定化处理,破坏或消除有害成分。为了便于后续管理,还应对废物进行压缩、脱水等减容、减量处理。

(5)最终处置与监控:最终处置作为固体废物的归宿,必须保证其安全、可靠,并应长期对其监控,确保不对环境和人类造成危害。

对应上述第2～5环节,固体废物的利用与处理,现在各地一般采用集中与分散相结合的工业固废处理处置系统。

集中处理处置就是针对工厂企业产生的那些不能利用或产生量少、自身又无法治理的工业固废提供安全、妥善的处理处置技术和途径,以有效控制和消除危害。集中处理处置方式可分为四种技术:填埋处置技术、焚烧技术、综合利用技术、稳定化/固化技术。

分散处理处置方式是指有处理处置废物能力的工厂企业,在环保业务主管部门的监督指导下,因地制宜,根据各自行业特点,将产生的固废在系统内或系统外进行各种处理处置。

(二)几种主要的处理技术

1. 填埋处置技术

填埋处置技术是将固体废渣填入大坑或洼地中,以利于地貌的恢复和维持生态平衡。根据不同有害废物的特点,采用不同的填埋方法。一般工业固体废物填埋场的修建可参照城市生活垃圾卫生填埋场的建设标准。

对填埋物的要求:所填埋废渣的含湿量、固体含量、渗透率等不影响废渣本身的长期稳定性;对毒性较大的废弃物要经过妥善的预处理后才可送填埋场处置。对具有特殊毒性及放射性的废弃物严禁填埋;两种或两种以上废弃物混合时应是相容的,不会发生反应、燃烧、爆炸或放出有害气体;对生产区产生的垃圾、施工残土、锅炉灰渣等不含有毒有害污染物质的废弃物,不得送入填埋场,需分类分别处理。

参照国内先进经验,并结合场地地质、地貌,对废渣防渗层的做法如下:自然地面黑色耕土挖出,上铺碎石灌沥青2层(每层厚120mm),再铺150mm厚的沥青混凝土,并采用3000mm×3000mm分格,缝内灌沥青玛蹄脂,缝宽30mm,共计390mm厚。防渗层做完后向场内填埋600mm废渣,然后填300mm黏土层碾压,依此类推,直到填满整个填埋场。

渗滤液收集系统的具体设置需注意:

(1)防渗层具有1%的坡度,使渗滤液凭借重力即可沿坡度流入集液地点。

(2)在防渗层的低洼地段可设置多孔管排水系统,以便渗滤液能更快地汇集到集液地点。

(3)渗滤液收集后流入污水管线,排入污水处理厂。

填埋废渣经过微生物作用之后会产生废气,其主要成分有CH_4、CO_2、H_2S等,这些废气必须进行安全排放或收集、净化处理和利用。

排气设施可采用耐腐蚀性强的多孔玻璃钢管，根据地形按垂直埋设于废渣层内，管四周填碎石，碎石用铁丝网或塑料网围住，围网外径为1～1.5m，垂直向上的排气管设施随废渣层的填高而接长。导排气管收集废气的有效半径约45m。

对填埋场的封场有以下要求：

填埋场填满之后，其上覆一层200～300mm厚的黏土，再覆盖400～500mm厚的自然土，并均匀压实。在最终覆土之上加营养土250mm，总覆土厚度在1m以上。

封场顶面坡度不大于33%。

在填埋场两侧的山坡需修建截洪沟，排除山坡雨水汇流，使场外径流不得进入填埋场内。截洪沟的设防能力按25年一遇的洪水量考虑。

填埋法建设和运行费用比较低，操作简单。但此法技术上的不完善所造成的环境问题仍很多。例如：废渣中的有机组分在填埋场厌氧环境中产生甲烷，增加了大气污染，并易引起甲烷爆炸事故；废渣受雨水淋滤或地下水的浸蚀，大量污染物进入地下水或地表水，造成水体的污染。另外，填埋场内产生的大量渗滤液的成分复杂，有害物质浓度高，必须进行处理方可排入水体。

一般认为填埋法比较适合我国国情，但此法还有待进一步完善与提高。

2. 焚烧技术

一般有毒、高能量的有机废物采用焚烧处理。正常操作时，固体废渣由仓库用叉车及皮带输送到焚烧炉内。废渣在炉内经过三个区进行焚烧处理：一区为干燥区，将废渣的表面水分蒸发掉；二区为燃烧区，使废渣开始燃烧进行热分解，并聚集成高热量、释放挥发组份；三区为燃尽区，将废渣烧尽，形成灰渣。

焚烧用的空气由鼓风机提供，风量通过测定炉内的含氧量来控制。空气的进入要适量，如空气量不足，则废渣燃烧不充分，产生黑烟；如空气量过大，则导致炉温降低，同样影响焚烧效果。焚烧炉焚烧产生的灰渣在炉尾落进湿式出渣机中，定期排出。有机物中含有的氯、溴、碘燃烧时生成HCl、HBr、HI，还有游离的Br_2和I_2。卤素被烟气中足量的SO_2还原为卤化物。产生的烟气进入二次燃烧炉。

在二次燃烧炉中，再次喷入燃料油和空气焚烧，此时温度可达1100～1200℃，以进一步除去烟气中的有害物。从焚烧炉底部排出的固体残渣送到填埋场填埋。由二次燃烧炉出来的烟气经废热锅炉回收热能，使烟气温度降低并产生过热蒸气送到用户。回收热量后的烟气进入冷却塔，用水喷淋冷却，分离粉尘、HCl及HF后进入吸收塔，用配制的NaOH、$NaHSO_3$吸收烟气中的SO_2、碘和溴。吸收后的烟气进入烟气分离器，分出水分后，由引风机将烟气抽入烟囱排至大气。吸收产生的废水排入污水处理系统，经处理达标后排放。

焚烧法具有显著的减容、稳定和无害化效果，目前发展比较快。但此法也有明显的缺点，不仅一次性投资较大，还存在操作运行费用高、热值低等问题，而且焚烧过程中产生了导致二次污染的多种有害物质与有害气体。

3. 综合利用技术

综合利用是实现固体废物资源化、减量化的最重要手段之一，在废物进入环境之前，对其加以回收利用，可以大大减轻后续处理处置的负荷，应放在固体废物处理处置技术体系建立过程的首要位置。近年来，我国日益重视固体废物综合利用。1985年以来，工业废物综合利用率平均每年增加1%～2%。近年来，由于强化了资源管理，综合利用率又有明显增加。1992年工业废物综合利用量达25854万吨，利用率比1985年增加近20%。

通过集中收集，对不同种类的工业固废采用不同的回收技术，有计划、有步骤地开展固废的综合利用。如对工业废物采用人工和气流、磁力等分选法进行回收利用；通过蒸馏方法回收废有机溶剂、废丙酮等；感光材料生产中的废胶片可用洗涤液将涂层洗脱后回收废片和白银；对污泥类、废食品渣、禽粪等，可采用集中速效堆肥技术生产农用肥和颗粒复合肥；可通过不同工艺将大量的粉煤灰、煤渣等开发制作水泥、烧结砖、蒸养砖、混凝土、墙体材料等建材；也可将粉煤灰用作农业肥料和土壤改良剂；对废橡胶可采用物理和化学处理方法制作再生橡胶或通过高温热解方法生产液态油和碳黑；开发煤矸石代替燃料，回收热能；利用电镀污泥回收重金属。

(三)冶金废渣的治理现状及存在的问题

1. 高炉渣

我国普通高炉渣的综合利用情况较好。高炉水渣主要用于生产水泥和混凝土。重矿渣经过破碎、分级后代替碎石用作骨料和路材。2003年，我国普通高炉渣的利用率约为92%。但含有价元素的复合矿冶金炉渣综合利用率很低，技术难度较大，攀钢含钛高炉渣则为一典型实例。

2. 铜渣

铜渣主要来自火法炼铜的过程中，也有部分铜渣是炼锌、炼铅过程的副产物。目前，我国粗铜产量每年大约为52万吨左右，产出炉渣约150万吨，数量相当巨大。这些铜渣一方面对环境有污染，另一方面含有可以回收利用的铜、锌等重金属或金、银等贵金属。

目前处理炼铜炉渣的方法有浮选法、湿法和火法等。有时在处理渣时将几种处理工艺联合使用，能达到更好的综合回收效益。用浮选法处理铜渣，是国内外常用的方法，优点是成本较低，工艺流程较短，给进一步的处理提供了有利条件。而且当处理炉渣含金银时，金银也富集在精矿中，便于综合回收。湿法冶金方法处理铜渣，能综合回收其有价金属。火法处理炉渣方法一般采用铜渣还原贫化熔炼。还有人利用含铜废渣进行了制备硫酸铜的研究。

3. 赤泥

赤泥是铝工业生产氧化铝后排弃的泥浆，属于有害固体废弃物。当前我国赤泥的排放量每年为300万吨以上。对赤泥已经开展了许多综合利用研究，比较好的利用方法有：①作为黏土的替代品生产普通硅酸盐水泥，将赤泥、石灰石、砂岩和铁粉在1400～1450℃的条件下烧结，然后将制成的熟料加入15%的高炉水渣和15%的石膏共同磨细而得；②生产油井水泥，将石灰石、赤泥和砂岩，按78∶15∶7的配比配制生料，入窑煅烧制成油井水泥。

此外还有用赤泥制砖、作塑料填料、从中回收有价金属等利用方法。在某些氧化铝企业这些技术已经有相当的工业利用规模，但从整体来看，由于赤泥产量大、含水率高、碱性强等特点，其综合利用的速度缓慢。

4. 铬渣

含铬固体废物是一类毒性较强、可致癌的危险废物，主要产生于化工、冶金/轻工等生产过程，其中有钙焙烧生产铬化合物和湿法生产铬铁合金过程中产生的铬渣数量最大，危害最为严重。一些企业将含铬废物长期堆置,对土壤和地下水造成严重污染。为加强危险废物管理,加大危险废物污染治理力度.

全国每年铬渣的排放量约为十几万吨,累积的堆存量已超过250万吨。铬渣的物相组成比较复杂,综合治理难度大。目前治理铬渣的方法基本分三类:高温还原法、湿法解毒和固化法。

5. 铅锌渣

铅锌渣主要有:铅鼓风炉渣、ISP炉渣、铅浮渣、竖罐锌渣、锌浸出渣等,铅锌渣是一种成分复杂、含有价元素较多,难于处理和综合利用的一种渣。其处理方法主要有:浮选法、烟化挥发法等。

第五章　土壤污染的防治

第一节　土壤的组成和性质

土壤是由无机物和有机物组成的。因为土壤分布在地球表面，所以其中也含有水分和空气。这些物质的含量和性质，极大地左右着土壤的物理、化学特性。理解土壤的各种性质，必须知道构成土壤的要素和成分，就是说，必须了解土壤的组成。

一、土壤的三相

如果抓一把土放到手掌上仔细观察，就可以注意到，有的部分松散，有的部分粘粘糊糊。这是因为在土壤中含有岩石的细小碎片、粘粒、有机物的腐解物和半腐解物。另外，在土壤中还含有水分，当以干手握住土壤时，从手变湿可以知道含有水分。把一块土放到水中，可以看到，有气泡产生并跑到空气中去。这是因为土壤孔隙中藏着的空气被水赶出的缘故。这就是说，土壤是由固体、液体和气体三种成分组成的，而把它们分别叫做土壤的固相、液相和气相，统称土壤的三相。由于土壤三相比例不同，表现为土壤的透水性、保水性、通气性及保肥能力也不相同。如图 5－1 所示。

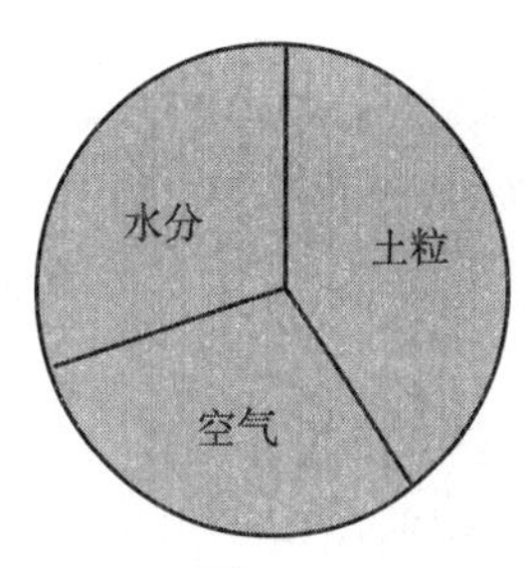

图 5－1

二、土壤质地

土壤质地是由砂粒、粉粒和粘粒在土壤中的数量不同决定的。土壤颗粒越小越接近粘粒，越大越接近砂粒。人们按砂粒、粉粒和粘粒在土壤中的含量，将土壤分为砂土、黏土和壤土。

砂土的砂粒含量高，它们之间就会有许多大空隙。这些空隙里大多有空气。有时这些空隙里有水。但是水很快通过这些空隙流失。水流过后，砂土很快又变干。粘土主要由非常小的粘粒组成。这些颗粒互相靠得很近，它们之间的空隙非常小，不含有很多空气。如果你拿起一些干粘土，就会感到它是粉末状的。湿粘土很粘，而且干得很慢，水不能很快从中流出。粘土能保持水分。当砂砾、粉粒和粘粒在土壤中比例相等时，该土壤称作壤土。壤土含有合适比例的空气、水和由动植碎片组成的腐殖质。是最佳土壤类型。

三、土壤阳离子交换量

随着土壤在风化过程中形成，一些矿物和有机质被分解成极细小的颗粒。化学变化使得这些颗粒进一步缩小，肉眼便看不见。这些最细小的颗粒叫做“胶体”。每一胶体带净负电荷。电荷是在其形成过程中产生的。它能够吸引保持带正电的颗粒，就像磁铁不同的两

图 5—2 土壤横截面

极相互吸引一样。阳离子是带正电荷的养分离子，如钙(Ca)、镁(Mg)、钾(K)、钠(Na)、氢(H)和铵(NH_4)。粘粒是土壤带负电荷的组分。这些带负电的颗粒(粘粒)吸引、保持并释放带正电的养分颗粒(阳离子)。有机质颗粒也带有负电荷，吸引带正电荷的阳离子。砂粒不起作用。如图 5—2 所示。

我们把生活在土壤中的微生物、动物和植物等总称为土壤生物(soil organism)。土壤生物参与岩石的风化和原始土壤的生成，对土壤的生长发育、土壤肥力的形成和演变，以及高等植物营养供应状况有重要作用。土壤物理性质、化学性质和农业技术措施，对土壤生物的生命活动有很大影响。

栖居在土壤中的活的有机体。可分为土壤微生物和土壤动物两大类。前者包括细菌、放线菌、真菌和藻类等类群；后者主要为无脊椎动物，包括环节动物、节肢动物、软体动物、线性动物和原生动物。原生动物因个体很小，故也可视为土壤微生物的一个类群。

土壤生物除参与岩石的风化和原始土壤的生成外，对土壤的生长和发育、土壤肥力的形成和演变以及高等植物的营养供应状况均有重要作用。其具体功能有：(1)分解有机物质，直接参与碳、氮、硫、磷等元素的生物循环，使植物需要的营养元素从有机质中释放出来，重新供植物利用。(2)参与腐殖质的合成和分解作用。(3)某些微生物具有固定空气中氮，溶解土壤中难溶性磷和分解含钾矿物等的能力，从而改善植物的氮、磷、钾的营养状况。(4)土壤生物的生命活动产物如生长刺激素和维生素等能促进植物的生长。(5)参与土壤中的氧化还原过程。所有这些作用和过程的发生均借助于土壤生物体内酶的化学行为，并通过矿化作用、腐殖化作用和生物固氮作用等改变土壤的理化性状。此外，菌根还能提高某些作物对营养物质的吸收能力。

一些生活在土壤里的植物和生物小到我们看不见它们。细菌或微生物是显微镜可见的生命形态。许多细菌生活在土壤里。这些细菌中有一些能致病，有一些有益处，它们以死去的动物和植物为食，能将有机物分解，所以土壤微生物能把作物不能利用的物质变为有效的养分。这是很重要的作用。除了细菌之外，还有叫做水藻的其他带状植物生活在土壤里。在土壤里还能找到叫做原生动物的用显微镜可见的动物。

有许多昆虫生活在土壤里。它们中有一些终生都生活在土壤里，如白蚂蚁和蝼蛄。大多数生活在土壤中的昆虫以枯叶之类等死的植物为食。还有许多蠕虫生活在土壤里。它们是蚯蚓、线虫等。对它们来说，肥沃的土壤是最佳的土壤，因为这种土壤含有大量死去的植物体。如图 5—3 所示。

图 5—3 土壤中的原生动物

土壤中无细胞壁的活有机体，一般能为肉眼所见。主要属无脊椎动物，包括环节动物(蜈蚣、千足虫等)、节肢动物(昆虫主要是昆虫幼虫)、软体动物(蜗牛、蛞蝓等)、线形动物(钩虫、蛔虫和蛲虫)和原生动物(阿米巴、草履虫等)等。根据个体大小、栖居时间和生活方式可分为若干类型，在土壤中分布极不均匀。土壤动物在其生命活动过程中,对土壤有机物质进行强烈的破碎和分解,将其转化为易于植物利用或易矿化的化合物,并能释出许多活性钙、镁、钾、钠和磷酸盐类,对土壤理化性质产生显著影响。土壤动物积极参与物质生物小循环。某些环节动物对土壤腐殖质的形成、养分的富集、土壤结构的形成、土壤发育及通气透水性能等均有较好作用。但某些动物对土壤和农、林、牧业生产有一定危害。

土壤动物对土壤的形成、发育、物质循环、肥力演变等有较大影响。

四、土壤环境质量的生物学指标

目前常用的生物学指标主要有:微生物生物量、微生物商、代谢商、土壤酶活性等。

(一)微生物生物量碳

土壤微生物生物量包括微生物量碳、微生物量氮、微生物量磷以及微生物量硫,一般以微生物量碳含量来表示,它虽然仅占土壤有机质的很小一部分(1%～4%),但所起的作用不可低估,因其所含养分有效性较高,常被看成是土壤活性有机质组分。因此,微生物生物量碳可以直接影响到养分循环及其生物有效性。它能代表参与调控土壤中能量流动和养分循环以及有机质转化的相应微生物的数量。同时,土壤微生物生物量碳转化速率的快慢可以很好的表征土壤总碳的变化,是比较敏感的生物学指标,所以有很多研究人员将其定义为有机质的活性组分,来作为土壤环境质量的生物学指标之一。

(二)微生物商

土壤微生物商(土壤微生物量碳与土壤有机质含量的比值)也是评价重金属污染对土壤生态系统功能和影响土壤质量的重要指标,随着重金属浓度的提高,土壤微生物商通常呈下降趋势。微生物商是一个比值,它能够避免在使用绝对量或对不同有机质含量的土壤进行比较时出现的一些问题,因此用微生物商来作为土壤环境质量的生物学指标比微生物生物量更可靠。同时土壤微生物对外界反应的灵敏性,可以作为反映环境和管理措施变化的敏感生物标记,它对土壤的利用和管理具有重要的指示意义。因此,微生物动态是土壤变化趋势的早期指示,微生物学生理生态参数可作为检测土壤污染状况的早期、敏感的生物学指标。

(三)代谢商

微生物代谢商也是微生物活性的重要指标之一,即用来定量表征单位生物量的微生物在单位时间里的呼吸作用的大小。它把微生物生物量的大小和微生物的生物活性及功能有机地结合起来,反映了微生物群落生理上的特征。代谢商可用于揭示土壤的发生过程、基质质量,生态演变以及对环境胁迫的反应。一些研究结果发现,代谢商与有效铜、锌呈极显著的正相关,说明环境胁迫能使代谢商增加。这是由于土壤环境在受到胁迫或干扰条件下,微生物为了维持生存可能需要更多的能量,而使土壤微生物的代谢活性发生不同程度的反应。在受到重金属污染时,它通常随重金属污染程度的提高而上升,如:土壤中添加重金属后能显著提高代谢商,这一现象可能是由微生物能量保持极低的基质利用率引起的。然而,也有研究发现随着重金属含量的增加,代谢商反而有轻微的降低,揭示了代谢商可能与土壤质地、有机质含量、土壤 pH 等因素有关。

(四)土壤酶

土壤酶是土壤中产生专一生物化学反应的生物催化剂。土壤酶一般吸附在土壤胶体表面或呈复合体存在,部分存在于土壤溶液中,而以测定各种酶的活性来表征。土壤酶活性的大小与重金属污染程度存在一定的相关性,这些酶多指胞内酶,如脱氢酶、磷酸酶、过氧化氢酶等。由于土壤酶类对重金属离子的抑制或激活作用比较敏感,且其活性变化直接影响着从土中获取养分的作物的生长,因而土壤酶活性的测定将有助于判明土壤中重金属污染的过程。土壤酶对环境管理因素引起的变化较为敏感,且具有良好的时效性特点。

第二节　土壤环境污染

土壤是农业的基础,也是人类获取食物和其他再生资源的物质基础。随着工业发展和农业生产的现代化,重金属污染已经成为一个危害全球环境质量的主要问题。土壤重金属污染首先会影响植物的生长发育,进而影响农作物的产量和质量。如镉与巯基氨基酸和蛋白质的结合引起氨基酸蛋白质的失活,甚至导致植物的死亡。如 Cd 通过形成过量的氧自由基,影响植物体内抗氧化酶活性,破坏细胞膜系统、蛋白、核酸等生物大分子,抑制水稻叶绿素合成和植株生长。土壤重金属污染,给国家带来了严重的经济损失。据报道,每年全国因重金属污染而减产粮食 1 000 多万 t,另外被重金属污染的粮食每年也多达 1 200 万 t,合计经济损失至少达到 200 亿元。此外,受土壤重金属污染的作物在植(作)物体中积累,并通过食物链富集到人体和动物体中,危害人畜健康,引发癌症和其他疾病等。

一、土壤重金属的来源及污染危害

近年来,由于部分矿产开发中的选矿、冶炼工艺水平落后,个别矿区没有环保治理设备,大量废弃物未经处理直接投放环境,造成土壤重金属污染;化肥农药的过度使用也会造成土壤重金属的污染,氮肥和钾肥中重金属含量较少,磷肥中重金属含量较多;含铅及有机汞的农药的使用,造成土壤的胶质结构改变,营养流失,对农作物的产量及品质都造成极大的不良影响,同时为土壤重金属污染埋下了祸根;饲料添加剂中也常含有高含量的 Cu 和 Zn,这使得有机肥料中的 Cu、Zn 含量也明显增加并随着肥料施人农田,农村地区长期使用畜禽粪便作为有机肥以增加土壤肥力也有可能造成土壤重金属污染;汽车尾气的排放、汽车轮胎磨损产生的大量含重金属的有害气体和粉尘的沉降所引起的以公路、铁路为中心成条带状分布的土壤重金属污染,其污染元素主要为 Pb、Cu、Zn 等元素。

二、土壤重金属污染现状

据统计,目前全国遭受不同程度污染的耕地面积已接近 2 000 万 hm^2,约占耕地面积的 1/5。据农业部环境监测系统近年的调查,我国 24 个省(市)城郊、污水灌溉区、工矿等经济发展较快地区的 320 个重点污染区中,污染超标的大田农作物种植面积为 60 万 hm^2,占监测调查总面积的 20%;其中重金属含量超标的农产品产量与面积约占污染物超标农产品总量与总面积的80%以上，尤其是Pb、Cd、Hg、Cu及其复合污染尤为明显。如天津近郊因污水灌溉导致0.23×$10^3$$km^2$农田受到污染；广州近郊因为污水灌溉污染农田27.0km^2，因施用含污染物的底泥造成13.3km^2的土壤被污染，污染面积占郊区耕地面积的46%；20世纪80年代中期对北京某污灌区进行的抽样调查表明，大约60%的土壤和36%的糙米存在污染问题。

第三节　重金属对土壤的污染

我国土壤重金属污染物主要来源于污水灌溉、工业废渣、城市垃圾、工业废弃物堆放及大气沉降。污水中占较大比例的工业废水成分比较复杂，都不同程度的含有生物难以降解的多种重金属，是土壤重金属污染物的主要来源。我国土壤污染除Cd污染外，Pb、As、Cr和Cu的污染也比较严重。目前我国农药、重金属等污染的土壤面积已达上千万公顷，污染的耕地约0.1亿hm^2，占耕地总面积的10%以上，多数集中在经济较发达的地区。全国每年受重金属污染的粮食多达1 200万t，因重金属污染而导致粮食减产高达1 000多万t，合计经济损失至少200亿元。华南地区部分城市有50%的农地遭受Cd、As、Hg等重金属污染。广州近郊因污水灌溉而污染农田2 700hm^2，因施用污染底泥造成1 333hm^2土壤被污染，污染面积占郊区耕地面积的46%。上海农田耕层土壤Cd含量增加了50%，天津近郊因污水灌溉导致2.3万hm^2农田受重金属污染，沈阳张士灌区重金属污染面积达2 500多hm^2。国内蔬菜重金属污染调查显示，我国菜地土壤重金属污染形势更为严峻。珠三角地区近40%的菜地重金属污染超标，其中10%属“严重”超标。重庆蔬菜重金属污染程度为Cd>Pb>Hg，近郊蔬菜基地土壤重金属Hg和Cd出现超标，超标率分别为6.7%和36.7%。广州市蔬菜地铅污染最为普遍，砷污染次之。保定市污灌区土壤Pb、Cd、Cu和Zn的检出超标率分别为50.0%、87.5%、27.5%和100.0%，蔬菜中Cd的检出超标率为89.3%。如图5－4所示。

图5－4　重金属污染后的土壤

第四节　化学农药对土壤的污染

农药，是指用于预防、消灭或者控制危害农业、林业的病、虫、草和其他有害生物以及有目的地调节植物、昆虫生长的化学合成物或者来源于生物、其他天然物质的物质及其制剂。迄今为止，世界各国所注册的1500多种农药中，常用的有300多种，按农药化学结构可分为有机磷、氨基甲酸酯、拟除虫菊酯、有机氮化合物、有机硫化合物、醚类、杂环类和有机金属化

合物等;按其主要用途可分为杀虫剂(如溴氰菊醋、甲胺磷)、杀蜗剂(如杀螨特)、杀鼠剂(如磷化锌)、杀软体动物剂、杀菌剂(如波尔多液)、杀线虫剂、除草剂(如除草醚)、植物生长调节剂(如助壮素)等;按农药来源可分为矿物源农药(无机化合物)、生物源农药(天然有机物、抗生素、微生物)及化学合成农药,而生物源农药又可细分为动物源农药、植物源农药和微生物源农药3类。如图5—5所示。

图5—5 喷洒农药

土壤中农药的污染来自防治作物病虫害及除杂草用的杀虫剂、杀菌剂和除草剂,这些污染可能是直接施入土壤,也可能是因喷洒而淋溶到土壤中。由于农药的大量使用,致使有害物质在土壤中积累,引起植物生长的危害或者残留在作物中进入食物链而危害人的健康,进而形成农药对土壤的污染。

一、影响农药残留的主要因素

土壤中农药的残留受农药的品种、土壤性状、作物品种、气象条件和时间的影响,还与农药的使用量及栽培技术有密切关系。当农药施人农田后会产生一系列的行为:(1)农药被土壤吸附后,其迁移能力和生理性随着发生变化,土壤对农药的吸附尽管在一定程度上起着净化和解毒作用,但这种作用较为有限且不稳定,其吸附能力不但受土壤质地的影响(砂土的吸附容量少,粘土及有机质土壤的吸附容量大,还受农药结构的影响,因而吸附对农药在土壤中的残留影响最大。(2)农药在土壤中迁移,其迁移方式有挥发和扩散。农药在土壤中的迁移还与土壤的性状有关,砂土的迁移能力大,粘土及有机质土壤迁移能力小,其迁移能力直接影响农药在土壤中的残留。(3)农药在土壤中的降解。所谓降解是农药在环境中的各种物理、化学、生物等因素作用下逐渐分解,它一般分为化学降解和微生物降解。土壤中的降解主要是生物降解。

二、化学农药在土壤中的残留积累毒害

农药一旦进入土壤生态系统，残留是不可避免的，尽管残留的时间有长有短，数量有大有小，但有残留并不等于有残毒，只有当土壤中的农药残留积累到一定程度，与土壤的自净效应产生脱节、失调，危及农业环境生物，包括农药的靶生物与非靶环境生物的安全，间接危害人畜健康，才称其具有残留积累毒害。一般说来，土壤化学农药的残留积累毒害主要表现在 2 方面：

1. 残留农药的转移产生的危害

残留农药的转移主要与食物有关，主要有 3 条路线：第 1 条：土壤→陆生植物→食草动物；第 2 条：土壤→土壤中无脊椎动物→脊椎动物→食肉动物；第 3 条：土壤→水系（浮游生物）→鱼和水生生物→食鱼动物。一般来说，水溶性农药易构成对水生环境中自、异养型生物的污染危害。脂溶性或内吸传导型农药，易蓄积在当季作物体内甚至对后季作物的二次药害和再污染，引起陆生环境中自、异养型生物及食物链高位次生物的慢性危害。积累于动物体内的农药还会转移至蛋和奶中，由此造成各种禽兽产品的污染。人类以动植物的一定部位为食，由于动植物体受污染，必然引起食物的污染。可见，由于残留农药的转移及生物浓缩的作用，才使得农药污染问题变得更为严重。

2. 残留农药对靶生物的直接毒害

农药残存在土壤中，对土壤中的微生物，原生动物以及其他的节肢动物、环节动物、软体动物的等均产生不同程度的影响。还有试验证明农药污染对土壤动物的新陈代谢以及卵的数量和孵化能力均有影响。另外，土壤中残留农药对植物的生长发育也有显著的影响。农药进入植物体后，可能引起植物生理学变化，导致植物对寄主或捕食者的攻击更加敏感，如使用除草剂已经增加了玉米的病虫害。农药还可以抑制或者促进农作物或其他植物的生长，提早或推迟成熟期。

三、采取综合性防治措施

为达到既高效又经济地把农药对土壤的污染降低到最低范围，目前已有诸多综合性防治措施：

1. 选育良种，加强病虫害的预报、防治

（1）选用优良品种。利用植物的抗虫性，选育丰产、抗虫并具备其他性状的良种是害虫防治的较为经济简单的方法。

（2）破坏害虫的生存条件。首先，利用植物密度影响田间温湿度、通风透光等小气候条件，影响作物的生育期，从而影响害虫的生活条件。适时排灌也是迅速改变害虫生活环境，抑制其生长有效措施。其次，进行土壤翻耕对某些害虫特别是生活在土面或土中的害虫迅速改变其生活环境，或将害虫埋入深土，或将土内害虫翻至地面，使其暴露在不良的气候条件下或受天敌侵害或直接杀死害虫。最后，通过对害虫生活习性的研究，做好预报、预测，以便及时防治，做到治早、治小。

2. 化学防治

化学防治防治效果稳定、见效快。当害虫猖獗时必须用化学防治才能解决问题，或者为了保证生物防治。

3. 安全合理地施用农药

禁止使用剧毒高残留农药,禁止使用高残留的有机氯农药,由于其长效性不仅在人体内富集,甚至危及子孙后代。为确保农产品质量安全,近年来,农业部陆续公布了一批国家明令禁止使用或限制使用的农药。全面禁止使用的农药(23 种):六六六(HCH),滴滴涕(DDT),毒杀芬、二溴氯丙烷、杀虫脒、二溴乙烷(EDB)、除草醚、艾氏剂、狄氏剂、汞制剂、砷、铅类、敌枯双、氟乙酰胺、甘氟、毒鼠强、氟乙酸钠、毒鼠硅、甲胺磷、对硫磷、甲基对硫磷、久效磷和磷胺。限制使用的农药(18 种):禁止氧乐果在甘蓝上使用;禁止三氯杀螨醇和氰戊菊酯在茶树上使用;禁止丁酰肼(比久)在花生上使用;禁止特丁硫磷在甘蔗上使用;禁止甲拌磷、甲基异柳磷、特丁硫磷、甲基硫环磷、治螟磷、内吸磷、克百威、涕灭威、灭线磷、硫环磷、蝇毒磷、地虫硫磷、氯唑磷和苯线磷在蔬菜、果树、茶叶、中草药材上使用。

第五节　土壤污染的防治及修复

我国土壤污染总体形势相当严峻。据估算,全国每年因重金属污染而减产粮食 1000 多万 t,造成的直接经济损失超过 200 亿元。由土壤污染引发的农产品安全和人体健康事件时有发生,成为影响农业生产、群众健康和社会稳定的重要因素。

土壤的生态环境保护与治理已引起人们的普遍关注。美国于 1980 年制定了 CERCLA (The Comprehensive Environmental Response,Compensation and Liability Act)法,在法律上对污染土壤的修复义务进行了规定。近年来,世界各国都非常重视污染土壤修复技术的研究,有关生物修复技术的研究更是备受关注。

一、生物修复特点及分类

污染土壤的生物修复是指在一定的条件下,利用生物的生命代谢活动减少环境中有毒有害物质的浓度或使其完全无害化,从而使受污染的土壤环境能部分或完全地恢复到原始状态。对土壤污染处理而言,传统的物理和化学修复技术的最大弊端是污染物去除不彻底,导致二次污染的发生,从而带来一定程度的环境健康风险。而生物修复有着物理修复、化学修复无可比拟的优越性:处理费用低,处理效果好,对环境的影响低,不会造成二次污染,操作简单,可以就地进行处理等。有机污染物的生物修复研究较为广泛深入,包括多氯联苯、多环芳烃、石油、表面活性剂、杀虫剂等。重金属污染的特点是不能被降解,而是通过植物进行富集或通过微生物将其转移或降低其毒性,只能从一种形态转化为另一种形态,从高浓度变为低浓度,在生物体内积累富集。湿地生物修复技术是利用湿地植物根系改变根区的环境,湿地植物提供微生物附着和形成菌落场所,并促进微生物群落的发育,达到治理目的。

生物修复目前分为两类:原位生物修复(In-site bioremediation)和异位生物修复(Ex-site bioremediation)。原位生物修复就是在原地进行生物修复处理而对受污染的土壤或水体介质不作搬迁,其修复过程主要依赖于土著微生物或外源微生物的降解能力和合适的降解条件。异位生物修复是将被污染的介质(土壤或水体)搬动或输送到他处进行的生物修复处理,一般受污染土壤较浅,且易于挖掘,或污染场地化学特性阻碍原位生物修复就采用异位生物修复。

二、微生物修复技术

微生物对重金属污染物修复是利用土壤中的某些微生物对重金属污染物进行吸收、沉淀、氧化和还原，从而降低土壤中重金属的毒性。有关微生物对有机污染物修复的报道较多。发达国家于20世纪80年代就开展了这方面的研究，并于1991年3月在美国的圣地亚哥召开了第一届“原位与就地生物修复”国际会议。20世纪90年代我国也已开始这方面的研究工作。微生物对有机污染土壤的修复是以其对污染物的降解和转化为基础的，主要包括好氧和厌氧两个过程。完全的好氧过程可使土壤中的有机污染物通过微生物的降解和转化而成为CO_2和H_2O，厌氧过程的主要产物为有机酸与其他产物(CH_4或H_2)。然而，有机污染物的降解是一个涉及许多酶和微生物种类的分步过程，一些污染物不可能被彻底降解，只是转化成毒性和移动性较弱或更强的中间产物，这与污染土壤生物修复应将污染物降解为对人类和环境无害的产物的最终目标相违背，在研究中应特别注意对这一过程进行生态风险与安全评价。

(一)原位生物修复

原位生物修复主要集中在亚表层土壤的生态条件优化，尤其是通过调节加入无机营养或可能限制其反应速率的氧气(或诸如过氧化氢等电子受体)的供给，以促进土著微生物或外加的特异微生物对污染物质进行最大程度的生物降解。当挖取污染土壤不可能时或泥浆生物反应器的费用太昂贵时，宜采用原位生物修复方法，如土耕法、投菌法、生物培养法、生物通气法等。土耕法要求现场土质必须有足够的渗透性，以及存在大量具有降解能力的微生物。该法操作简单、费用低、环境影响小、效果显著，缺点是污染物可能从土壤迁移，且处理时间较长。

投菌法的核心是引入新的具有某些特殊功能的微生物，一般在现有微生物不能降解污染物或降解能力低的情况下考虑此法。生物培养法是要定期地向污染环境中投加H_2O和营养，以满足污染环境中已经存在的降解菌的需要。研究表明，通过提高受污染土壤中土著微生物的活力比采用外源微生物的方法更有效。对生物通气法，大部分低沸点、易挥发的有机物可直接随空气抽出，而那些高沸点的重组分在微生物的作用下被彻底矿化为二氧化碳和水。其显著优点是应用范围广，操作费用低；缺点是操作时间长。如图5－6所示。

(二)异位生物修复

异位生物修复指将被污染土壤搬运和输送到它处进行生物修复处理，主要有土地耕作法、堆肥法、厌氧处理法、生物反应器法。土地耕作法费用极低，应用范围较广，但在土地资源紧张的地区此法受到限制，也容易导致挥发性有机物进入大气中，造成空气污染，且难降解的物质会积累其中，增加土壤毒性。堆肥法对去除含高浓度不稳定固体的有机复合物是最有效的，处理时间较短。对三硝基甲苯、多氯联苯等好氧处理不理想的污染物可用厌氧处理，效果较好。由于厌氧条件难以控制，且易产生中间代谢污染物等，其应用比好氧处理少。由于生物反应器内微生物降解的条件容易满足与控制，因此其处理速度与效果优于其他处理方法，但大多数的生物反应器结构复杂，成本较高。目前，用于有机污染土壤生物修复的微生物主要有土著微生物、外来微生物和基因工程菌3大类，已应用于地下储油罐污染地、

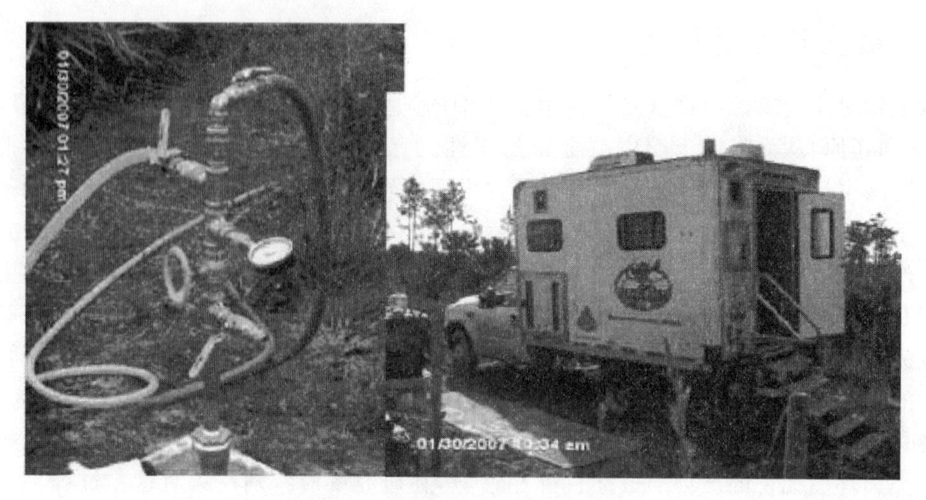

图 5－6　土壤原位修改工程图

原油污染海湾、石油泄漏污染地及其废弃物堆置场、含氯溶剂、苯、菲等多种有机污染土壤的生物修复。但是，微生物修复有时并不能去除土壤中的全部污染物，只有与物理和化学处理方法组成统一的处理技术体系时，才能真正达到对污染土壤的完全修复。污染土壤的微生物修复过程是一项涉及污染物特性、微生物生态结构和环境条件的复杂系统工程。目前虽然对利用基因工程菌构建高效降解污染物的微生物菌株取得了巨大成功，但人们对基因工程菌应用于环境的潜在风险性仍存在着种种担心，美国、日本、欧洲等大多数国家对基因工程菌的实际应用有着严格的立法控制。在对微生物修复影响因子充分研究的基础上，寻求提高微生物修复效能的其他途径显得非常迫切。如图 5－7 所示。

图 5－7　土壤异位生物修复的运输过程

三、植物修复技术

重金属污染土壤的植物修复利用植物对某种污染物具有特殊的吸收富集能力，将环境中的污染物转移到植物体内或将污染物降解利用，对植物进行回收处理，达到去除污染与修复生态的目的。根据其作用过程和机理，重金属污染土壤的植物修复技术可分为植物固定、植物挥发、植物吸收、植物降解和根际生物降解修复五种类型。如图 5－8 所示。

图 5－8 土壤的植物修复示意图

植物固定（phytostabilization）：利用植物降低重金属的生物可利用性或毒性，减少其在土体中通过淋滤进入地下水或通过其他途径进一步扩散。根分泌的有机物质在土壤中金属离子的可溶性与有效性方面扮演着重要角色。根分泌物与金属形成稳定的金属螯合物可降低或提高金属离子的活性。根系分泌的粘胶状物质与 Pb^{2+}，Cu^{2+} 和 Cd^{2+} 等金属离子竞争性结合，使其在植物根外沉淀下来，同时也影响其在土壤中的迁移性。但是，植物固定可能是植物对重金属毒害抗性的一种表现，并未去除土壤中的重金属，环境条件的改变仍可使它的生物有效性发生变化。

植物挥发（phytovolatilization）：植物将吸收到体内的污染物转化为气态物质，释放到大气环境中。研究表明，将细菌体内的 Hg 还原酶基因转入芥子科植物 Arabidopsis 并使其表达，植物可将从环境中吸收的 Hg 还原为 Hg(O)，并使其成为气体而挥发。也有研究发现，植物可将环境中的 Se 转化成气态的二甲基硒和二甲基二硒等气态形式。植物挥发只适用于具有挥发性的金属污染物，应用范围较小。此外，将污染物转移到大气环境中对人类和生物有一定的风险，因此其应用受到一定程度的限制。

植物吸收（phytoextraction）：利用能超量积累金属的植物吸收环境中的金属离子，将它们输送并贮存在植物体的地上部分，这是当前研究较多且认为是最有发展前景的修复方法。能用于植物修复的植物应具有以下几个特性：对低浓度污染物具有较高的积累速率；体内具有积累高浓度污染物的能力；能同时积累几种金属；具有生长快与生物量大的特点；抗虫抗病能力强。但植物吸收后其叶上部分脱落又回到地面进入土壤可能造成二次污染。

植物降解：植物降解一般对某些结构较简单的有机污染物去除效率很高，对结构复杂的污染物质则无能为力。根际生物降解修复方式实际上是微生物和植物的联合作用过程，其中微生物在降解过程中起主导作用。植物修复是一种天然、洁净、经济的去除污染物的方法，但是利用植物修复是相对漫长的过程，要花数年时间才能把土壤中的重金属含量降到安全或可接受的水平，因为已发现的大部分金属超积累植物不但生长缓慢而且植株矮小。这也是今后的一个研究方向。

有机物污染土壤的植物修复：修复机理：有机污染物被植物吸收后，可通过木质化作用使其在新的组织中贮藏，也可使污染物矿化或代谢为 H_2O 和 CO_2，还可通过植物挥发或转化成无毒性作用的中间代谢产物。植物释放的各种分泌物或酶类，促进了有机污染物的生物降解。植物根系可向土壤环境释放大量分泌物（糖类、醇类和酸类），其数量约占植物年光合作用的10%～20%。同时，植物根系的腐解作用也向土壤中补充有机碳，这些作用均可加速根区中有机污染物的降解速度。植物还可向根区输送氧，使根区的好氧作用得以顺利进行。植物释放到环境中的酶类，如脱卤酶、过氧化物酶、漆酶及脱氢酶等，可降解 TNT、三氯乙烯、PAHs 和 PCB 等细菌难以降解的有机污染物。由于植物根系活动的参与，根际微生态系统的物理、化学与生物学性质明显不同于非根际土壤环境。根际中微生物数量明显高于非根际土壤，根际可加速许多农药、三氯乙烯和石油烃的降解。微生物对多环芳烃的降解常有两种方式：一是作为微生物生长过程中的惟一碳源和能源被降解；二是微生物把多环芳烃与其他有机质共代谢（共氧化）。一般情况下，微生物对多环芳烃的降解都要有 O_2 参与，产生加氧酶，使苯环分解。真菌主要产生单加氧酶，使多环芳烃羟基化，把一个氧原子加到苯环上形成环氧化物，接着水解生成反式二醇和酚类。细菌常产生双加氧酶，把两个氧原子加到苯环上形成过氧化物，然后生成顺式二醇，接着脱氢产生酚类。多环芳烃环的断开主要依靠加氧酶的作用，把氧原子加到 C—C 键上形成 C—O 键，再经加氢、脱水等作用使 C—C 键断开，达到开环的目的。对低分子量多环芳烃（萘、菲、蒽），在环境中能被一些微生物作为惟一碳源很快降解为 CO_2 和 H_2O。目前已分离到的有假单胞菌属、黄杆菌属、诺卡菌属、弧菌属和解环菌属等。由于环境中能降解高分子多环芳烃（4 环以上）的菌类很少，难以被直接降解，常依靠共代谢作用。共代谢作用可提高微生物降解多环芳烃的效率，改变微生物碳源与能源的底物结构，扩大微生物对碳源的选择范围，从而达到降解的目的。

污染土壤生物修复的主要影响因子：(1)污染物的性质。重金属污染物在土壤中常以多种形态贮存，不同的化学形态对植物的有效性不同，某种生物可能对某种单一重金属具有较强的修复作用。此外，重金属污染的方式（单一污染或复合污染）、污染物浓度的高低也是影响修复效果的重要因素。有机污染物的结构不同，其在土壤中的降解差异也较大。(2)环境条件。一般而论，土壤盐度、酸碱度和氧化还原条件与重金属化学形态、生物可利用性及生物活性有密切关系，也是影响生物对重金属污染土壤修复效率的重要环境条件。补充微生物和植物在对污染物修复过程中的养分和水分消耗，可提高生物修复的效率。对有机污染土壤进行修复时，添加外源营养物可加速微生物对有机污染物的降解。(3)生物体的种类和活性。微生物的生物体很小，吸收的金属量较少，难以后续处理，限制了大面积现场修复的应用。植物体生物量大，易于后续处理，利用植物对金属污染位点进行修复应用较广。由于超积累重金属植物一般生长缓慢，且对重金属存在选择作用，不适于多种重金属复合污染土壤的修复。在选择修复技术时，应根据污染物的性质、土壤条件、污染的程度、预期的修复目标、时间限制、成本、修复技术的适用范围等因素加以综合考虑。利用植物与微生物相结合的植物辅助生物修复技术来降解土壤中的有机污染物是近年来出现的新技术，如通过根际微生物可加速植物吸收某些矿物质如 Fe 和 Mn。根际内以微生物为媒介的腐殖化作用可能是提高金属植物可利用性的原因。

第六章　噪声污染及其防治

第一节　概　述

一、声音和噪声

声音是由物体的振动产生的，并以声波的形式在一定介质中传播。产生振动的固体、液体和气体称为声源。空气是人们最熟悉的传声介质，受作用的空气发生振动，当声波振动频率在20～20000Hz时，作用于人的耳鼓膜并刺激听觉神经产生的感觉就称为声音。除了气体以外，液体和固体都可作为声音的传播介质，人耳则是人体的声音感受器官。声源、介质和接收器称为声的三要素。无论在自然界还是人类社会中，只要有振动，就会发出声音，可以说人们生活在一个有声的世界里，并通过声音进行交流、表达思想感情和传递信息，声音在人们的生活中起着无可替代的作用，人们的生活环境中不能没有声音。

随着人类科技水平的发展以及生活与生产活动的频繁和多样化，在建筑施工、工业生产、交通运输和社会生活中产生了许多影响人们生活环境的声音，这些不需要的声音称为环境噪声。从物理学的观点来看，噪声是振幅和频率杂乱断续或统计上无规则的声振动。从生理学观点来看，凡是妨碍和干扰人们正常工作学习、休息、睡眠、谈话、和娱乐等的声音，即不需要的声音，统称为噪声。判断一种声音是否属于噪声，主观意识和生活状态往往起决定性作用。例如，悦耳的音乐对正在欣赏音乐的人来说是乐音，但对于正在休息或集中精力思考问题的人来说，再动听的音乐也可能是一种噪声；看电视的时候，他人的谈话即是噪声；而在你与他人谈话的时候，电视声也就变成了噪声。

我国《环境噪声污染防治法》中以国家规定的环境噪声排放标准确定的最高限值为界限，来界定和区分环境噪声与环境噪声污染。当噪声超过国家规定的环境噪声排放标准，对他人的正常生活、工作和学习产生干扰时就形成噪声污染；超过了国家规定的环境噪声排放标准，但尚未对他人正常生活、学习、工作等活动产生干扰的，则不构成环境噪声污染。环境噪声已成为污染人类社会环境的公害之一，是与水、空气污染并列的三大污染物质。

二、环境噪声来源及污染特征

(一)噪声的来源

噪声源有自然噪声源和人为噪声源。对于由自然现象引起的雷电、地震等自然噪声，到目前为止人们还无法控制，所以噪声污染的防治主要是针对人为噪声的防治。人为噪声按声源发生的场所，一般分为交通噪声、工业噪声、建筑施工噪声和社会生活噪声四类，其中以交通噪声影响最为严重。

1. 交通噪声

交通噪声主要指飞机、火车、轮船和各种机动车辆等交通运输工具运行时产生的噪声。这些噪声是一种非稳态、不连续的流动声源，影响范围广，持续时间长，危害程度大。其中以飞机的噪声强度最大，影响也比较严重。随着社会经济的发展及生活条件的改善，机动车数量正以年均增长率10%以上的速度增长，噪声源数量的急剧增加，严重污染了城市声环境。据中国环境监测总站公布的《2003年度全国城市声环境质量报告》显示，在道路交通噪声方面，有13个城市为重度污染，占监测城市总数的3.2%。交通噪声占城市噪声的30%以上，调查结果表明，85%的交通噪声来自机动车辆噪声。

螺旋桨飞机起飞时噪声约为110dB，喷气式飞机起飞噪声可达140dB，而当声音达到120dB时，人耳便感到疼痛。火车噪声主要来自鸣笛和火车运行时产生的轰鸣声。其中，火车运行的噪声在距100米处约为75dB，而鸣笛时最大峰值高达100dB。机动车辆噪声的主要来源是喇叭声(电车喇叭90～95dB，汽车喇叭105～110dB)、发动机声、进气和排气声、启动和制动声、轮胎与地面的摩擦声等。汽车超载、加速和制动、路面粗糙不平都会增加噪声。我国有80%的交通干线道路的交通噪声超过了标准值70dB，在车流量高峰期，市内大街上的噪声可高达90dB。遇到交通堵塞时，由于车辆频繁启动和刹车，噪声甚至可达100dB以上。一些机动车辆对环境产生的噪声污染情况如表6－1所示。

表6－1　典型机动车辆的噪声

车辆类型	加速时噪声级/dB(A计权)	匀速时噪声级/dB(A计权)
重型货车	89～93	84～89
中型货车	85～91	79～85
轻型货车	82～90	76～84
公共汽车	82～89	80～85
中型汽车	83～86	73～77
小轿车	78～84	69～74
摩托车	81～90	75～83
拖拉机	83～90	79～88

2. 工业噪声

工业噪声主要来自工厂生产过程中由于机器的振动、磨擦、撞击及气流扰动产生的噪声。如纺织机、球磨机、金属加工机床、发电机、空气压缩机、通风机等产生的噪声。工业噪声又称生产性噪声，约占我国城市噪声源的8%～10%，工业噪声污染不仅直接对生产工人造成危害，对附近居民影响也很大。据估计，我国约有20%～30%的工人处在强噪声的威胁之下，近亿人受到噪声的严重干扰。但是，与交通噪声相比，工业噪声源一般固定不变，且污染范围相对较小，因此防治措施也较容易。一些典型的机械设备的噪声如表6－2所示。

表6－2　典型机械设备的噪声

设备名称	噪声级/dB(A计权)	设备名称	噪声级/dB(A计权)
轧钢机	92～107	柴油机	110～125
切管机	100～105	汽油机	95～110

续表

设备名称	噪声级/dB(A计权)	设备名称	噪声级/dB(A计权)
气锤	95～105	球磨机	100～120
鼓风机	95～115	织布机	100～105
空压机	85～95	纺纱机	90～100
车床	82～87	印刷机	80～95
电锯	100～105	蒸汽机	75～80
电刨	100～120	超声波清洗机	90～100

3. 建筑施工噪声

建筑施工噪声主要是各种建筑机械工作时产生的噪声，约占城市噪声源的5%，如打桩机、混凝土搅拌机、推土机、挖掘机、运料车等产生的噪声，它们均在90dB以上，最高可达130dB。这类噪声虽是临时的、间歇性的，但施工现场多在居民区，且施工机械运行噪声较高，施工时间未加控制，对人们的生理和心理造成了严重损害。尤其是近年来城市建设的迅速发展，包括道路建设、基础设施建设、城市建筑开发、旧城区改造及百姓家庭的室内装修等，使建筑施工噪声的影响越来越广泛。一些常见施工机械的噪声见表6－3。

表6－3 建筑施工机械的噪声

机械名称	距离机械10m处噪声级/dB(A计权)	机械名称	距离机械10m处噪声级/dB(A计权)
打桩机	93～112	混凝土破碎机	80～92
吊锤	97～108	混凝土搅拌机	70～86
铆枪	85～98	挖掘机	77～84
振动机	84～91	推土机	75～77
空气压缩机	82～98	混凝土设备	83～90

4. 社会生活噪声

社会生活噪声是指由社会活动和家庭生活设施产生的噪声，如市场商贩的叫卖声、高音喇叭、体育比赛、游行集会、娱乐活动等产生的喧闹声，以及家用收录机、洗衣机、电视机等产生的噪声。这类噪声约占城市噪声的47%，是影响城市声环境最广泛的噪声来源。一些社会生活噪声级范围如表6－4所示，典型家用设备产生的噪声见表6－5。

表6－4 社会生活噪声级范围

类别	声源	声源噪声级/dB(A计权)
酒楼、饭店	引风机	67～85
宾馆	空调冷却塔	82～85
舞厅、练歌房	音响	94～100
学校	广播喇叭	100～110
锅炉房	鼓风机、引风机	83～90
集贸市场	喧哗声	80～90

社会生活噪声一般在80dB以下，虽然对人体没有直接危害，但却能干扰人们的工作、学习和休息。

表6-5 典型家用设备的噪声

设备名称	噪声级/dB(A计权)	设备名称	噪声级/dB(A计权)
洗衣机	50～80	电视机	60～83
吸尘器	60～80	电风扇	30～65
排风机	45～70	缝纫机	45～75
抽水马桶	60～80	电冰箱	35～45

(二)噪声的污染特征

噪声是一种感觉公害，是危害人类环境的一种特殊公害。它与大气污染、水污染和土壤污染存在很大差异，主要有以下四个特征：

(1)感觉性。噪声对人的危害与人的生理、心理因素有直接关系，某些人喜欢的声音对另一些人可能是噪声。

(2)局部性。噪声在传播过程中，随着传播距离的增加和物体的阻挡、吸收、反射而减弱，直到消失，因此它的影响和危害局限在噪声源附近。如汽车噪声污染，是以城市街道和公路干线两侧最为严重。噪声严重的工厂可对数百米内的居民区造成较大影响，尤其是夏季及晚上。

(3)暂时性。噪声污染是一种物理性污染，没有后效作用，在环境中不积累、不持久、也不残留，声源停止发声，噪声也随之消失。

(4)分散性。环境噪声源往往不是单一的，且分布分散，有些噪声是固定的，有些是流动的，因此这种特性使噪声无法像其他污染物一样进行集中治理。

三、噪声污染的危害

(一)噪声的生理效应

噪声对人体直接的生理效应是可引起听觉疲劳甚至造成耳聋。因噪声的过度刺激，听觉敏感性显著降低而使听力暂时下降的现象称为听觉疲劳，经过休息后可以恢复。如果长期、持续不断地受到强噪声的刺激，这种听觉疲劳就不能恢复，这是内耳感觉器官会发生器质性病变，引起耳聋或职业性听力损失。

在噪声很强的工厂里，耳聋的发病率很高。调查结果表明，在95dB的噪声环境里长期工作，大约会有29%的人丧失听力，即使噪声只有85dB，也会有10%的人会发生耳聋。在120～130dB的噪声场中，会令人感到耳内疼痛，如果突然暴露在高强度噪声下(140～160dB)就会引起鼓膜破裂出血，双耳完全失聪。

噪声对人体间接的生理效应是诱发多种疾病。噪声作用于中枢神经系统会使大脑皮层的兴奋和抑制失调，造成失眠、疲劳、头痛和记忆力衰退等神经衰弱症。噪声可引起肠胃机能紊乱，消化液分泌异常和胃酸度降低等，导致胃病及胃溃疡。噪声还会对心血管系统造成损害，引起心跳加快、心律不齐、血管痉挛和血压升高，严重的可能导致冠心病和动脉硬化。

接触强烈噪声的妇女，其妊娠呕吐的发生率和妊娠高血压综合症的发生率都比较高，而且噪声使母体产生紧张反应，引起子宫血管收缩，影响供给胎儿发育所必需的养料和氧气。噪声还可导致女性性机能紊乱、月经失调、流产及早产等。国外曾对孕妇普遍发生流产和早产的某地区作了调查，结果发现她们居住在一个飞机场的周围，祸首正是飞机飞起和降落时所产生的巨大噪声。

噪声对儿童的身心健康危害更大。据统计，当今世界上有7000多万耳聋者，其中相当部分是由噪声所致，而家庭室内噪声是造成儿童聋哑的主要原因，若在85dB以上噪声中生活，耳聋者可达5%。除此之外，噪声还可使少儿的智力发展缓慢。

(二)噪声的心理效应

噪声的心理效应是噪声对人们行为的影响。吵闹的噪声使人厌烦、精神不易集中，影响工作效率，妨碍休息和睡眠等，尤其对那些要求注意力高度集中的复杂作业和从事脑力劳动的人影响更大。在强噪声下，还易分散人们的注意力，掩蔽交谈和危险信号，发生工伤事故。噪声对交谈的干扰实验结果如表6－6所示。

表6－6　噪声对交谈的影响

噪声级/dB(A计权)	主观反映	保证正常讲话距离/m	通信质量
45	安静	10	很好
55	稍吵	3.5	好
65	吵	1.2	较困难
75	很吵	0.3	困难
85	太吵	0.1	不可能

(三)噪声对动物的影响

噪声可引起动物的听觉器官、内脏器官和中枢神经系统的病理性改变和损伤。研究噪声对动物的影响具有实践意义。由于强噪声对人的影响无法直接进行实验观察，因此常用动物进行实验获取资料以判断噪声对人体的影响。不同噪声级对动物的影响如表6－7所示。喷气飞机的噪声可使鸡群发生大量死亡；强噪声会使鸟类羽毛脱落，不生蛋，甚至发生内脏出血；工业噪声环境下饲养的兔子，其胆固醇比正常情况下要高的多；强烈的噪声使奶牛不再产奶，而给奶牛播放轻音乐后，牛奶的产量可大大增加。

表6－7　噪声对动物的影响

噪声级/dB(A计权)	动物效应
120～130	听觉器官病理变化
135～150	听觉器官损伤和其他器官的病理变化
150以上	内脏器官发生损伤，甚至死亡

(四)强噪声对建筑物和仪器设备的影响

一般噪声对建筑物的影响比较小，但火箭导弹声、低飞的飞机声等特强噪声对建筑物可造成一定的损害。实验表明，当噪声强度达到140dB时，对建筑物的轻型结构开始有破坏作用；150dB以上的噪声，可使玻璃破碎、建筑物产生裂缝，金属结构产生裂纹和断裂现象；160dB以上，导致墙体震裂甚至倒塌。

强噪声可使电子元器件和仪器设备受到干扰、失效甚至损坏。干扰是指仪器在噪声场中使内部电噪声增大，严重影响仪器的正常工作。声失效是指电子器件或设备在高强度噪声场作用下特性变坏，以至不能工作，但当高声强条件消失后，其性能仍能恢复。声损坏则大多是声场激发的振动传递到仪表而引起的破坏。通常噪声超过135dB就会对电子元器件和仪器设备造成损害。

第二节　噪声的度量

一、噪声的客观量度

噪声具有声音的一切声学特性。将噪声单纯的作为物理扰动，用描述声波客观特性的物理量来反映，这是对噪声的客观量度，常用声压、声强和声功率等物理量来表示。

1. 声音

声音是由物体振动产生的，声学中将振动的物体称为声源，声源可以是固体、液体或气体。声音只有在弹性媒质中才能传播，并在传播过程中对人耳、仪器、建筑物等产生影响，这些感受到声音的物体称为受体。声学中把声源、介质和受体称为声音的三要素。

声音的产生和传播可用图6－1来说明。将扬声器纸盆前面的连续空气划分为A、B、C、D等若干个区域，其中质点A紧靠扬声器纸盆，如图6－1(a)所示。扬声器纸盆振动时，在图6－1(b)中，A最先受到扰动，向B质点运动，压缩了B部分媒质，而B受到压缩，对A产生反作用力促使A向原平衡位置移动，由于惯性力，质点A在经过平衡位置后继续向另一

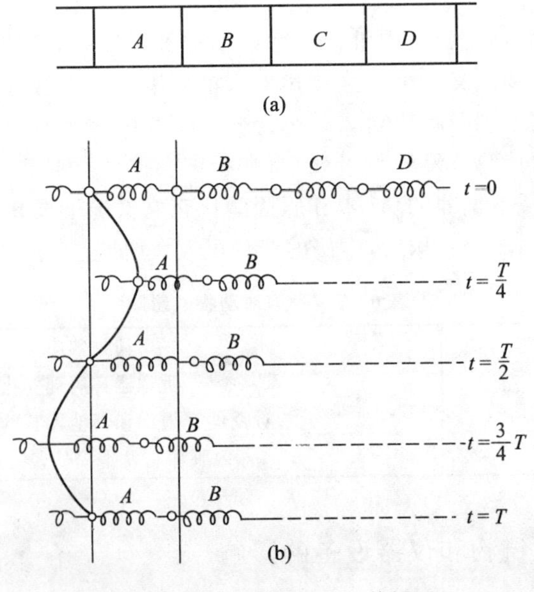

图6－1　声音的产生与传播

侧运动，又对另一侧的相邻媒质产生压缩，同时自身受到反作用力向平衡位置运动。这样由于媒质的弹性和惯性作用，使最初受到扰动的空气媒质在平衡位置附近来回振动，并带动相邻位置的媒介B、C、D等产生类似运动，将媒质质点的机械振动由近及远的传播出去，当传入人耳时，引起鼓膜振动，刺激听觉神经，便产生听觉使人听到声音。

2. 声波

在弹性媒质中，物体的机械振动引起周围媒质密度的改变，这种媒质密度变化的传播就是声波。声波按质点振动的方向可分为纵波和横波。质点振动方向平行于声波传播方向的波，称为纵波；质点振动方向垂直于声波传播方向的波，称为横波。在气体及液体中传播的声波一般为纵波，在固体中则既有纵波又有横波。

(1)波长

在声波的传播方向上，相邻两个压缩层(或稀疏层)之间的距离，或任何两个状态完全相同的相邻质点间的距离都称为波长，通常用λ表示，单位为米(m)。

(2)频率

声波的频率是媒质质点每秒钟振动的次数，用f表示，单位为赫兹(Hz)。人耳只能听到频率在20～20000Hz范围的声音，通常把这一频率范围的声音称为可听声。低于20Hz的声音叫次声，高于20000Hz的称为超声。人耳不能听到次声和超声，但一些动物如大象和老鼠能听到次声，蜗牛、蝙蝠、海豚和狗能听到超声。一般认为，噪声是指可听声范围的声波，噪声控制是对可听声的控制。

质点每重复一次振动所需的时间称为周期，用T表示，单位为秒(s)。频率和周期互为倒数，即：

$$f=\frac{1}{T} \tag{6-1}$$

(3)声速

声速是声波在弹性媒质中的传播速度，即振动在媒质中的传递速度，以符号c表示，单位是m/s。波长、频率(周期)和声速之间的关系如下：

$$c=f\lambda \text{ 或 } c=\lambda/T \tag{6-2}$$

在任何弹性媒质中，声速的大小只取决于该媒质的弹性和密度，它反映了媒质受声扰动时的压缩特性，而与声源无关。对于可压缩性较大的媒质，如气体，其压强的改变引起媒质的密度变化较大，则声速较小；反之，如果媒质的可压缩性较小，如液体或固体，声速值就较大。因此，声音在液体和固体中的传播速度一般要比在空气中快很多。表6－8列出了常温(20℃)下几种常见材料中的声速值。

表6－8 常温下几种常见材料中的声速

媒质	声速/(m/s)	密度/(kg/m^3)
空气	344	1.2
水	1450	1000
海水	1510	1025
钢	5000	7800
玻璃	4900～5800	2500～5900

续表

媒质	声速/(m/s)	密度/(kg/m³)
铝	5100	2700
混凝土	6000	2600
砖	3600	1800

3.声压、声强与声功率

(1)声压

声压是描述声波作用效能的宏观物理量。当声波在介质中传播时,可引起介质的位移和密度变化,密度高的部分压力上升,密度低的部分压力下降。这部分压力变化,即媒介中的压强相对于静压强 P_0 的变化值称为声压,用 p 表示,单位是 Pa(N/m^2)。存在声压的空间称为声场,声场中某点的瞬时声压 $p(t)$ 为总压强 $P(t)$ 与大气压 P_0 之差,其值可正也可负。

$$p(t)=P(t)-P_0 \tag{6-3}$$

某点瞬时声压 $p(t)$ 在一段时间内的均方根值为该点的有效声压 p_e。

$$p_e=\sqrt{\frac{1}{T}\int_0^T p(t)^2\,\mathrm{d}t} \tag{6-4}$$

由于人耳感觉到的以及声学仪器测量到的声压都是有效声压,因此在实际运用中常省去脚注"e",即以 p 表示有效声压。

(2)声强

声强描述声波的能量以波速沿传播方向传输的情况。定义单位时间内通过垂直于声波传播方向单位面积的平均能量,称为声强,用 I 表示,单位为 W/m^2。声强与声压的关系如下式:

$$I=\frac{p^2}{\rho c} \tag{6-5}$$

式中:p 为有效声压,Pa;ρ 为介质密度,kg/m^3;c 为此介质中的声速,m/s。

声压和声强都是反映声音强弱的物理量。声压越大表示耳朵鼓膜受到的压力越大,声强越大表示单位面积内耳朵接受到的声能越多,前者从压力角度说明声音的大小,后者从能量角度说明声音的强弱。

(3)声功率

声功率是指声源在单位时间内辐射的总能量,用 W 表示,单位为瓦(W),其大小反映声源辐射能力的强弱。

4.声压级、声强级与声功率级

(1)声压级

空气中传播的声波,频率为 1000Hz 时,正常人耳能听到的最弱声压为 2×10^{-5} Pa,称为人耳的听阈;当声压达到 20Pa 时,人耳就会产生疼痛的感觉,20Pa 为人耳的痛阈。对应的听阈声强为 $10^{-12}\,W/m^2$,痛阈声强为 $1W/m^2$。对人的听觉来说,从听阈到痛阈所感觉到的声音的强弱变化范围非常宽,1000Hz 时,听阈声压和痛阈声压之间相差 100 万倍。在如此宽广的范围内,若用声压或声强的绝对值来描述声音强弱很不方便,要实现一定精度的测量也很难；另外，耳对声音强弱的感觉并不与声压或声强呈线性关系，而是与其对数值成比例，因此引入“级”的概念，级在声学中的单位为分贝(dB)。

声压级通常用 L_p 表示，定义为该声压与基准声压之比的常用对数乘以 20，即

$$L_p = 20\lg\frac{p}{p_0} \tag{6-6}$$

式中，p_0 为基准声压，即 1000Hz 时的听阈声压，$p_0 = 2\times10^{-5}$ Pa。

根据声压级的概念，听阈和痛阈的声压级分别为 0dB 和 120dB。这样，$2\times10^{-5}\sim20$Pa 的声压范围就缩小到了 0～120dB 的声压级范围。声学测量中，一般用声级计测量噪声时，测出的都是声压级。常见的声压级范围如图 6－2 所示。

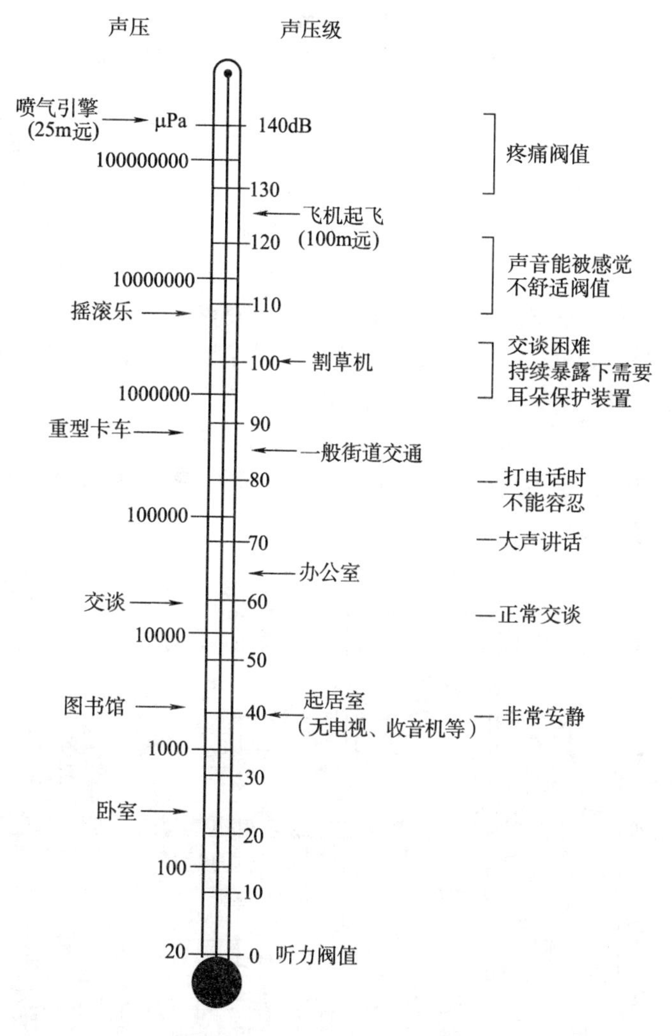

图 6－2　声压级的相对范围

(2)声强级

一个声音的声强级 L_I 是该声音的声强与基准声强之比的常用对数乘以 10，即

$$L_I = 10\lg\frac{I}{I_0} \tag{6-7}$$

式中，I_0 为基准声强，即 1000Hz 时的听阈声强，$I_0=10^{-12}\,\mathrm{W/m^2}$。

(3)声功率级

声源的声功率级 L_W 等于这个声源的声功率与基准声功率之比的常用对数乘以 10，即

$$L_W=10\lg\frac{W}{W_0} \tag{6-8}$$

式中，W_0 为基准声功率，$W_0=10^{-12}\,\mathrm{W}$。

二、噪声的主观评价

声压和声强都是客观物理量，声压越高，声音越强；声压越低，声音越弱。但是他们不能完全反映人耳对声音的感觉特性。这就需要把噪声的客观物理量与人的主观感觉结合起来，得出与主观响应相对应的评价量，用以评价噪声对人的干扰程度。

1. 响度级与响度

人耳对高频声音较为敏感，而对低频声音较为迟钝，因此声压级相同而频率不同的声音听起来不一样响。如 70dB 的 1000Hz 纯音和 70dB 的 100Hz 的纯音相比，人耳的感觉前者比后者要"响"得多，因此声音的响亮程度是由声压级和频率共同决定的。为了既考虑到声音的客观物理效应，又考虑到声音对人耳的主观生理效应，把声压级和频率用一个量统一起来，人们便引出了响度级的概念。

响度级以 L_N 表示，是以 1000Hz 的纯音作为基准，当噪声听起来与基准音一样响时，就把这个纯音的声压级称为该噪声的响度级，单位为"方"(phon)。如某一噪声与声压级为 60dB 的 1000Hz 的纯音一样响时，该噪声的响度级就是 60 方。以 1000Hz 某一声压级的纯音为基准，使用等响的实验方法，可以得到反映人耳听觉、声压级与频率三者相互关系的等响曲线，如图 6－3 所示。

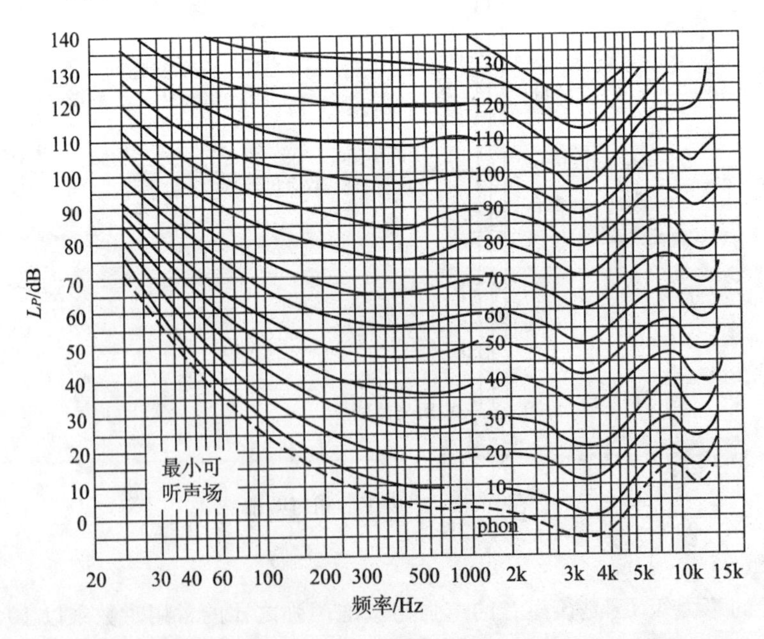

图 6－3　人耳等响曲线

等响曲线族中每条曲线都代表着一系列声压级不同、频率不同，而人主观响度感觉相同的声音。最下面的一条等响曲线是听阈曲线。由图 6－3 可以看出，当响度级较低时，低频部分声压级高，高频对应的声压级低，说明人耳对低频声反应较迟钝，而对高频声，尤其是 3000～4000Hz 的声音尤为敏感。当响度级高于 100 方时，等响曲线趋于平坦，人耳分辨高、低频声音的能力变差，此时声音的响度级主要决定于声压级。

响度级虽然定量的确定了响度感觉与声压级和频率的关系，但却不能确定这个声音比那个声音响多少。为此，1947 年国际标准化组织(ISO)提出了一个新的主观评价量，即以"宋"(sone)计的响度。将频率为 1000Hz 的纯音，声压级为 40dB 时产生的响度定义为 1 宋，即 40 方响度级声音的响度为 1 宋。响度级每增加 10 方，响度增加一倍，如 50 方响度级声音的响度为 2 宋，60 方声音的响度为 4 宋等。其关系如下：

$$N = 2^{(L_N - 40)/10} \tag{6-9}$$

式中，N 为响度，宋；L_N 为响度级，方。

噪声治理后的效果可用响度下降百分率 η 来表示：

$$\eta = \frac{N_1 - N_2}{N_1} \times 100\% \tag{6-10}$$

2. A 声级与等效连续 A 声级

(1)A 声级

响度级和响度反映了声音频率对响度感觉的影响，但用其反映人们对声音的主观感觉过于复杂，于是引出了计权声压级的概念。

人耳对不同频率的响应不同。根据人耳的听觉特性，在声学测量仪器中安装一套滤波器(也称计权网络)，对不同频率的声音进行一定的衰减和放大，使测得的结果与人耳的实际感觉相一致。一般设有 A、B、C 三种计权网络，其中最常用的是"A 计权网络"，这个网络是模拟了人耳对 40 方纯音的等响曲线，对低频部分进行较大衰减，对高频部分稍有放大，使仪器对接收到的频率的响应与等响曲线相适应。这样测得的声级称为 A 计权声级，简称 A 声级，以 L_A 表示，单位为 dB(A)。A 声级越高，人们越感觉吵闹。由于它能较好的反映出人们对噪声强度和频率的主观感觉，因此现在大都采用 A 声级来衡量噪声的强弱。

(2)等效连续 A 声级

在现实生活中，许多噪声处于稳定状态，即噪声强度和频率基本上不随时间变化，这时可用 A 计权声级进行评价；然而除了稳态噪声之外，很多噪声处于非稳态，时强时弱，时大时小，这时就需要采用等效连续 A 声级进行分析。将某短时间内所测得的非稳态噪声的 A 声级，用能量平均的方式，以一个连续不变的 A 声级来表示该段时间内噪声的声级，称为等效连续 A 声级，以 L_{ep} 表示。计算公式为：

$$L_{eq} = 10\lg\left(\frac{1}{T}\int_0^T 10^{0.1L_A dt}\right) \tag{6-11}$$

式中，L_{eq} 为等效连续 A 声级，dB(A)；t 为噪声暴露时间，h 或 min；L_A 为时间 t 内的 A 声级，dB(A)。

第三节　噪声控制措施

一、噪声控制的基本方法

噪声控制措施必须从环境要求、技术政策、经济条件等多方面进行综合考虑，即噪声控制设计要遵循科学性、先进性和经济性的基本原则。噪声污染控制的基本方法有管理和技术两个方面。管理控制是指用行政管理和技术管理控制噪声，而工程控制是指用技术手段治理噪声。本文就工程控制技术做主要介绍。噪声控制的基本方法见图6－4。

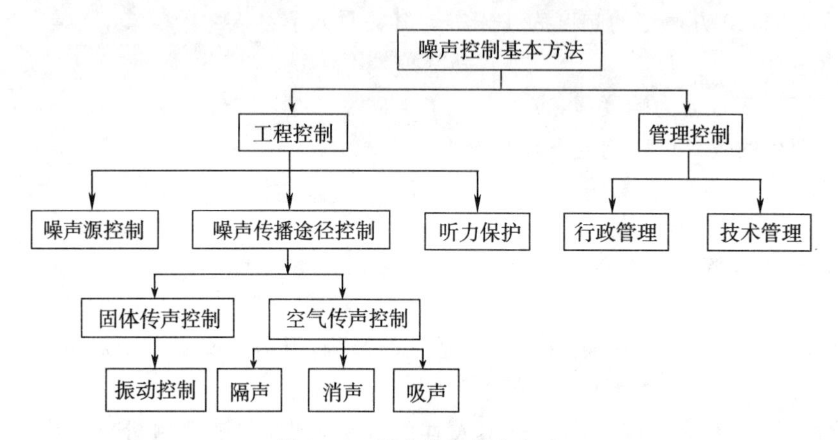

图6－4　噪声控制基本方法

噪声源、噪声传播途径、接受者是噪声污染发生的三个要素。只有这三个要素同时存在时，噪声才能造成对环境的污染及对人的危害。因此，控制噪声必须从这三个环节研究解决，同时将这三部分作为一个系统来综合考虑。

1.噪声源控制

声源是噪声能量的来源，是噪声系统中最关键的组成部分。因此，从设计、技术、行政管理等方面对声源进行控制是减弱或消除噪声的最根本的方法和最有效的手段。通过研制和选用低噪声设备，改进生产工艺，提高设备的加工精度和装配技术，合理规划声源布局等，使噪声源数量减少或降低噪声源的辐射声功率，从根本上解决或降低噪声污染，使传播途径及接受者保护上的控制措施得到简化。

(1)改进机械设计

在研制机械设备时，选用减振合金代替一般的钢、铝等金属材料，可使噪声大大减弱。如锰-铜-锌合金与45号钢试件对比，在同样力的作用下，前者辐射的噪声比后者降低了27dB。

通过改进设备的结构减小噪声，具有较大潜力。如将风机叶片由直片形改成后弯形，可降低噪声10dB。

对旋转的机械设备，改变传动装置，可收到不同的降噪效果。如以斜齿轮或螺旋齿轮代替正齿轮传动装置，可降低噪声3～10dB，而改用皮带传动可降低噪声16dB。

(2)改进工艺和操作方法

改进工艺流程和操作方法，也是降低声源噪声的另一个重要途径。如用液压代替高噪声的捶打，用无声焊接代替高噪声铆接等。

(3)提高加工精度和装配质量

机械噪声是噪声污染的一个主要来源，是指机械零部件在外力激发下振动产生的噪声。机械设备运转时，零部件之间的摩擦力、撞击力或非平衡力，使机械零部件和壳体产生振动而辐射噪声。这类噪声可通过提高机械的加工精度和装配质量来控制。

(4)合理规划声源布局

距离噪声源最大尺寸 3～5 倍以外的地方，距离增加一倍，其噪声可衰减 6dB。因此，在城市规划时，合理布局低噪声区和高噪声区，将居民区、文教区等与商业区、娱乐场所和工业区分开布置，在工厂内部将强噪声车间与生活区分开，使噪声最大限度的随距离衰减，从而达到降低噪声的目的。

2. 传播途径控制

由于条件限制，从声源上难以实现噪声控制时，就要从噪声传播途径上考虑降噪措施。具体方法有以下几种：

(1)利用声源指向性特点

声源在自由场中向外辐射声波时，声压级随方向的不同呈现不均匀的属性，称为声源的指向性。高频噪声的指向性较强，因此可改变机器设备安装方位，将噪声源指向无人空旷区或对安静要求不高的地区，从而降低噪声对周围环境的污染。如高压锅炉、高压容器的排气口朝向天空或野外，与指向生活区相比，可降低噪声约 10dB。

(2)利用隔声屏障

可利用山岗、土坡等天然屏障或通过植树、造林、设置围墙等建立隔声屏障减少噪声污染。如城市中绿篱、乔灌木和草坪的混合绿化结构宽度为 5m 时，其平均降噪效果可达 5dB；40m 宽的林带可降噪 10～15dB；街道绿化后可使噪声降低 8～10dB。

(3)采用声学控制技术

当上述方法仍达不到降噪要求时，需要在工程技术上采用声学措施，包括吸声、消声、隔声、隔振、阻尼等常用噪声控制技术。

3. 接受者的防护

噪声控制中，应优先考虑从声源或噪声的传播途径方面降低噪声。但如存在技术或经济上的困难时，可采取个人防护措施。主要有两种方法：一是应用防护用具，如耳塞、耳罩、防声头盔、防声帽、防护衣等对听觉、头部及胸腹部进行防护。一般的护耳器可使耳内噪声降低 10～40dB，防声帽隔声量一般为 30～50dB。当噪声量超过 140dB 时，不但对听觉和头部有严重的危害，而且还会对胸部、腹部各器官造成极严重的危害，尤其对心脏，因此，在极强噪声的环境下，要考虑应用防护衣，以防噪、防冲击声波，实现对胸腹部的保护；二是采取轮班作业，缩短在强噪声环境中暴露的时间。实际上，在许多场所采取个人防护是一种经济而有效的方法。

二、噪声控制技术

(一)吸声

在未做任何声学处理的车间或房间内，壁面和地面多是一些硬而密实的材料，如混凝土天花板、抹光的墙面及水泥地面等，这些材料很容易发生声波的反射。当室内声源向空间辐射声波时，声波遇到墙面或其他物体表面，会发生多次反射形成叠加声波，称为混响声。由于混响声的叠加作用，可使噪声强度提高十多分贝。如果在房间内壁或空间里安装吸声材料或吸声结构，当声波入射到这些材料或结构表面后，部分声能被吸收，使反射声减弱，这时接收者听到的只是直达声和已减弱的混响声，总噪声级得到降低。利用吸声材料和吸声结构来降低室内噪声的降噪技术称为吸声。

1. 吸声材料

吸声材料大多是松软多孔、透气的材料，如玻璃棉、矿渣棉、泡沫塑料、毛毡、吸声砖、木丝板、甘蔗板等。表 6－9 列出了常用的多孔吸声材料及其用途。当声波遇到吸声材料时，一部分声能被反射，一部分声能向材料内部传播并被吸收，少部分声能透过材料继续传播，如图 6－5 所示。材料的吸声性能常用吸声系数 α 表示，即

$$\alpha=\frac{E_a+E_t}{E}=\frac{E-E_r}{E}=1-r \qquad (6-12)$$

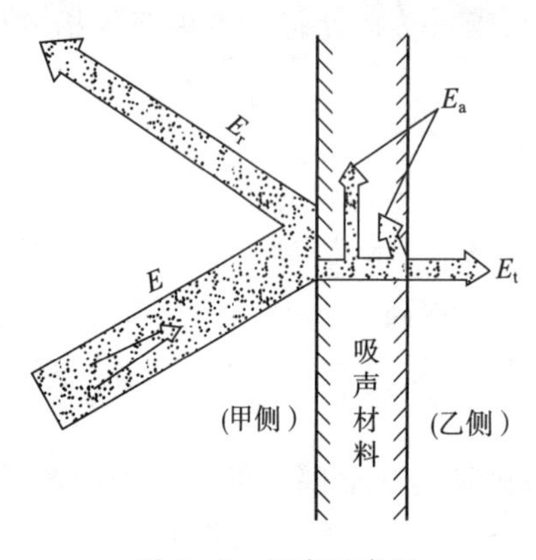

图 6－5 吸声示意图

式中，E——入射总声能，J；

E_a——被材料或结构吸收的声能，J；

E_t——透过材料或结构的声能，J；

E_r——被材料或结构反射的声能，J；

r——反射系数。

一般材料的 α 在 0～1 范围。当 $\alpha=0$ 时，表示声能全部反射，材料不吸声；$\alpha=1$ 时表示声能全部被吸收，没有反射。吸声系数 α 越大，表明材料或结构的吸声性能越好。通常 $\alpha\geqslant 0.2$ 的材料称为吸声材料，$\alpha>0.5$ 的材料就是理想的吸声材料。

多孔吸声材料具有大量的微孔和间隙，孔隙率高，且孔隙细小，内部筋络总表面积大，有利于声能吸收。同时材料内部的微孔互相贯通，向外敞开，使声波易于进入微孔内。当声波进入吸声材料孔隙后，激发孔隙中的空气与筋络发生振动，并与固体筋络发生摩擦，由于黏滞性和热传导效应，使相当一部分声能转化为热能而消耗掉，结果使反射出去的声能大大减少。即使有一部分声能透过材料达到壁面，也会在反射时再次经过吸声材料被再次吸收。

表 6－9 多孔吸声材料基本类型

	主要种类	常用材料举例	使用情况
纤维材料	有机纤维材料	动物纤维，毛毡	价格昂贵，使用较少
		植物纤维：麻绒、海草、椰子丝	原料来源丰富，价格便宜，防火、防潮性能差
	无机纤维材料	玻璃纤维：中粗棉、超细棉、玻璃棉毡	吸声性能好，保温隔热，不自燃，防潮防腐，应用广泛
		矿渣棉：散棉、矿棉毡	吸声性能好，松散的散棉易因自重下沉，施工扎手
	纤维材料制品	软质木纤维板、矿棉吸声板、岩棉吸声板、玻璃棉吸声板、木丝板、甘蔗板等	装配式施工，多用于室内吸声装饰工程

续表

	主要种类	常用材料举例	使用情况
颗粒材料	砌块	矿渣吸声砖、膨胀珍珠岩吸声砖、陶土吸声砖	多用于砌筑截面较大的消声器
	板材	珍珠岩吸声装饰板	质轻、不燃、保温、隔热、强度偏低
泡沫材料	泡沫塑料	聚氨酯泡沫塑料、脲醛泡沫塑料	吸声性能不稳定，吸声系数在使用前需实测
	其他	泡沫玻璃	强度高，防水，不燃，耐腐蚀，价格昂贵，使用较少
		加气混凝土	微孔不贯通，使用较少

吸声材料对于不同的频率具有不同的吸声系数。入射声波的频率越高，空气振动速度越快，消耗的声能越多，因此多孔吸声材料对中高频声波吸声系数大，对低频声波吸声系数小。多孔材料在使用时，要加护面板或织物封套，并要有一定厚度，如 3～5cm，增加材料厚度，吸声最佳频率向低频方向移动，用于低频吸声时最好为 5～10cm。护面板可使用穿孔钢板、穿孔塑料板、金属丝网等，为了不影响吸声效果，护面板的穿孔率应不低于 20%。实际应用时，若将多孔材料置于刚性墙面前一定距离，即材料后具有一定深度的空气层或空腔，相当于增加了材料的厚度，可改善低频的吸收效果。

2. 吸声结构

在工程上，常采用空间吸声体、共振结构、吸声尖劈等技术方法来实现降噪目的。这些技术可在不同程度上达到减噪效果，且各具特色，吸声原理也不同。

(1)空间吸声体

空间吸声体是由框架、吸声材料和护面结构组成的具有各种形状的吸声结构。它自成体系，可悬挂在有声场的空间，其各个侧面都能接触声波并吸收声能，有效吸声面积比投影面积大得多，具有吸声系数高、节省材料、装卸灵活等特点。常见的空间吸声体有板状、圆柱状、球形和锥形等，如图 6－6 所示。实践表明，当空间吸声体面积与房间面积之比为 30%～40%时，吸声效率最高，可达到整个平顶满铺吸声材料的降噪效果。吸声体的悬挂高度控制在车间净高的 1/7～1/5 处为宜。吸声体分散悬挂效果优于集中悬挂，特别是对中、高频吸声效果可提高 40%～50%，且吸声频带较宽。

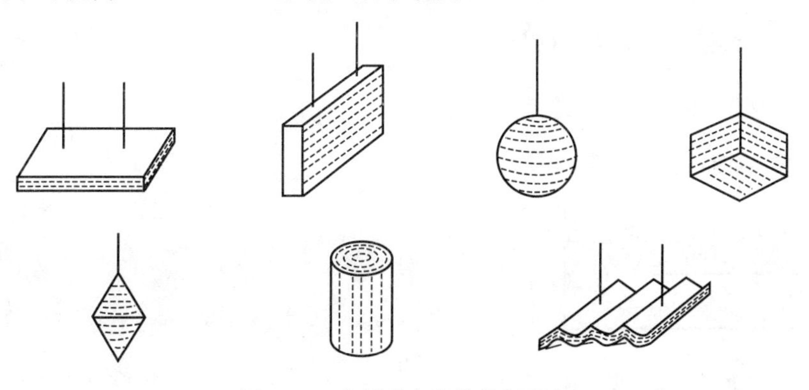

图 6－6　空间吸声体的几何形状

(2)共振吸声结构

利用共振原理做成的吸声结构称为共振吸声结构。基本可分为三种类型:薄板共振吸声结构、穿孔板共振吸声结构与微穿孔板吸声结构,主要适用于对中、低频噪声的吸收。

①薄板共振吸声结构。将薄的塑料板、金属板或胶合板等材料的周边固定在框架(龙骨)上,并将框架牢牢地与刚性板壁相结合,背后设置一定深度的空气层,这种由薄板与板后封闭空气层构成的系统称为薄板共振吸声结构,如图6—7所示。

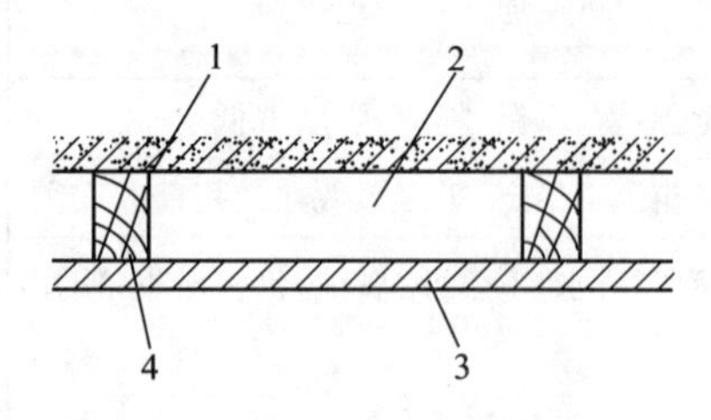

图6—7 薄板共振吸声结构示意图
1—刚性壁面;2—空气;
3—薄板;4—龙骨层

当声波入射到薄板时,将激起板面振动,使板面发生弯曲变形,由于薄板与龙骨之间的摩擦及板本身的内阻尼,部分声能转化为热能,声波得到衰减。当入射声波频率与板系统的固有频率相同时产生共振,板弯曲变形最大,此时消耗声能最多,吸声系数最大。薄板共振结构的共振频率主要取决于板的面密度与板后空气层的厚度。在工程上,薄板厚度通常取3～6mm,空气层厚度取3～10cm,共振频率在80～300Hz,因此通常用于低频吸声,但吸声频率范围窄,吸声系数一般在0.2～0.5。若在薄板与龙骨交接处放置增加结构阻尼的软材料,如海绵条、毛毡等,或在空腔中适当悬挂矿棉、玻璃棉毡等吸声材料,可改善吸声性能,展宽吸声频带宽度。

②穿孔板共振吸声结构。在薄板上穿以一定孔径和穿孔率的小孔,并在板后与刚性壁之间留一定厚度的空腔所组成的吸声结构称为穿孔板共振吸声结构,如图6—8所示。

穿孔板共振吸声结构实际是由多个单孔共振器并联组成的共振吸声结构。当声波入射时,孔内气体柱随声波做往复运动,空气柱与孔壁发生摩擦,使声能转变为热能而损耗。当入射声波频率与共振器的固有频率一致时发生共振,此时,孔颈中空气柱振幅及振速达到最大,消耗声能最大。工程设计中,板厚一般取1.5～10mm,孔径为2～15mm,穿孔率0.5%～15%,空气厚度为50～300mm。这种结构的吸声频带较窄,在几十赫兹到200Hz、300Hz,主要用于吸收中、低频噪声的峰值,吸声系数为0.4～0.7。通过改进措施,如穿孔板孔径取偏小值,提高孔内阻尼;在穿孔板后贴一层透声纺织品,增加孔颈摩擦,或在板后空腔内填放适量多孔吸声材料,增加空气摩擦;采用不同穿孔率的双层穿孔板结构等,可提高吸声系数与吸声带宽。

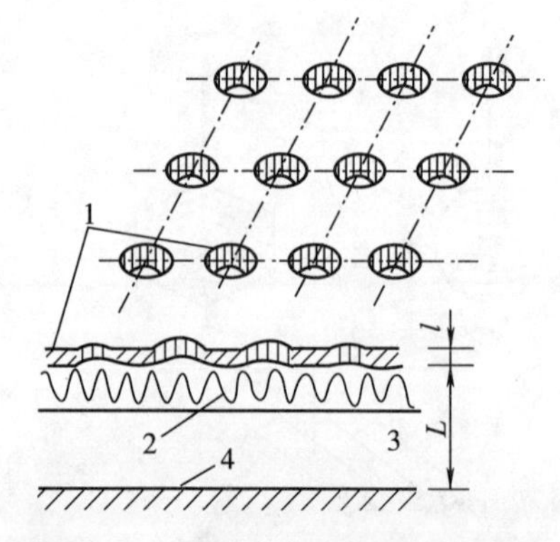

图6—8 穿孔板共振吸声结构示意图
1—穿孔板;2—多孔吸声材料;3—空气层;4—刚性壁

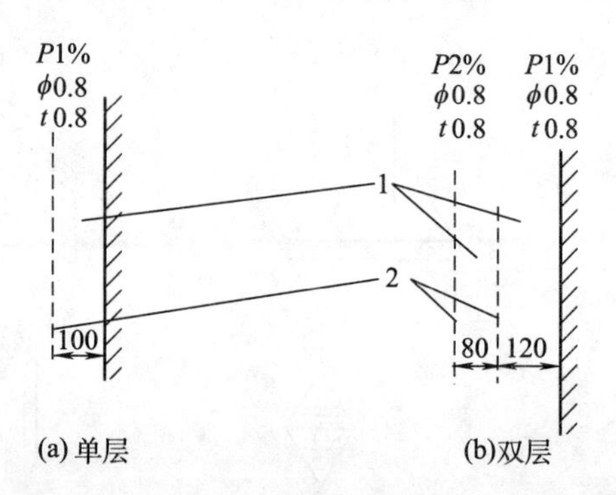

图6—9 单、双层微穿孔板吸声结构示意图
1—空腔;2—穿孔板

③微穿孔板吸声结构。我国著名声学专家马大猷教授在普通穿孔板结构的基础上，研制出了一种新型的微穿孔板吸声结构。它是由板厚小于1mm、孔径小于1mm、穿孔率为1%～4%的金属微孔板和空腔组成的复合结构，有单层、双层和多层之分，结构示意图如图6－9所示。

微穿孔板吸声结构实质上仍属于共振吸声结构，其吸声机理也是利用空气柱在小孔中的来回摩擦消耗声能，用板后的腔深大小控制吸声峰值的共振频率，腔越深，共振频率越低。由于微穿孔板的板薄、孔细，与普通穿孔板相比，具有声质量小、声阻大的特点。因此微穿孔板吸声结构的吸声系数很高，有的可达0.9以上；吸声频带宽，可达4～5个倍频程以上，属于性能优良的宽频带吸声结构。减小孔径，提高穿孔率，或使用双层与多层微孔板，可增大吸声系数，展宽吸声带宽，但孔径太小，易堵塞，因此多采用0.5～1.0mm，穿孔率以1%～3%为宜。

微穿孔板吸声结构耐高温、耐腐蚀，不怕潮湿和冲击，甚至可承受短暂的火焰。它的缺点是孔小，易堵塞，适合于清洁的场所，并且目前微孔加工成本较高。

(3)吸声尖劈

在消声室等一些特殊声学结构中，要求室内各表面吸声系数都尽可能接近1，这时用普通的吸声结构难以满足要求，必须要用到吸声尖劈，结构如图6－10所示。

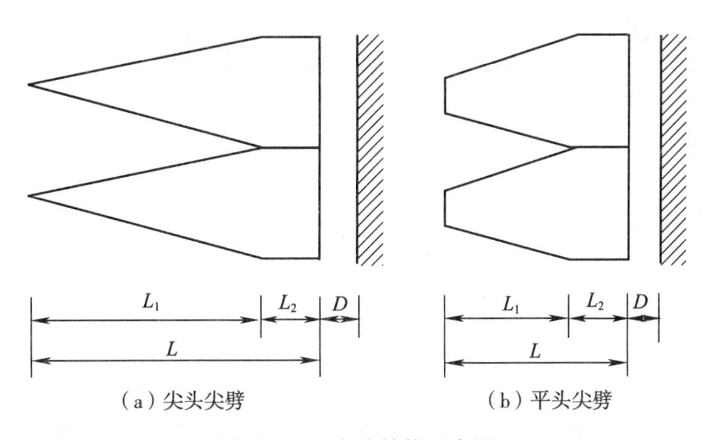

(a)尖头尖劈　　(b)平头尖劈

图6－10　尖劈结构示意图

尖劈常以钢丝制成框架，在框架上固定玻璃丝布等面层材料，再往框内填装多孔吸声材料。从尖劈的尖端到基部，声阻抗由接近空气的特性阻抗逐渐过渡到吸声材料的特性阻抗。由于声阻抗逐渐变化，声波入射不会因阻抗突变而引起反射，使绝大部分声能进入材料内部而被高效吸收，吸声系数达到最高。尖劈外部吸声特性由其性状、尺寸及内部所用多孔材料决定。为节约空间和成本，切去尖劈成为平头尖劈，对尖劈吸声性能影响不大。

(二)消声

消声器是控制空气动力性噪声的有效装置，如各种风机、空气压缩机、内燃机以及其他机械设备的输气管道等的噪声。它既能允许气流通过，又能有效地阻止或减弱声能向外传播，一般安装在空气动力设备的气流进出口或通道上。一个性能好的消声器，可使气流噪声降低20～40dB。消声器的种类很多，根据其原理主要分为阻性消声器和抗性消声器。

1. 阻性消声器

阻性消声器是一种吸收型消声器，主要利用多孔吸声材料吸收声能。将吸声材料固定在气流通道上，或将其按一定方式排列于通道中，就构成了阻性消声器。当声波进入时，部分声能因克服摩擦阻力和黏滞阻力转变为热能而消耗掉，达到消声目的。这种消声器对中、高频消声性能良好，而对低频性能较差。在高温、高速的水蒸气、含尘、油雾，以及对吸声材料有腐蚀性的气体中使用寿命短，消声效果较差。

阻性消声器的种类繁多，按照气流通道的几何形状可分为直管式消声器、片式消声器、折板式消声器、蜂窝式消声器和迷宫式消声器等，如图 6－11 所示。

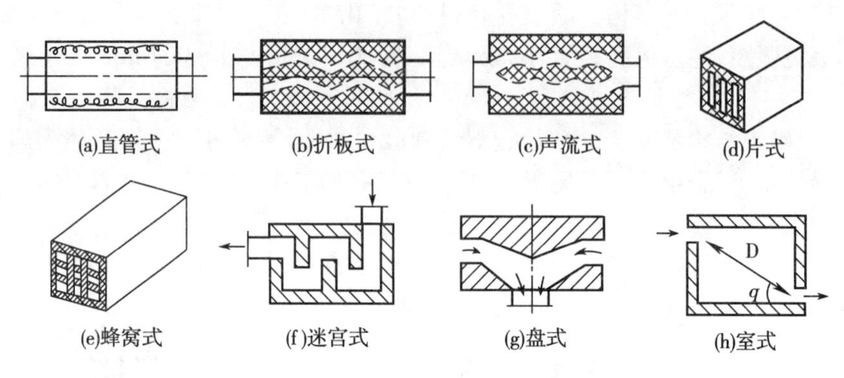

图 6－11　常见阻性消声器形式

2. 抗性消声器

抗性消声器不直接吸收声能，不使用吸声材料，而是在管道上接截面突变的管道或旁接共振腔，使某些频率的声波在声阻抗突变的界面处发生反射、干涉等现象，从而达到消声的目的。抗性消声器具有中、低频消声性能，可在高温、高速、脉动气流下工作，适用于消除空压机、内燃机和汽车的排气噪声。常用的抗性消声器有扩张室式和共振腔式两大类。

扩张室式消声器又称膨胀式消声器，如图 6－12 所示，它利用管道横截面的扩张和收缩引起的反射和干涉来进行消声。主要用于消除低频噪声，若气流通道较小也可用于消除中低频噪声。

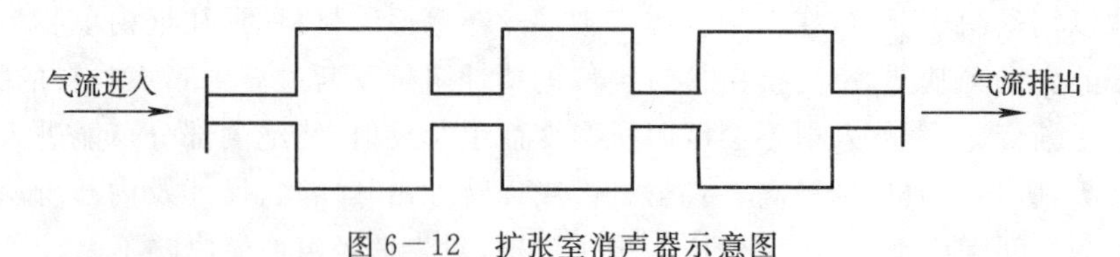

图 6－12　扩张室消声器示意图

共振腔式消声器又称共鸣式消声器，在一段气流通道的管壁上开若干个小孔，并与外面密闭的空腔相通，小孔和密闭的空腔就组成一个共振式消声器。其消声原理与共振吸声结构相同，当声波频率与消声器共振腔的固有频率一致时产生共振，小孔孔颈的空气柱振动速度达到最大，消耗的声能也最大，达到消声目的。共振腔式消声器主要有同心式和旁支式两种，如图 6－13 所示。

一般情况下，阻性消声器对中、高频噪声吸声效果好，抗性消声器则适于消除中、低噪

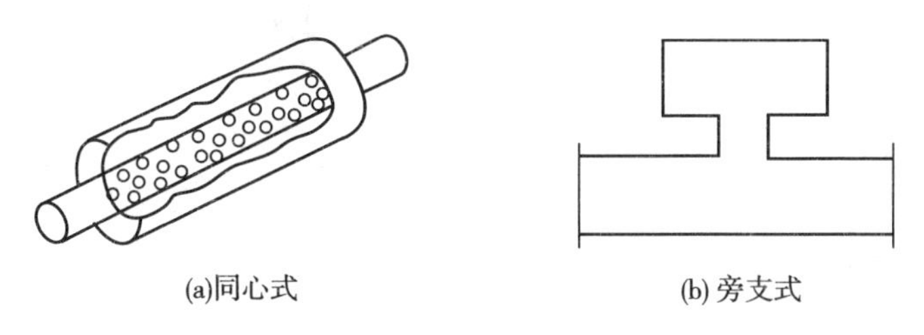

图 6—13　常见阻性消声器形式

声。若将二者结合起来，组成阻抗复合消声器，可使消声器在宽频带范围内获得良好的消声效果。

(三)隔声

声波在传播途径中遇到障碍物后，一部分被反射回去，一部分被障碍物吸收，其余则透过屏障继续传播。在噪声传播途径中，利用墙体、各种板材及构件作为屏蔽物，或利用围护结构把噪声控制在一定范围之内，使噪声在传播过程中受阻不能顺利通过，从而将噪声源和接受者分隔开来以达到降噪的目的，这种方法称为隔声。

吸声和隔声概念有本质的不同。吸声注重入射声能一侧反射声能的大小，反射声越小，吸声效果越好；隔声则侧重于入射声另一侧的透射声能的大小，透射声能越小，隔声效果越好。良好的隔声材料一般厚重而密实，而这些材料往往反射性很强，其吸声性能很差。吸声材料一般要求质轻柔软、多孔、透气性好，因此声能很容易透过材料，所以隔声性能很差。在实际应用中，吸声处理是通过吸收同一空间内的声能，达到降低室内噪声的目的。而隔声处理则用于防止相邻两个空间之间的噪声干扰。隔声量的大小与隔声构件结构、性质及入射声波的频率有关，同一构件对不同频率声波的隔声性能可能有很大差异。常用的隔声结构有隔声罩、隔声间、隔声屏等。

1. 隔声罩

将噪声源封闭在一个相对小的空间内，以降低向周围辐射噪声的罩状结构，称为隔声罩。隔声罩是降低机器噪声较好的装置，常用于车间内风机、空气压缩机、柴油机、鼓风机、球磨机等强噪声机械设备的降噪，其降噪量一般在 10～40dB。

2. 隔声间

在吵闹的环境中建造一个具有良好的隔声性能的小房间，使工作人员有一个安静的环境，或者将多个强声源置于上述房间，以保护周围环境的安静，这种具有良好隔声性能的房间称为隔声间。通常用于对声源难做处理的情况，如强噪声车间的控制室、观察室，声源集中的风机房、高压水泵房等。隔声间一般采用封闭式，除需要有足够隔声量的墙体外，还需设置具有一定隔声性能的门、窗或观察孔等。门、窗为了开启方便，一般采用轻质双层或多层复合隔声板制成。隔声门隔声量约为 30～40dB。

3. 隔声屏

在声源与接收者之间设置不透声的屏障，阻挡声波的传播，以降低噪声，这样的屏障称为隔声屏。一般采用钢板、胶合板等材料，并在一面或两面衬有吸声材料。隔声屏目前已广泛应用于降低交通干线噪声、工业生产噪声和社会环境噪声，如在居民稠密的公路、铁路两侧设置隔声堤、隔声墙等。合理设置隔声屏的位置、高度和长度，可使接收点噪声降低 7～

24dB。隔声原理如图 6－14 所示。声波在传播过程中遇到屏障，会发生反射、透射和绕射。一般认为隔声屏可阻止直达声，并使绕射有足够衰减，而透射声可忽略不计，并在屏后形成具有较低噪声强度的声影区。隔声屏对于 2000Hz 以上的高频声比中频声的隔声效果好，而对于频率低于 250Hz 的声音，由于其波长较长，容易绕过屏障，所以隔声效果较差。

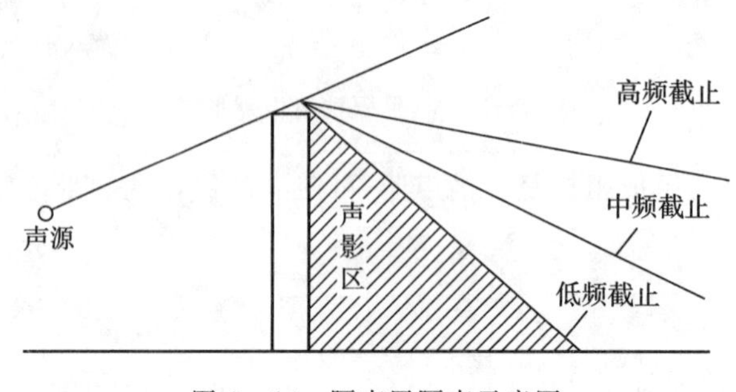

图 6－14　隔声屏隔声示意图

(四)隔振

振动源也是噪声源，隔振是通过弹性连接减少机器与其他结构的刚性连接，从而防止或减弱振动能量的传播，以达到降低噪声的目的。根据隔振目的的不同，通常将隔振分为主动隔振和被动隔振。主动隔振也称积极隔振，其目的是减少振动的输出，降低设备的扰动对周围环境的影响，是对动力设备采取的措施；被动隔振也称消极隔振，其目的是减少振动的输入，减小外来振动对设备的影响，是对设备采取的保护措施。

常用的隔振材料或弹性元件主要有弹簧类和弹性垫类隔振器，如刚弹簧、橡胶隔振垫、软木、毛毡、泡沫塑料、气垫和玻璃纤维板等。隔振器和隔振材料的选择应首先考虑其静载荷和动态特性。隔振器一般具有低于 5～7Hz 的共振频率。低频振动一般采用钢弹簧隔振器；高频振动一般选用橡胶、软木、毛毡、酚醛树脂玻璃纤维较好。为了在较宽的频率范围内减弱振动，可采用刚弹簧减振器与弹性垫组合减振器。隔振材料的使用寿命差别很大，刚弹簧寿命最长，橡胶一般为 4～6 年，软木为 10～30 年。

(五)阻尼减振

阻尼是指系统损耗能量的能力。金属薄板受激发振动会产生噪声，而金属薄板本身阻尼很小，声辐射效率很高。降低这种噪声，常用阻尼材料减振，即在金属薄板上涂敷一层阻尼材料，如沥青、软橡胶或高分子材料，当金属薄板发生弯曲振动时，其能量迅速传递给阻尼材料，由于阻尼材料的内损耗、内摩擦大，使相当一部分的振动能量被转换为热能而损耗，既减弱了薄板的弯曲振动，也缩短了振动时间，从而降低了由金属薄板辐射噪声的能量。阻尼材料的特性可用损耗因子 η 来衡量，η 值越大，阻尼性能越好。材料的损耗因数是通过实际测定求得的。大多数材料的损耗因数 η 在 10^{-1}～10^{-5} 范围，其中金属为 10^{-5}～10^{-6}，木材为 10^{-2}，软橡胶为 10^{-2}～10^{-1}。阻尼材料应有较高的损耗因数，同时具有较好的粘结性能，在强烈的振动下不脱落，不老化。

阻尼材料与金属板结合的形式主要有两种：自由阻尼层结构和约束阻尼层结构，如图 6－15 所示。

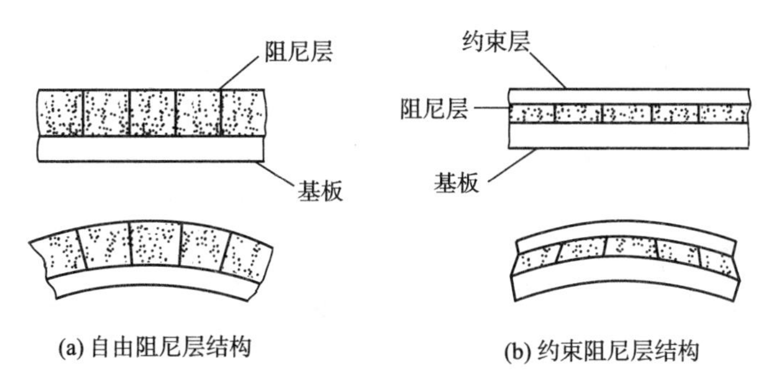

(a) 自由阻尼层结构　　(b) 约束阻尼层结构

图 6－15　阻尼结构形式

1. 自由阻尼层结构

将一定厚度的阻尼材料粘合或喷涂在金属板的一面或两面形成自由阻尼层结构。当金属板振动时，粘贴在表面的阻尼材料产生拉伸压缩变形，把振动能转化为热能，达到减振和降低噪声的目的。自由阻尼层结构的减振效果，除与阻尼材料的损耗因数有关外，还与阻尼层与金属板厚度之比有关，比值一般取 2～4 为宜。自由阻尼层结构的损耗因数一般在 0.1 左右。

2. 约束阻尼层结构

在基板和阻尼材料上再复加一层弹性模量较高的起约束作用的金属板，就组成了约束阻尼层结构。当板受振动而弯曲时，阻尼材料受约束板的约束不能伸缩变形，而内部因产生剪切变形可消耗更多的振动能量。约束阻尼层结构损耗因数一般为 0.1～0.5，最高可达 0.8。

三、声环境综合治理

环境噪声污染控制是一项系统工程，它既包括噪声控制技术，也包括合理规划和科学管理。只有通过多方面采取措施，对声环境进行综合治理，才能消除噪声对环境的污染，满足人们对环境质量的要求。

1. 环境噪声标准和法规

(1)环境噪声污染防治法

《中华人民共和国环境噪声污染防治法》于 1996 年 10 月经第八届全国人民代表大会常务委员会第二十次会议通过，自 1997 年 3 月 1 日起施行。防治法共分 8 章 64 条，对污染防治的监督管理、工业噪声污染防治、建筑施工噪声污染防治、交通运输噪声污染防治、社会生活噪声污染防治做出具体规定，并对违反其中各条规定所应受的处罚及所应承担的法律责任做出了明确规定。但是随着社会经济的快速发展，该法中的一些管理规定已经不能适应环境噪声污染防治的需要，对当前的一些新情况、新问题也难以适用，为此国家环境保护部已经启动了环境噪声污染防治法修改的前期准备工作。

(2)噪声标准

《城市区域环境噪声标准》等几项标准已经执行了十几年，随着社会的发展，噪声污染的种类已经发生了新的变化，对于声源的定义、归类、判断，都需要做出新的调整。而且，环境监测、执法部门在实际工作中也遇到各种各样的问题。鉴于此，2008 年 7 月环境保护部和国家质量监督检验检疫总局联合发布了《声环境质量标准》、《社会生活环境噪声排放标准》和

《工业企业厂界环境噪声排放标准》,这 3 项标准已于 2008 年 10 月 1 日开始实施。其中《社会生活环境噪声排放标准》是首次制订,《声环境质量标准》和《工业企业厂界环境噪声排放标准》都是对原有标准进行的修订。这 3 项标准不仅与群众生产生活密切相关,而且也是环境监测、执法人员进行噪声监管的重要依据。新标准的发布,完善了国家环境噪声标准体系,扩大了标准适用范围,解决了低频噪声和城市以外区域噪声控制要求缺失的问题,同时进一步明确了标准适用对象。

《声环境质量标准》(GB 3096—2008)是对《城市区域环境噪声标准》(GB 3096—1993)和《城市区域环境噪声测量方法》(GB/T 14623—1993)的修订。与原标准相比,此标准主要作了 4 方面修改。一是扩大了适用区域,将乡村地区纳入标准适用范围;二是将环境质量标准与测量方法标准合并为一项标准;三是明确了交通干线的定义,对交通干线两侧 4 类区环境噪声限值作了调整;四是提出了声环境功能区监测和噪声敏感建筑物监测的要求。该标准适用于城乡五类声环境功能区的声环境质量评价与管理,对于与五类功能区有重叠的机场周围区域,明确规定不适用于本标准,应执行《机场周围飞机噪声环境标准》。但对于机场周围区域内的地面噪声,仍需要执行《声环境质量标准》。各类声环境功能区相应的噪声标准如表 6—10 所示。

表 6—10　五类声环境功能区环境噪声标准

类别		适用区域	昼间(dB(A))	夜间(dB(A))
0		康复疗养区等特别需要安静的区域	50	40
1		以居住、医疗、教育、科研、办公为主要功能的区域	55	45
2		商业金融、集市贸易为主需要维护住宅安静的区域	60	50
3		以工业生产、仓储物流为主要功能的区域	65	55
4	4a	道路干线两侧、内河航道两侧区域	70	55
	4b	铁路干线两侧区域	70	60

《工业企业厂界环境噪声排放标准》(GB 12348—2008)是对《工业企业厂界噪声标准》(GB 12348—1990)和《工业企业厂界噪声测量方法》(GB 12349—1990)的修订,并将其合并为一个标准。新标准修改了适用范围、背景值修正表,另外补充了 0 类区噪声限值、测量条件、测点位置、测点布设和测量记录。此标准适用于工业企业噪声排放的管理、评价及控制,机关、事业单位、团体等对外环境排放噪声的单位也按此标准执行。标准规定,夜间频发噪声的最大声级超过限值的幅度不得高于 10 分贝,夜间偶发噪声的最大声级超过限值的幅度不得高于 15 分贝。工业企业若位于未划分声环境功能区的区域,当厂界外有噪声敏感建筑物时,由当地县级以上人民政府确定厂界外区域的声环境质量要求,并执行相应的厂界环境噪声排放限值。当厂界与噪声敏感建筑物距离小于 1 米时,厂界环境噪声应在噪声敏感建筑物的室内测量,并将相应限值减 10 分贝作为评价依据。

《社会生活环境噪声排放标准》(GB 22337—2008)对营业性文化娱乐场所和商业经营活动中可能产生环境噪声污染的设备、设施规定了边界噪声排放限值和测量方法。标准明确规定住宅卧室、医院病房、宾馆客房等以睡眠为主要目的,需要保证安静的房间,夜间噪声不得超过 30dB,白天不得超过 40dB。以居住、学校、文教机关为主的区域,室内噪声白天不得高于 45dB，夜间不得高于 35dB。此标准并不覆盖所有的社会生活噪声源，例如建筑物配套的服务设施产生的噪声，街道、广场等公共活动场所噪声，家庭装修等邻里噪声等均不适用该标准。

2. 城市的合理规划

合理地使用土地和制定建设规划，对防治环境噪声污染具有深远意义。规划中，不但要考虑目前环境噪声标准，还要对未来环境噪声污染趋势做出科学估计。

(1)功能区合理划分

城市布局应按功能分区，合理规划交通干线、工业区和生活区。使住宅区、文教区、疗养院和医院等需要安静的噪声敏感区远离噪声污染区，尽量避免其与工业区、商业区和交通干道的吵闹区混合，在两者之间规划商业区和绿化隔离带。采用环境噪声影响最小的布局，充分利用地形或已有建筑物的隔声效应，同时将高噪声源设置在城镇、居民区常年主导风向下风侧。

(2)合理规划交通干线

避免在已有铁路线两侧和近、远期规划线路两侧建设噪声敏感区，对特殊情况需采取降噪措施，使其符合国家噪声标准；铁路应尽量布置在城市边缘外围，铁路线与站场应与建筑物之间设置防护带。将道路按不同功能和性质进行分类，交通性干道规划由城市边缘或城市中心边缘通过，避免过境车辆穿越市中心；生活性道路只允许公共交通车辆和轻型车辆通行，对货运车辆类型及通行时间进行限制；避免在交通干线两侧平行建筑高层住宅，以防影响声衰减及因声反射形成“混响声场”；在车流量大的路段建立交桥，避免由停车、启动和加速产生的高噪声干扰；道路两侧设置绿化隔离带降低噪声影响。

(3)合理布局工业区

工厂内部总体设计时应将强噪声车间、作业场所与职工生活区分开，强噪声设备与一般生产设备分开，有利于采取减振降噪措施；考虑当地常年主导风向，将噪声污染突出或不易降噪处理的车间设置于下风向，远离居住区或办公区，应用噪声随距离衰减的特性，最大限度降低噪声影响；布局时充分利用土坡、树木或已有建筑物等有利条件进行降噪。

(4)加强城市绿化，建立绿色屏障

通过城市绿化，包括树木、草坪、花圃等，不仅可以美化环境，提高空气质量，还能促进声能衰减，降低城市噪声。绿化带的防噪降噪效果与其宽度、高度及位置等有着密切关系，因此在工程设计前，应对各种条件进行具体分析，制定出科学的绿化方案，充分发挥绿色屏障的降噪能力。

思考题

(1)简述噪声的定义、来源及污染特征。

(2)噪声污染有哪些危害?

(3)何为声压、声压级、A 声级?

(4)噪声控制的基本方法有哪些?

(5)什么是吸声和吸声系数?吸声的原理是什么?

(6)吸声材料和吸声结构各有什么特点?

(7)消声技术的原理是什么？主要分类有哪些？

(8)什么是隔声技术？主要有哪些装置？

(9)什么是隔振？主要有哪几类及各自特点是什么？

(10)简述阻尼减振原理及主要结构形式。

(11)通过城市合理规划减少环境噪声污染,可采取哪些措施？

第七章　其他物理性污染及防治

第一节　放射性污染及防治

一、放射性物质

原子裂变而释放出射线的性质称为放射性，凡具有自发的放出射线特征的物质称为放射性物质。这些物质的原子核处于不稳定状态，在其发生核转变的过程中，自发的放出由粒子或光子组成的射线，同时辐射出能量，本身转变为另外一种物质或成为原来物质的较低能态。放出的射线种类很多，主要有以下几种：

1. α 射线

α 射线是由高速运动的氦原子核（^{4}He）组成的粒子流，是在核素 α 衰变过程中产生的。所谓电离是指使物质的分子或原子离解成带电离子的现象。穿透能力的强弱以粒子在物质中射程的长短来衡量，而射程主要由电离能力决定。电离产生离子需要消耗动能，因此电离能力越强，其射程越短，穿透能力越弱。

α 粒子质量大，具有极强的电离能力，一旦进入人体会引起明显的组织损伤；但其穿透能力较弱，在空气中射程一般不超过 10cm，遇固体或液体时射程更短，用一张厚纸片即可挡住。α 射线不能穿透人的皮肤，通常认为其不构成外照射伤害。

2. β 射线

β 射线是带负电荷的电子流，在核素 β 衰变过程中产生。β 粒子质量只有 α 粒子的万分之几，具有较强的穿透能力，在空气中射程可达十几米，在生物体软组织中达十几毫米，可用 10mm 的有机玻璃挡住它；β 粒子的电离能力较 α 粒子小得多。

由于 β 射线较易屏蔽，人们往往忽视对 β 射线的防护，甚至在无防护措施下操作，但在 β 射线快速减速时，会产生次级 X 射线的辐射，造成对人体的危害。

3. γ 射线

γ 射线是一种波长很短的电磁波，也可看成能量极高的光子，在原子核从不稳定的激发态跃迁至稳定的基态时产生，具有极强的穿透能力，要用几十毫米厚的铅板才能挡住。γ 射线可轻易射入人体，对人体造成伤害。γ 光子不带电，在经过物质时由于光电效应和电子偶效应而使物质电离，与 α 和 β 射线相比，γ 射线的电离能力最弱。

4. X 射线

X 射线是与 γ 射线基本相同的另一类电磁波。两者的差别在于它们的来源不同，当原子中的电子跃迁至基态时产生 γ 射线，而电子改变轨道则发射 X 射线。

5. 中子

中子是原子核的组成部分，也是粒子的一种。中子来源很广，U、Pa 等原子核裂变、原子反应堆和原子弹爆炸都会产生大量的中子流。中子不带电荷，不能直接电离物质，但其在高原子序数物质中可穿行很长距离，可与原子核碰撞产生核反应，使某些原子核裂变成有放射性的核素，对生物体产生极大危害。

二、放射性污染源

1. 天然辐射源

天然辐射源是自然界中天然存在的辐射源，天然辐射源所产生的总辐射水平称为天然放射性本底，它是判断环境是否受到放射性污染的基本基准。人和生物体在进化过程中，经受并适应了来自自然的各种辐射，只要其剂量不超过本底，就不会对人类和生物体造成伤害。环境中天然辐射本底主要由两部分组成：

(1)宇宙射线

主要来源于地球的外层空间。初级宇宙射线是由外层空间射到地球大气层的高能粒子，这些粒子与大气中的氧、氮原子核碰撞产生次级宇宙射线粒子和宇生放射性核素。宇生放射性核素虽然种类不少，但在空气中含量很低，对环境辐射的实际贡献不大。

(2)原生放射性核素

自地球形成开始，迄今为止仍存在于地壳中的放射性核素，主要有^{238}U、^{232}Th、^{235}U、^{40}K、^{14}C和氚^{3}H等，其中^{238}U和^{232}Th放射系中核素对人产生的剂量约占原生放射性核素产生的总剂量的80%。

2. 人工辐射源

人工辐射源是造成环境放射性污染的主要来源。

(1)核工业产生的废物

核燃料生产和核能技术的开发利用中各环节都会产生和向环境排放含放射性物质的液体、固体和气体废物，它们是造成放射性污染的主要原因之一。难以预测的意外事故可能会泄露大量的放射性物质，造成环境污染。

(2)核武器试验

核爆炸后，排入大气中的放射性污染物与大气中的飘尘相结合，可到达平流层并随大气环流飘逸到全球表面，最终绝大部分降落到地面并形成污染。核试验造成的全球性污染比核工业造成的污染严重得多。

(3)放射性同位素的应用

核研究单位、科研中心、分析测试、医疗机构等使用放射性同位素进行探测、治疗、诊断和消毒，如果使用不当或保管不善，也会造成放射性环境污染。由于辐射在医学领域的广泛应用，医用射线已成为主要的人工放射源，约占全部污染源的90%。

(4)其他污染源

某些日常生活用品使用了放射性物质，如夜光表、彩色电视机等，某些含铀、镭量高的花岗岩、钢渣砖、瓷砖、装饰材料及固体废弃物再利用制造的建筑材料等，它们的使用也会增加室内环境污染。

三、放射性污染的特点及危害

1. 放射性污染的特点

放射性污染，是指由于人类活动造成物料、人体、场所、环境介质表面或者内部出现超过国家标准的放射性物质或者射线。由于放射性物质具有独特的性质，且排放到环境中的放射性污染物日益增多，其对环境的影响也越来越受到关注。放射性污染主要特征如下：

(1)毒性高，危害时间长。按致毒物本身重量计算，绝大多数放射性物质的毒性远远高于一般化学毒物；每种放射性物质都有一定的半衰期，从几分钟到几千年不等，在自然衰变过程中会不断发射出具有一定能量的射线，产生持续性危害。按辐射损伤产生的效应，还可能影响遗传，给后代带来隐患。

(2)放射性物质只能通过自然衰变减弱其活性，其他人为手段无法改变它的放射性活度。

(3)放射性剂量的大小，只有通过仪器检测才能知道，而人类的感觉器官无法直接感受。

(4)射线的辐照具有穿透性，特别是 γ 射线可穿过一定厚度的屏障层。

(5)放射性物质具有蜕变能力，形态发生变化时可扩大污染范围。如 ^{226}Ra 的衰变子体 ^{222}Rn 为气态物，可在大气中逸散，而此物的衰变子体 ^{218}Po 为固体，易在空气中形成气溶胶，进入人体后会沉积在肺器官内。

2. 放射性污染的危害

(1)放射性物质进入人体的途径

放射性物质的照射途径有外照射和内照射两种。环境中的放射性物质和宇宙射线的照射，称为外照射；这些物质也可通过呼吸、食物或皮肤接触等途径进入人体，产生内照射。

经呼吸道进入人体的放射性物质，其吸收程度与气态物质的性质和状态有关。可溶性物质吸收快，经血液可流向全身；气溶胶粒径越大，肺部沉积越少。

食入的放射性物质经肠胃吸收后，也可经肝脏进入血液分布到全身。

伤口对可溶性的放射性物质吸收率极高。

不同的放射性物质进入人体后富集的组织也不同。如 ^{238}U 主要富集于肾脏；^{131}I 富集于甲状腺；^{32}P 和 ^{90}Sr 在骨骼中高度富集；^{137}Cs 则均匀分布于全身。因此放射性物质在人体内的持续照射会对某一种或几种器官造成集中损伤。

(2)放射性的危害机理

放射性物质在衰变过程中放出的 α、β、γ 及中子等射线，具有较强的电离或穿透能力。这些射线或粒子被人体组织吸收后，会造成两类损伤作用：

直接损伤：机体受到射线照射，吸收了射线的能量，其分子或原子发生电离，使机体内某些大分子结构，如蛋白质分子、脱氧核糖核酸(DNA)、核糖核酸(RNA)分子等受到破坏。若受损细胞是体细胞会产生躯体效应，若受损细胞是生殖细胞则引起遗传效应。

间接损伤：射线先将体内的水分电离，生成活性很强的自由基和活化分子产物，如 H^+、OH^-、H_2O_2、H_2O^+ 等，这些自由基和活化分子再与大分子作用，破坏机体细胞及组织的结构。

(3)放射性对人体的危害

放射性对人体的危害程度主要取决于所受辐射剂量的大小。短时间内受到大剂量照射时，会产生近期效应，使人出现恶心、呕吐、食欲减退、睡眠障碍等神经系统和消化系统的症状，还会引起血小板和白血球降低、淋巴结上升、甲状腺肿大、生殖系统损伤，严重时会导致死亡。

近期效应康复后或低剂量照射后，由于放射性物质的残留或积累，数日、数年甚至数代后还会产生辐射损伤的远期效应，如致癌、白血病、白内障、寿命缩短、影响生长发育等，甚至对遗传基因产生影响，使后代身上出现某种程度的遗传性疾病。

四、放射性污染的防治

放射性废物只能通过自身衰变才能使其放射性衰减到一定水平，采用一般的物理、化学或生物方法无法改变放射性物质的放射属性。因此放射性污染的防治要遵循防护与处理处置相结合的原则，一方面采取适当的措施加以防护；另一方面必须严格处理与处置核工业生产过程中排出的放射性废物。

1. 放射性辐射的防护

辐射防护的目的是要把受照剂量限制在安全剂量的范围之内。辐射防护的基本措施包括时间防护、距离防护、屏蔽防护、源头控制防护 4 个方面。为了尽量减小不必要的照射，上述四种防护通常相互配合使用。具体内容如下：

(1)时间防护

人体受到的辐射总剂量与受照时间成正比，因此可根据照射率的大小确定容许的受照时间，通过提高操作技术熟练程度，采取机械化、自动化操作，严格遵守规章制度，或采用轮流替换等方法减少人员在辐射场所的停留时间，即缩短受照时间，从而减少所接受的辐射剂量。

(2)距离防护

点状放射性污染源的辐射剂量与污染源到受照者之间的距离的平方成反比，距离辐射源越远，接受的辐射剂量越小。因此工作人员应尽可能远离辐射源进行操作。

(3)屏蔽防护

根据放射性射线在穿透物体时被吸收和减弱的原理，可在辐射源与受照者之间放置能有效吸收射线的屏蔽材料来降低辐射强度。各种射线穿透能力不同，因此应根据实际情况选择不同的屏蔽材料。α 射线穿透能力较弱，一般可不考虑屏蔽问题；β 射线穿透能力较强，通常采用铝板、塑料板、有机玻璃和某些复合材料进行屏蔽；γ 射线和 X 射线穿透能力很强，应采用铅、铁、钢或混凝土构件等具有足够厚度和容重的材料；中子射线一般采用含硼石蜡、水、聚乙烯、锂、铍和石墨等作为慢化和吸收中子的屏蔽材料。实际工作中，时间和距离防护往往有限，因此屏蔽防护是最常用的防护方法。

(4)源头控制防护

放射性污染的防治最重要的就是要控制污染源，并加强对污染源的管理。作为放射性污染的主要来源，核工业厂址应选在人口密度低、抗震强度高、水文和气象条件有利于废水废气扩散或稀释的地区，同时应加强对周围环境介质中放射性水平的监测。在有开放性放射源的工作场所，如铀矿的水冶厂、伴有天然放射性物质的生产车间和放射性“三废”物质处理处置场所等，要设置明显的危险警示标记，避免闲人进入发生意外事故。

近年来，随着人们生活水平的提高及居住条件的改善，由室内装修引发的放射性污染事件屡有发生。为防止放射性危害，室内设计时应避免过度装修；在选购花岗岩、大理石材、瓷砖等装饰装修材料及利用工业废渣为原料的建筑材料时应注意其放射性水平的检测；新装修居室不要急于入住，注意开窗通风。此外应加强建材市场的监督管理，防止放射性超标的建筑及装饰装修材料进入市场。

2. 放射性废物处理处置的基本原则

(1)改进工艺，尽量减少放射性废物排放，对可利用的放射性污染物首先考虑回收利用，使其资源化；

(2)已产生的放射性废物在处理处置前，要根据废物的性质、核素类型和废物的等级进行分类；

(3)操作必须在严密的防护和屏蔽条件下进行，废物尽可能进行深度处理；

(4)尽量减小放射性废物容积，以利于后续处置；

(5)将废物固化成惰性的、不溶于水的固化体，减少放射性物质迁移扩散；

(6)废物处理的包装物，应采用抗压、耐腐蚀、耐辐射的密封金属容器或钢筋混凝土构件，必须做到同生物圈有效地隔离。

3. 放射性废物的处理处置

(1)放射性废气的处理

放射性废气包括放射性微粒物质、表面吸附放射性物质的气溶胶或微粒、惰性放射性气体和挥发性物质，含氚的氢和水蒸气等。根据放射性物质在废气中存在形态的不同采取不同的处理方法。

挥发性放射性废气可用稀释法和活性炭、分子筛等吸附剂进行处理。如活性炭吸附是放射性碘的有效处理方法；铀矿、水冶厂排放的浓度较低的放射性废气，可由烟囱直接排放，使其在大气中扩散、稀释。放射性气溶胶可采用洗涤、过滤、除尘方法进行处理。如采用预处理、中效过滤、高效过滤三步净化过程，即先经机械除尘器、湿式除尘器或粗过滤器进行预处理，去除气溶胶中较大的固体或液态颗粒，然后进入金属网、玻璃纤维、无纺布、泡沫塑料等中效过滤器，去除大部分中等粒径的颗粒物，最后进入高效过滤器或精过滤器，过滤率可达 99.97%以上。中效和高效过滤器使用过的滤料应作为放射性固体废物加以处理。

(2)放射性废液的处理处置

放射性废液的基本处理方法有稀释排放、浓缩储存和回收利用。根据放射性活度不同放射性废液可分为低放废液、中放废液和高放废液，其处理方法如下：

①低放废液。主要是实验室、铀矿冶炼、加速器及核电站等部门的废水、生产厂房地面冲洗水、洗衣房废水。这类浓度低的放射性废液可直接采用离子交换、蒸发和膜分离等方法进行处理。处理水可回用，浓缩液送至中放废液处理系统进行再处理。含有较多悬浮物的低放废液可用化学混凝沉淀、过滤和离子交换等方法进行处理。沉渣、废滤料、废交换树脂等作为放射性固体废物处置。

②中放废液。主要是后处理厂的元件脱壳溶液、燃料纯化过程的工艺废液、反应堆回路排污水、元件贮存池废水，以及处理低放废液时的浓集液、树脂再生液等。中放废液产生途径较多，成分比较复杂。主要处理手段是通过蒸发浓缩减小废液体积，使其达到高放废液水平后按高放废液做进一步处理。蒸发过程中产生的二次废物可按低放废液处理。

③高放废液。主要来源于核燃料后处理厂的强放射性废液，其中含有大量的裂变产物，在衰变过程中会产热升温，因此在最终处置前需要将其冷却。多数国家对高放废液采用固化技术进行最终安全处置。常用的方法有水泥固化、沥青固化、玻璃固化和人工合成树脂固化等。固化后的固化体应具有耐浸出性、抗压、抗辐射、抗老化和热稳定等特性，且需送到统一的安全储存库进行永久性储存，或与其他高放固体废物一并进行处置。

(3)放射性固体废物的处理和处置

放射性固体废物主要采用焚烧、压缩、去污、固化和包装等方式进行处理。对可燃性放射性固体废物最好用焚烧法,但需对焚烧过程产生的废气和气溶胶进行严格控制,灰烬要收集并掺入固化物中。不可燃性放射性固体废物主要以受污染的设备、部件为主,因此应先进行拆卸和破碎处理,通过煅烧熔融减小其体积,以利于最终包封储存。

为避免放射性废物在运输和储存过程中发生泄漏,要对所有高放性废物,用抗压、防锈、耐腐蚀的金属容器或采用钢筋混凝土结构进行包装。经焚烧、压缩减容的中、低放废物及浓缩废液的固化体,一般采取浅层地址处置,即地下掩埋或地下储存。放射水平较高的高放废物大多储存在半地下或地下储存库。而储存库的选址,必须要满足低地震带、无地下循环水、有不透水层和地下水隔绝等地质条件。

放射性废物的最终处置要确保将废物中的放射性物质与生物圈有效隔离,防止其对人类环境产生危害。目前,对于高放射性废物的最终处置仍没有十分安全可靠的办法,世界很多国家正在研究探索。

第二节　电磁辐射污染及防治

一、电磁辐射及电磁辐射污染

1. 电磁辐射

随着人们生活水平的提高以及科学技术的进步,各种电器、电子仪器设备广泛应用于人们的日常生产生活、科学研究及医疗卫生领域,在提高工作效率的同时,也丰富了人们的精神和物质生活。可是,在人们享受科技带来的便捷和舒适的时候,不知不觉也遭遇了电磁辐射对人体健康的危害。

电场和磁场的周期性变化产生电磁波,能量以电磁波的形式在空间以一定速度传播的过程或现象,称为电磁辐射。

2. 电磁辐射污染

任何带电体都会产生电磁辐射,但当电磁辐射强度超过国家标准时,就会产生负面效应,引起人体的不同病变和危害,超过国家标准的这部分电磁辐射称为电磁辐射污染,又称电子雾污染。

电磁辐射污染是“隐形公害”,其穿透力极强,可穿透包括人体在内的许多物质;电磁波频率越高、辐射功率越大、距离越近、辐射时间越长,其危害也越大。目前电磁辐射污染已成为继大气污染、水污染、固体污染和噪声污染之后又一重要环境污染。

二、电磁辐射污染源

电磁辐射的来源广泛,包括天然污染源和人为污染源两类:

1. 天然污染源

天然电磁辐射是由某些自然现象引起的,最常见的是雷电。另外,火山喷发、地震、太阳黑子活动引起的磁暴、太阳辐射、电离层的变动、新星大爆发和宇宙射线等都会产生电磁波,可对广大地区产生从几千赫到几百兆赫以上频率范围的严重电磁干扰。

2. 人为污染源

环境中的电磁辐射主要来自人为电磁辐射源，主要产生于人工制造的电子设备和电气装置。按频率不同可分为：

(1)以脉冲放电为主的放电型场源。如切断大电流电路时产生火花放电，其瞬时电流变化率很大，会产生很强的电磁干扰；

(2)以大功率输电线路为主的工频、交变电磁场。如大功率电机、变压器以及输电线等会在近场区产生严重的电磁干扰；

(3)无线电等射频设备工作时产生的射频场源。如无线电广播与通讯等射频设备的辐射，频率范围宽，影响区域较大，对近场区的工作人员可造成较大危害。射频电磁辐射已经成为电磁污染环境的主要因素。人为电磁污染源如表 7－1 所示。

表 7－1　人为电磁辐射污染源

分类		设备名称	污染来源与部件
放电所致污染源	电晕放电	电力线(送配电线)	由于高电压、大电流引起的静电感应，电磁感应、大地漏电所造成
	辉光放电	放电管	白灯光、高压水银灯及其他放电管
	弧光放电	开关、电气铁道、放电管	点火系统、发电机、整流装置等
	火花放电	电气设备、发动机、冷藏车、汽车	整流器、发电机、放电管、点火系统
工频辐射场源		大功率输电线、电气设备、电气铁道	高电压、大电流的电力线场电气设备
射频辐射场源		无线电发射机、雷达	广播、电视与通信设备的震荡与发射系统
		高频加热设备、热合机、微波干燥机	工业用射频利用设备的工作电路与震荡系统
		理疗机、治疗机	医学用射频利用设备的工作电路与振荡系统
建筑物反射		高层楼群以及大的金属构件	墙壁、钢筋、吊车

三、电磁辐射污染的危害

1. 危害人体健康

规定范围内的电磁辐射对人体的作用是积极和有益的，如市场出售的理疗机就是利用电磁辐射的温热作用达到消除炎症和治疗的目的。然而，当人体受到高强度的电磁辐射后，就可能引起某些疾病。当生物体暴露在电磁场中时，多大部分电磁能量可穿透机体，少部分能量被吸收。由于生物体内有导电体液，能与电磁场相互作用，产生电磁场生物效应，可分为热效应和非热效应。

热效应是指电磁波照射生物体时引起器官加热导致生理障碍或伤害的作用。这是因为生物体内的极性分子，在电磁场的作用下快速重新排列方向与极化，变化方向的分子与周围分子发生剧烈的碰撞而产生大量的热能。热效应引起体内温度升高，如果过热会引起损伤，一般以微波辐射最为显著。另外，不同的人，或不同器官对热效应的承受能力有很大差别。老人、儿童、孕妇属于敏感人群，心脏、眼睛和生殖系统属于敏感器官。如男性照射微波过久会引起暂时性不育，甚至永久性不育，对女性则会造成多次流产、死胎或畸胎；微波还可使眼睛疲劳、干涩，严重的还可引起眼内流体混浊、视力下降、出现白内障，甚至完全丧失视力。

非热效应是指电磁波对生物体组织加热之外的其他特殊生理影响。如导致白血球、血小板减少，出现心血管系统和中枢神经系统机能障碍，记忆力衰退等；还可能会影响人体的循环系统、免疫功能、生殖和代谢功能，严重的甚至会诱发癌症。

电磁波辐射对人体危害程度由大到小依次为：微波、超短波、短波、中波、长波。波长越短，危害越大。微波对人体危害的一个显著特点是累积效应，即在伤害恢复前如再次接受电磁波照射，其伤害会发生积累。久而久之会造成永久性病变。

电磁辐射污染广泛存在于人们的日常生活中。如微波炉是目前所有家电中电磁场最强的，手机的工作频率为微波波段，可产生较强的电磁辐射。有的家用电器虽然电磁辐射强度比较弱，但其对人体作用时间较长，因此对人体产生的危害也不容忽视。

2. 通信系统干扰及其他影响

大功率的电磁设备会严重干扰其辐射范围内的各种电子仪器设备的正常工作，使其发生故障，甚至造成事故。如移动电话的工作频率会干扰飞机与地面的通信信号和飞机仪器的正常工作，引起导航系统偏向，对飞行安全造成严重威胁；电磁辐射能干扰人们收看电视以及对广播、电话等的收听；干扰计算机的正常使用，使显示器屏幕发生抖动，还可能造成死机；使无线电通信、雷达、及电气医疗设备等失去信号、图像失真、控制失灵及发生故障。

高频辐射可使金属器件互相碰撞时打火而引起易燃易爆物品的燃烧或爆炸等严重事故，危及人身及财产安全。

四、电磁辐射污染的防治

电磁辐射污染必须采取综合防治的方法，才能取得更好的效果。防治原则为：首先控制电磁辐射污染源，对产生电磁波的各种电气设备和产品，提出严格的设计指标，减少电磁泄露；通过合理的工业布局，使电磁污染源远离居民稠密区；对已经进入环境中的电磁辐射，采取一定的技术防护措施，以减少对人及环境的危害。

1. 电磁辐射源控制

主要是通过产品设计，合理降低辐射强度。包括合理设计发射单元，工作参数与输出回路的匹配，线路滤波、线路吸收和结构布局等，以保证元件、部件等级上的电磁兼容性，减少电子设备在运行中的电磁漏场、电磁漏能，使辐射降低到最低限度。从源头控制电磁辐射污染属于主动防护，是最有效、最合理、最经济的防护措施。

2. 合理规划布局

加大对电磁辐射建设项目的管理力度，合理规划城市及工业布局。

可能产生严重电磁辐射污染的新建、改建和扩建项目，以及电台、电视台、雷达站等有大功率发射设备的项目，必须严格按照有关规定执行；根据电磁辐射能量随距离的增加迅速衰减的原理，将电子设备密集使用的部门和企业集中到某一区域，划定有效安全防护距离，并设置安全隔离带，如建立绿化隔离带，利用植物吸收作用防止电磁辐射污染等。加强管理，对已建辐射污染源，根据实际情况要求其搬迁或整改。通过以上措施使电磁辐射污染远离人口稠密的居民区和一般工业区，将城市居民区电磁辐射控制在安全范围内。

3. 屏蔽防护

(1)屏蔽防护原理

利用某种能抑制电磁辐射能扩散的材料，将电磁场源与环境隔离开，使辐射能限定在某一范围内，达到防止电磁辐射污染的目的，这种技术称为屏蔽防护，所采用的材料为屏蔽材料。这是目前应用最多的一种防护手段。

当电磁辐射作用于屏蔽体时，因电磁感应，屏蔽体产生与场源电流方向相反的感应电流而生成反向磁力线，可以抵消场源磁力线，达到屏蔽效果。

屏蔽材料应具有较高的导电率、磁导率或吸收作用。铜、铝、铁和铁氧体对各种频段的电磁辐射都有较好的屏蔽效果。另外也可选用涂有导电涂料或金属镀层的绝缘材料。一般电场屏蔽多选用铜材，而磁场屏蔽选用铁材。屏蔽体的结构形式有板结构和网结构两种，网结构的屏蔽效率一般高于板结构。为避免产生尖端效应，屏蔽体的几何形状一般设计为圆柱形。

(2)屏蔽方式

根据场源与屏蔽体的相对位置，屏蔽方式可分为主动场屏蔽和被动场屏蔽。

①主动场屏蔽。将场源置于屏蔽体内部，即用屏蔽壳体将电磁辐射污染场源包围起来，使其不对此范围以外的生物机体或仪器设备产生影响。屏蔽体结构严密，与场源间距小，可屏蔽强度很大的辐射源。屏蔽壳必须良好接地，防止屏蔽体成为二次辐射源。

②被动场屏蔽。将场源放置于屏蔽体外，即用屏蔽壳体将需保护的区域包围起来，使场源对限定范围内的生物体及仪器设备不产生影响。屏蔽体与场源间距大，屏蔽体可以不接地。

4. 吸收防护

采用对某种辐射能量具有强烈吸收作用的材料，铺设于场源外围，以防止大范围污染。吸收防护是利用吸收材料在电磁波的作用下达到匹配或发生谐振的原理，是减少微波辐射的一项有效措施。吸收防护可在场源附近大幅衰减辐射强度，多用于近场区的防护。目前常用的电磁辐射吸收材料可分为两类：

(1)谐振型吸收材料。是利用材料谐振特性制成的，特点是厚度小，对频率范围较窄的微波辐射具有较好的吸收效率。

(2)匹配型吸收材料。是利用吸收材料和自由空间的阻抗匹配，达到吸收微波辐射的目的。特点是适用于吸收频率范围很宽的微波辐射。实际应用的材料很多，一般在塑料、胶木、橡胶、陶瓷等材料中加入铁粉、石墨、木料和水制成，如泡沫吸收材料、涂层吸收材料和塑料板吸收材料等。

5. 个人防护

因工作需要从事专业技术操作的技术人员，必须进入辐射污染区时，或因某些原因不能对辐射源采取有效的屏蔽、吸收等措施时，必须采取个人防护措施，以保护作业人员的安全。个人防护措施主要有穿防护服、戴防护头盔和防护眼镜等。

许多家用电器虽然辐射能不大，但集中摆放，长时间、近距离的接触都会对人的健康造成很大威胁，因此科学使用家用电器非常必要。如避免家用电器摆放过于集中或经常一起使用；保持与电磁辐射源1.5m以上的安全距离；不使用的电器关闭电源；手机响过一两秒后再接听电话，避免充电时通话；保持良好的工作环境，经常通风换气等。

第三节 热污染及防治

一、热污染

1. 热污染的含义

由于人类的各种活动，使局部环境或全球环境发生增温，并对人类和生态系统产生直接或间接、即时或潜在的危害，这种现象称为热污染。产生热污染的物质主要是在能源消耗和能量转换过程中向环境排放的大量化学物质及热蒸汽。而能源没有被合理、有效地利用是造成热污染的根本原因。

2. 形成原因

(1)大气组成的改变。随着社会的发展和科技的进步，能源消耗在不断加剧，越来越多的二氧化碳、水蒸气等温室气体排入大气，改变了大气原有组成，产生了“温室效应”；氟氯烃等消耗臭氧层物质的排放，破坏了大气臭氧层，使太阳辐射增强，导致地球环境增温。

(2)地表状态的改变。森林、草原、农田等植被的破坏，大面积改变了地面反射率，进而影响了地表与大气之间的热交换过程；城市化的发展与城市规划不合理引起了“热岛效应”。

(3)直接向环境排放热。工业生产、燃料燃烧、交通和日常生活中产生的废热直接排入周围环境，导致局部环境的热污染。最典型的例子是火力发电，燃料燃烧的能量只有40%转化为电能，12%的热量随烟气排放，48%的热量随冷却水进入到水体。在核电站，只有33%的能耗转化为电能，其余67%变为废热排入水体。据统计，排入水体的热量中，有80%来自发电厂。

二、热污染的危害

热污染主要对全球或区域性自然环境热平衡产生影响，以及使大气和水体产生增温效应。但目前仍无法准确评估热污染造成的危害和潜在影响。

1. 大气热污染

大气中二氧化碳、氟氯碳化物等温室气体的增加，使全球气温因“温室效应”不断升高。局部地区干旱、洪涝的频繁出现，暴雨、飓风、暖冬等异常气候现象的发生均与热污染有关。据世界卫生组织研究，由于气候变暖，每年直接造成16万人死亡。另外，大气升温必将对全球降水、生物种群分布和农业生产带来严重影响。大气层中主要温室气体的部分特性如表7－2所示。

气候变暖将导致海平面上升和海水升温，使大片海岸低洼地带被淹没，海水表面与深水温差发生变化，还可能出现如厄尔尼诺等一系列海洋学家至今未完全弄清楚的极端现象。

2. 水体热污染

水温升高可引起水的多种物理性质变化，其中最主要的是导致水中溶解氧的减少，使水质变坏。当淡水温度从10℃升至30℃时，溶解氧可从11mg/L降至8mg/L左右。随着水温升高，水生生物的代谢和有机物的降解速度会不断加快，促进了溶解氧的消耗。同时，由于生物化学反应速率的提高，某些重金属和有毒物质的毒性得到加强，富集速度加快，加之溶解氧的减少，使鱼类的生存受到很大威胁。研究表明，温度每升高10℃，受害生物的存活时间减少约50%。

水温升高会增加水体中N、P的含量，加速水体富营养化。一些耐高温的蓝藻和绿藻等大量繁殖，进一步消耗了水中的溶解氧，导致鱼类无法生存。富营养化后的水体颜色昏暗、气味腥臭、味道异常，不但影响水的使用功能，且可使人畜中毒。

水温升高还有利于致病微生物的滋生和大量繁殖，给人体健康带来危害。1965年澳大利亚流行的一种死亡率很高的脑膜炎，其根本原因就是电厂排放的热水引起的水体热污染，使适宜温水中生长的变形原虫大量滋生繁殖，从而污染了饮用水源。

表7—2　几种主要温室气体的特性

温室气体	增加	减少	对气候的影响
CO_2	(1)燃料 (2)改变土地的使用(砍伐森林)	(1)被海洋吸收 (2)植物的光合作用	吸收红外线辐射，影响大气平流层中O_3的浓度
CH_4	(1)生物体的燃料 (2)肠道发酵作用 (3)水稻	(1)与OH自由基起化学反应 (2)被微生物吸收	吸收红外线辐射，影响对流层中O_3及OH自由基的浓度，影响平流层中O_3和H_2O的浓度
N_2O	(1)生物体的燃料 (2)燃料 (3)化肥	(1)被土壤吸取 (2)平流层中被光线分解，与氧发生化学反应	吸收红外线辐射，影响平流层中O_3的浓度
O_3	O_2在光线作用下发生化学反应	与NO_x、ClO_x及HO_x等发生催化反应	吸收紫外光及红外线辐射
CO	(1)植物排放 (2)人工排放(交通运输和工业)	(1)被土壤吸取 (2)与OH自由基起化学反应	影响平流层中O_3和OH自由基的循环，生成CO_2
CFCs	工业生产	在对流层中不易被分解，但在平流层中会被光线分解，与氧发生化学反应	吸收红外线辐射，影响平流层中O_3浓度
SO_2	(1)火山活动 (2)煤及生物体的燃烧	(1)干湿沉降 (2)与OH自由基起化学反应	形成悬浮粒子而散射太阳辐射

3. 城市“热岛效应”

在城市地区，由于人口集中，城市建设使大量的建筑物、混凝土代替了田野和植物，改变了地表反射率和蓄热能力，造成城区气温普遍高于周围郊区的现象，称为“热岛效应”。城区工业生产、交通运输和居民生活等排出的热量远远高于郊区农村，可形成温度高于周围地区1～6℃的现象。

在“热岛效应”的影响下，城市上空的云、雾会增加，使有害气体、烟尘在市区上空累积，形成严重的大气污染。另外在城市高温区，空气密度小，气压低，容易产生气旋式上升气流，使周围各种废气和化学有害气体不断对市区进行补充，从而加重市区大气污染程度。在“热岛效应”的作用下，城市高温区的居民极易患上消化系统或神经系统疾病，此外，支气管炎、肺气肿、哮喘、鼻窦炎、咽炎等呼吸道疾病人数也有所增多。

三、热污染的防治

1. 减少废热排放

(1)从源头控制,通过技术改进,提高热能利用率

这是降低生产成本、节约能源和减少热污染排放的根本措施。据统计,我国热能平均有效利用率仅为30%左右。其中民用燃烧装置效率约为10%～40%,工业锅炉约为20%～70%,火力发电厂能量利用率约为40%,核电站约为30%。如果把热电厂和核聚变反应堆联合运行,可将热电厂的热效率提高到96%。另外,也可通过燃气轮机增温发电、磁流体直接发电等技术工艺提高发电效率。

(2)提高温排水冷却排放技术水平

电力等工业的温排水是热污染的主要来源之一,而这些温排水主要来自工艺系统中的冷却水。对于这类温排水可通过冷却的方式使其降温,如采用冷却塔或冷却池冷却,冷却后可回到冷却系统再利用,这不仅节约水资源,而且可避免水体热污染。

(3)开发利用清洁能源,减少热污染,如太阳能、风能、海洋能及地热能等。

2. 废热综合利用

温排水和废热气中携带着巨大的热能,如能综合利用则是宝贵的能源资源。

高温废气可用于预热、冷却原料气;利用废热锅炉将冷水或冷空气加热成热水或热气,用于取暖、淋浴、空调加热等。目前我国推广的热电联产,将余热用于冬季取暖,热效率可达85%。

可利用电站温排水进行水产养殖,放养非洲鲫鱼和其他热带鱼类;冬季用温热水灌溉农田,延长适于作物的种植时间;利用温排水调节港口水域的水温,防止港口冻结等。

3. 城市绿化

绿色植被不仅可以美化环境,还具有遮光、吸热、反射长波辐射、降低地表温度、吸收大气中有害气体、产生负离子等功能。面积为$25m^2$的草坪可将一个人呼出的CO_2全部吸收;冬季草坪能增温6～6.5℃,夏季降温3～3.5℃;可见绿化是减轻城市"热岛效应",减排温室气体的有效措施之一。

城市绿化要提倡垂直绿化,包括建筑物墙体、楼顶和阳台,均可作为垂直绿化空间,屋顶绿化可调节室温,夏季遮光、隔热,冬季保温,减少热量散出。

通过上述措施,对热污染可以起到一定的防治作用。但目前有关热污染的研究还处于初级阶段,许多问题仍需进一步探索研究。

第四节　光污染及防治

一、光污染

光对人类的居住环境和生产生活至关重要。正常情况下,人的眼睛由于瞳孔调节作用,对一定范围内的光辐射都能适应,但光辐射增至一定量时,就会对环境及人体健康产生不良影响,称之为光污染。它是随社会和经济发展出现的一种新污染,是21世纪直接影响人类健康的又一环境杀手。

二、光污染源及危害

光污染主要体现在波长在 100nm～1mm 的光辐射污染，即红外光污染、可见光污染和紫外光污染。光对人的作用包括生理和心理作用，过度的光辐射会对人类的生活和生命带来严重影响。

1. 可见光污染

(1)眩光污染

在人的视野范围内有亮度极高的物体或强烈的亮度对比或光线过杂、过乱，由此引起不舒适现象或造成视觉降低，这些光称为“眩光”。眩光是人们接触较多的光污染，如电焊时产生的强烈眩光，在无防护情况下会对人的眼睛造成伤害；夜间迎面驶来的汽车头灯的强光，会使人视物极度不清，容易发生事故；厂房中照明设施布置不合理，使工人长期工作在强光条件下，将导致视觉受损；车站、机场和控制室等过多闪动的信号灯，以及电视中快速切换的画面也属于眩光污染，易引起疲劳，偏头痛和心动过速等。现代舞厅、歌厅的旋转灯光、荧光灯以及闪烁的彩色光源不仅对眼睛不利，而且干扰大脑中枢神经，人们会出现恶心、呕吐、失眠和注意力不集中等症状。

(2)灯光污染

城市夜间灯光不加控制，使夜空亮度增加，影响天文观测；路灯、建筑工地聚光灯照进住宅，影响居民休息。近年来不少家庭在选用灯具和光源时，忽视合理采光需要，把灯光设计成五颜六色，不仅对视力危害大，还干扰大脑中枢高级神经功能。光污染对婴幼儿及儿童的影响更大，较强的光线会削弱婴幼儿的视力，影响儿童的视力发育。

(3)激光污染

激光光谱除部分属于红外线和紫外线外，大多属于可见光范围。具有指向性好、能量集中、颜色纯正等特点，在医学、生物学、化学、工业、科学研究等各领域得到广泛应用。激光在通过人眼晶状体聚焦到达眼底时，强度可增大数百至万倍，从而对眼睛产生较大伤害；大功率激光可直接进入人体，危害人的深层组织和神经系统。

(4)其他可见光污染

城市里建筑物的玻璃幕墙、釉面砖墙、磨光大理石和各种涂料等装饰反射光线，明晃白亮、眩眼夺目。一般白粉墙的光反射系数为 69%～80%，镜面玻璃的光反射系数为 82%～88%，特别光滑的粉墙和洁白的书簿纸张的光反射系数高 90%，比草地、森林或毛面装饰物面高 10 倍左右，这个数值大大超过了人体所能承受的生理适应范围。

专家研究发现，长时间在这种光环境下工作和生活的人，视网膜和虹膜都会受到程度不同的损害，视力急剧下降，白内障的发病率高达 45%。夏天，玻璃幕墙强烈的反射光进入附近居民楼房内，增加了室内温度，影响正常的生活。有些玻璃幕墙是半圆形的，反射光汇聚还容易引起火灾。玻璃幕墙在阳光或强光照射下的反光，扰乱驾驶员或者行人的视觉，已成为交通事故隐患之一。

2. 红外光污染

红外辐射是一种热辐射，穿透大气和云雾的能力比可见光强，因此在军事、医疗、工业及科研等方面应用日益广泛，如日常生活中的加热炉、加热器和炽热灯泡都是主要的红外辐射源；电焊、弧光灯和氧乙炔焊操作中也辐射红外线。适量的红外线照射，有益于人体健康。然而过量的照射，除产生皮肤急性灼烧外，还可导致角膜热损伤，对视网膜造成伤害，甚至引起白内障。

3. 紫外光污染

自然界中的紫外线来自于太阳辐射，不同波长的紫外线可被空气、水或生物分子吸收；而人工紫外线主要由电弧和气体放电产生。波长为250～320nm的紫外线对人具有伤害作用，轻则引起红斑反应，重者可导致眼角膜损伤、皮肤灼伤，甚至引发白内障和皮肤癌。

此外，过量的紫外线还会伤害水中的浮游生物，破坏鱼类食物链。当紫外线作用于大气中的 NO_x 和碳氢化合物等污染物时，会发生光化学反应并生成具有毒性的光化学烟雾。

三、光污染防治

1. 加强城市规划管理，合理布置光源

一方面进行合理的城市规划和建筑设计。城市照明严格按照照明标准设计，合理选择光源、灯具及其布局，同时加强对灯火的管制，避免光源过于集中；另一方面按照国家标准及相关规定严格限制或禁止建筑物表面使用玻璃幕墙，并尽可能离开居住区；对已建成的高层建筑应尽可能减少玻璃幕墙的面积，并避免太阳光反射到居民区，减少由玻璃幕墙产生的光污染。

2. 采取必要防护措施

在有红外线和紫外线产生的工作场所，采用可移动屏障将操作区围住，防止非操作者受到有害光源的直接照射。加强紫外消毒设施的管理，确保在无人状态下进行消毒；对产生红外线的设备也要定期检查、维护，避免误照。

对从事电焊、玻璃加工、冶炼等产生强烈眩光、红外线和紫外线的操作人员，应采取必要的个人防护措施，如佩戴护目镜和防护面罩，保护眼睛和裸露的皮肤不受光辐射的影响。

3. 合理装饰装修，避免室内光污染

目前，室内环境光污染逐渐受到人们的关注。在装饰装修过程中，要根据不同空间的功能需求，科学合理的选择照明方式及分布，注意色彩协调，避免光线直射入眼；尽量选择反射系数较小的亚光砖，避免反光强烈的白色和金属色瓷砖的大面积使用；尽量选择米色、米黄色等对视力影响较小的涂料，以减弱高亮度的反射光。

4. 加强绿化

在室内种植花草，不仅能调节室内光环境，还能使人心情舒畅。加强城市绿化，特别是立体的绿化，即以绿色植物为墙，这样既可美化城市环境，还具有减少光污染、制氧、除尘、杀菌和消音的功能。

思考题

(1)简述放射性污染源种类、放射性污染特点及对人体的危害。

(2)放射性物质主要有哪几类？放射性污染的防治措施有哪些？

(3)什么是电磁辐射及电磁辐射污染？

(4)简述电磁辐射污染的危害及防治技术。

(5)什么是热污染？其形成的原因有哪些？

(6)热污染会对环境造成什么影响？其防治措施有哪些？

(7)在你所居住的环境中，存在哪些光污染？根据实际提出防护措施。

参考文献

[1]许卓,刘剑,朱光灿.国外典型水环境综合整治案例分析与启示.环境科技,2008,21(2):72-74

[2]颜京松,王美玲.城市水环境问题的生态实质.现代城市研究,2005,4(8):7-10

[3]方红卫.城市水环境与水生态建设.太原科技，2004(3):6

[4]黄伟来,李瑞霞,杨再福.城市河流水污染综合治理研究.环境科学与技术,2006,29(10):109-111

[5]董哲仁.欧盟水框架指令的借鉴意义.水利水电快报,2009,30(9):73-77

[6]王树功,陈新庚.小东江流域管理的思考.环境与开发,2000,15(4):50-51

[7]王研,王芳,岳春芳,等.关于河流水质管理目标的商榷.水利水电技术,2003,34(4):50-52

[8]环境保护部环境工程评估中心.环境影响评价相关法律法规.北京:中国环境科学出版社,2009

[9]环境保护部环境工程评估中心.环境影响评价技术导则与标准.北京:中国环境科学出版社,2009

[10]环境保护部环境工程评估中心.环境影响评价技术方法.北京:中国环境科学出版社,2009

[11]郑正.环境工程学.北京:科学出版社,2004

[12]高大文,梁红.环境工程学.哈尔滨:东北林业大学出版社,2004

[13]张振家.环境工程学基础.北京:化学工业出版社,2005

[14]朱蓓丽.环境工程概论.北京:科学出版社,2006

[15]庄正宁.环境工程基础.北京:中国电力出版社,2006

[16]张宝杰.城市生态与环境保护.哈尔滨:哈尔滨工业大学出版社,2002

[17]杨小波.城市生态学(第二版).北京:科学出版社,2006

[18]周富春,胡莺,祖波.环境保护基础.北京:科学出版社,2008

[19]文博,魏双燕.环境保护概论.北京:中国电力出版社,2007

[20]祖彬.环境保护基础.哈尔滨:哈尔滨工程大学出版社,2007

[21]蒋展鹏.环境工程学(第二版).北京:高等教育出版社,2005

[22]高廷耀,顾国维,周琪.水污染控制工程(第三版).北京:高等教育出版社,2007

[23]唐玉斌,陈芳艳,张永峰.水污染控制工程.哈尔滨:哈尔滨工业大学出版社,2006

[24]吕炳南,陈志强.污水生物处理新技术.哈尔滨:哈尔滨工业大学出版社,2005